THIEMIG-TASCHENBÜCHER · BAND 48

VORWORT

Wie angekündigt, behandelt der 2. Teil der „Fachwörter der Kraftwerkstechnik" die Kernkraftwerke. Die Notwendigkeit für ein solche deutsch-englisches Wörterbuch ergibt sich aus der Tatsache, daß die drei bisher im deutschen Sprachraum vorliegenden Wörterbücher für Kernphysik und Kerntechnik schon vor dem Durchbruch des Kernkraftwerksbaues in der BRD erschienen, also die hierfür neu entstandene Terminologie noch nicht berücksichtigen konnten. Im Gegensatz zu Teil 1 wird hier versucht, diese Terminologie so vollständig wie möglich zu erfassen. Dies bedingt den wesentlich erweiterten Umfang. Berücksichtigt werden alle in der BRD, Österreich und der Schweiz angebotenen und gebauten Reaktortypen einschließlich des ersten deutschen schnellen Brüters SNR 300. Ähnlich wie beim ersten Band sind die Quellen wieder die weit gestreute Fachliteratur und technische Unterlagen wie Angebote und Sicherheitsberichte. Die unerläßlichen kernphysikalischen Grundbegriffe wurden durch die Aufnahme der bis zur Fertigstellung des Manuskriptes erschienenen Blätter von DIN 25 401 berücksichtigt.

Die Abgrenzung eines komplexen Gebietes mit Beiträgen mehrerer technischer und wissenschaftlicher Disziplinen ist immer problematisch. Für sie waren daher praktische Gesichtspunkte maßgebend. Dieses Buch ist für einen weiten Kreis von Benutzern bestimmt. Es kann nicht vorausgesetzt werden, daß diese ständig Zugang zu umfangreichen technischen Wörterbüchern oder auch nur die Zeit zu mehrfachem Nachschlagen haben. Gerechtfertigt erscheint die Aufnahme von Grenzbereichen vor allem dann, wenn diese in anderen Wörterbüchern nicht oder nur unvollständig erfaßt sind. So wurden die wichtigsten Termini der Spaltstoffflußkontrolle im Rahmen des Atomwaffensperrvertrages noch nachträglich ins Manuskript eingefügt.

Die Darbietung des Stoffes folgt denselben Grundsätzen wie in Teil 1. Da der Teufel bekanntlich im Detail sitzt, erscheinen bei wichtigen Anlageteilen die Einzelelemente unter dem Hauptstichwort in alphabetischer Reihenfolge auch dann, wenn es sich um an sich bekannte Elemente des klassischen Maschinenbaues handelt. Zumal bei Technikern ist öfter die Meinung anzutreffen, man solle zwecks Platzersparnis die meisten zusammengesetzten Begriffe weglassen, da sich die englischen Entsprechungen ohnehin durch Zusammensetzen der Grundwörter bilden ließen. Doch ist die Reihenfolge dieser Bestandteile im Englischen oft verschieden. Dem sprachlich weniger erfahrenen Benutzer muß aber die Sicherheit gegeben werden, daß, und in welcher Form, die deutschen und englischen Äquivalente tatsächlich existieren. Sie sind daher mit aufgeführt.

Mai 1973 F. Stattmann

THIEMIG-TASCHENBÜCHER · BAND 48

Fachwörter der Kraftwerkstechnik

Teil II

Kernkraftwerke

Deutsch - Englisch

VON FRIEDRICH STATTMANN

Kraftwerk Union Aktiengesellschaft,

Erlangen

VERLAG KARL THIEMIG · MÜNCHEN

ISBN 3-521-06081-0

Herausgeber: Kraftwerk Union Aktiengesellschaft
Mülheim (Ruhr)

Hinweise für die Benutzung des Wörterbuches

Die Kennzeichnung des grammatischen Geschlechts entspricht der allgemein in Wörterbüchern üblichen mit *m, f, n, mpl, fpl, npl.*

Nur der Erläuterung dienende Zusätze sind durch *Kursivdruck* kenntlich gemacht.

Klammern um einen Teil des englischen Äquivalents bedeuten, daß das Eingeklammerte ebenso gut auch weggelassen werden kann. Steht jedoch zwischen Klammern das Wort *oder*, so kann das folgende Wort an die Stelle des letzten der Klammer vorangehenden Wortes treten.

~ Die Tilde wiederholt den Titelkopf

Verwendete Abkürzungen:

Am.	=	amerikanisches Englisch
BE	=	Brennelement
Brit.	=	britisches Englisch
DB	=	Druckbehälter
DWR	=	Druckwasserreaktor
FFTF	=	Fast Flux Test Facility (Hanford, Wash., USA)
FGR	=	fortgeschrittener gasgekühlter Reaktor
gen.	=	generell
HeBR	=	heliumgekühlter Brutreaktor
HTR	=	Hochtemperaturreaktor
KKW	=	Kernkraftwerk
LWR	=	Leichtwasserreaktor
MZFR	=	Mehrzweckforschungsreaktor (Karlsruhe)
NaSB	=	natriumgekühlter Schnellbrüter
RDB	=	Reaktordruckbehälter
SB	=	Sicherheitsbehälter, Sicherheitshülle
SFK	=	Spaltstoffflußkontrolle
SNR 300	=	schneller natriumgekühlter Reaktor (300 MW) (Kalkar bei Kleve, Bundesrepublik Deutschland)
SWR	=	Siedewasserreaktor
SYN.	=	Synonym
v.i.	=	verbum intransitivum, intransitives Verb
v.t.	=	verbum transitivum, transitives Verb

A

Abblasebehälter *m (DWR)* SYN. Druckhalter-Abblasebehälter (*oder*-tank)	pressurizer relief tank
Abgasstutzen *m*	relief nozzle
Dampfdom *m*	steam dome
Einbauten *mpl* für Dampfverteilung	steam distribution internals
Entlüftungsstutzen *m*	vent nozzle
Seitenabstützung *f*	lateral *oder* side support
Standzarge *f*	support skirt
Stutzen *m* für Berstscheibe	rupture *oder* bursting disc nozzle
Stutzen *m* für N_2-Anschluß	N_2 connection nozzle
Abblaseleitung *f (DWR-Hauptkühlsyst.)*	surge line
abblasen	to discharge; to exhaust; *(selten)* to blow down
ins Freie abblasen	to discharge *oder* exhaust to atmosphere
Abblasen *n* der Wechselmaschine *(FGR)*	fuelling machine blowdown
Abblasestation *f*	atmospheric exhaust station
Abblasetank *m (DWR)* SYN. (Druckhalter-) Abblasebehälter	pressurizer relief tank
Abblaseventil *n (DWR-Druckhalter)*	relief valve
Abblasezeit *f (bei LWR-Auslegungsunfall)*	blow(-)down time
Abbrand *m*	burn(-)up; irradiation
Auslegungs ~	design burn-up
End ~	final *oder* ultimate burn-up
Entlade- *oder* Entladungs ~	discharge burn-up
erzielbarer ~	achievable *oder* attainable *oder* obtainable burn-up
Gleichgewichts ~	equilibrium burn-up
mittlerer ~	average burn-up
optimaler ~	optimum burn-up

planmäßiger Entladungs ~	scheduled discharge burn-up
relativer ~	burn-up fraction
Soll ~	target burn-up
spezifischer ~	specific burn-up; irradiation level
ungleichförmiger ~	non-uniform *oder* uneven burn-up
Ziel ~	target burn-up; target irradiation
Abbrandgleichgewicht *n*	equilibrium burn-up; burn-up equilibrium
Abbrandkompensation *f*	burn-up compensation
Abbrandmeßanlage *f* *(Kugelhaufen-HTR)*	burn-up measuring system
Abbrandmeßreaktor *m* *(Kugelhaufen-HTR)*	burn-up measuring reactor; solid-moderated reactor, s.m.r.
Abbrandsteuerung *f*	burn-up control
Abbrandverteilung *f*	burn-up distribution
Abbrandzustand *m*	burn-up condition
Abbrandzyklus *m*	burn-up cycle
Abdeckblech *n* *(FGR-Isolierung)*	(steel) cover plate
Abdeckriegel *m*	shielding (roof) slab
Abdeckung *f* *(SFK)*	shrouding
Abdichthülse *f* für Stiftschraube *(DWR)*	closure stud sealing sleeve
Abdrücken *n* mit Flüssigkeiten	hydrostatic pressure testing
Abfälle *mpl*	waste(s)
feste hoch aktive ~	high-level solid waste(s)
feste schwach aktive ~	low-level solid waste(s)
radioaktive ~	radioactive waste(s)
schwach aktive ~	low-activity *oder* low-level waste(s)
abfahren SYN. abschalten	to shut down
Abfahrgeschwindigkeit *f*	shutdown rate
Abfahrkühler *m*	shutdown cooler; RHR heat exchanger
Abfahrkühlsystem *n* SYN. Leerlaufkühlanlage, Leerlaufkühlsystem *(SWR)*	residual heat removal system; RHR system

Abfahrpumpe *f*	shutdown condensate pump
Abfahrsystem *n* SYN. Abfahr-, Leerlaufkühlanlage (*oder* -system)	residual heat removal system; RHR system
Abfahr- und Druckabbaukammer-Kühlsystem *n* *(SWR Mühleberg)*	residual heat removal and suppression pool cooling system
Abfallaufbereitungsgebäude *n*	radwaste building; waste disposal building
Abfallaufbereitungssystem *n*	waste disposal (*oder* treatment) system
Abfallbehälter *m*	waste container
Abfallbeseitigungsreinigungsanlage *f*	waste disposal system purification system
Abfallbeseitigungssteuertafel *f*	waste disposal system control panel
Abfallbunker *m*	waste vault
Abfallfaß *n* SYN. Abfalltonne	waste (storage) drum
Abfallflüssigkeit *f*	waste liquid; liquid waste
Abfallager *n*	radioactive waste store; radwaste store
Abfallstoff *m*	waste (material *oder* substance)
Abfalltonne *f* SYN. Abfallfaß	waste drum; (shielded) disposal drum
Abflachung *f* der Leistungsverteilung	power (distribution) flattening
~ der räumlichen Leistungsverteilung	spatial power distribution flattening
Abführer *m* (= *Abführrohr*)	outlet jumper
Abführung *f* der Nachwärme SYN. Nachwärmeabfuhr	residual heat removal
Abfüllfaß *n* SYN. Abfallfaß, Abfalltonne	disposal drum; waste (storage) drum
Abfüllstation *f (SWR-Faßabfüll- und Transportanlage)*	drumming station
Abfüllung *f* in Fässer *(radioaktive Abfälle)*	drumming
Abfüllzone *f*	drumming area
Abgabe *f* flüssiger und gasförmiger radioaktiver Abfälle an die Umgebung	release of liquid and gaseous radioactive wastes to the environment

Abgabe *f* von aktiven Spaltprodukten	active fission product release (*oder* discharge); release of active fission products
Abgabebehälter *m* *(SWR-Abwasser- und Konzentrataufbereitung, FGR-Abwasseraufbereitung)*	discharge *oder* letdown tank
Abgabepumpe *f (für Abwasser)*	discharge *oder* letdown pump
Abgaberate *f*	release rate; discharge rate
Abgabesystem *n (SNR 300)*	discharge system
Abgas *n*	gaseous waste; off-gas; waste gas
spaltgashaltiges ~	fission-gas-laden waste gas
Abgas-Aktivkohlekolonne *f (SNR 300)*	off-gas activated charcoal column
Abgasanfall *m*	gaseous waste arising; off-gas arising(s)
Abgasaufbereitung *f (SWR)*	gaseous waste processing (equipment); waste gas system
Abgasaufbereitungsanlage *f*	gaseous waste disposal system; gaseous waste processing equipment (*oder* system)
Abgasdampffalle *f (SNR 300)*	off-gas vapour trap; waste-gas vapour trap
Abgaskamin *m (SNR 300)*	vent(ilation) stack
Abgaskompressor *m*	off-gas compressor; waste-gas compressor
Abgaskreislauf *m*	off-gas circuit (*oder* system); waste-gas system
Abgaslagerbehälter *m*	off- *oder* waste-gas storage tank
Abgasleitung *f*	off- *oder* waste-gas pipe (*oder* line)
Abgasleitungssystem *n*	off- *oder* waste-gas piping system
Abgaspufferbehälter *m*	off- *oder* waste-gas buffer (*oder* surge) tank
Abgasregelstation *f (SNR 300)*	off- *oder* waste-gas control station
Abgasreinigungsanlage *f (SWR)*	off *oder* waste-gas cleaning (*oder* clean-up) system
Abgassystem *n (DWR)*	off- *oder* waste-gas system
Abgaskompressor *m*	off- *oder* waste-gas compressor
Flammensperre *f*	flame trap

Gasfilter *n*	gas filter
Gastrockner *m*	gas drier (*oder* dryer)
Gel-Trockner *m*	silica gel drier (*oder* dryer)
Regeneriergaserhitzer *m*	regenerating gas heater
Regeneriergaskühler *m*	regenerating gas cooler
Rekombinator *m*	(catalytic) recombiner
Ringflüssigkeitsbehälter *m*	ring liquid tank
Ringflüssigkeitskühler *m*	ring liquid cooler
Verzögerungsstrecke *f*	delay line (*oder* bed)
Vortrockner *m*	predrier, predryer
Abgasverzögerungsanlage *f* *(SWR)*	off-gas hold-up system; off-gas delay bed assembly
abgereichert *(Brennstoff; Schwerwasser)*	depleted *(fuel)*; spent *(fuel)*; downgraded *(D_2O)*
abgereichertes Material *n*	depleted material
abgereichertes Schwerwasser *n*	degraded *oder* downgraded heavy water
abgeschirmter Behälter *m*	shielded container
abgeschriebenes Material *n* *(SFK)*	discarded material; measured discards
abheben *(BE-Wechselmaschine)*	to lift off *(from a fuel channel position)*
Abheben *n* der Graphitkugeln *(Kugelhaufen-HTR)*	levitation of the graphite spheres
Abklingbecken *n*	spent fuel pit *(DWR)*; fuel storage pool *(SWR)*; cooling pond *(Brit., FGR)*
Abklingbeckenfilter *n, m* SYN. (Element) Beckenfilter, Beckenwasserfilter	spent fuel pit filter
Abklingbeckenkühlwasser-system *n* SYN. Beckenkühlkreislauf	spent fuel pit cooling loop
Abklingbeckenpumpe *f* SYN. Beckenkühlpumpe, Beckenkühlkreisumwälzpumpe	spent fuel pit pump
Abklingbeckenwärmetauscher *m* SYN. Beckenwasserkühler	spent fuel pit heat exchanger
Abklingbeckenwasser *n*	spent fuel pit water

Abklingbehälter *m*	decay tank
abklingen *(Aktivität)*	to decay
Abklingkonstante *f* α	Rossi alpha
prompte ~	prompt Rossi alpha
Abklinglager *n*	(activity) decay store
natriumgekühltes ~ *(SNR 300)*	sodium-cooled decay store
Abklinglagerkühlkreis *m* *(SNR 300)*	decay store cooling loop
Abklinglagertank *m* *(SNR 300)*	decay storage tank
Abklinglagerung *f* *(bestrahlter BE)*	decay storage
Abklingrohr *n* *(MZFR)*	decay tube
Abklingstrecke *f*	decay *oder* hold-up line
Abklingwärme *f* SYN. Nachzerfallswärme	decay heat
Abklingzeit *f*	decay period
Abkühlbecken *n* SYN. Brennstoffabkühlbecken	cooling pond *(Brit.)*
Abkühlen *n* der Anlage	plant cooldown
Abkühlgeschwindigkeit *f* *(Reaktoranlage)*	cooldown rate; rate of cooldown
Abkühlrate *f* SYN. Abkühlgeschwindigkeit	cooldown rate; rate of cooldown
Abkühlung *f* SYN. Abkühlen	cooldown
Abkühlvorgang *m*	cooldown process
abkuppeln *(DWR-Steuerstab von Antriebsstange)*	to unlatch
Abkuppeln *n* *(eines SNR-300-BE)*	uncoupling; unlatching
Ablagegestell *n* für Reserve-Metall-O-Ringe der Druckbehälterdichtung	carrier rack for spare metal O-rings of the reactor vessel seal system
Ablagerung *f* von radioaktivem Staub	deposition of radioactive dust
Ablagerungen *fpl* an Brennelementen	fuel element crud; fuel element deposits

Ablagerungsebene *f* *(HTR-BE-Beschichtung)*	deposition plane
Ablaßbehälter *m (SNR 300)*	dump *oder* letdown tank
Ablaßleitung *f*	dump *oder* letdown line (*oder* pipe)
Ablaßpumpe *f*, **kontrolliert** *(HTR)*	liquid waste controlled discharge pump
Ablaßrohr *n* *(Schwerwasserreaktor)*	dump pipe
Ablaßsystem *n (SNR 300)*	dump system
Ablaßtank *m* *(Schwerwasserreaktor)*	dump tank
Ablaßventil *n (DWR-System für Wasserchemie und Volumenregelung)*	letdown valve
Ablaufwärmetauscher *m* *(SNR 300)*	drain(age) heat exchanger
Ablösung *f* **der Grenzschicht**	stripping of the boundary layer
Abluftanlage *f* **für Reaktorgebäude**	reactor building exhaust air system
Abluftfahne *f*	exhaust *oder* vent air plume
Abluftfilter *n, m*	exhaust *oder* vent air filter
Abluftkamin *m* SYN. **Abluftschornstein**	vent(ilation) stack
Abluftschacht *m*	exhaust *oder Brit.* extract air shaft
Abluftschornstein *m* SYN. **Abluftkamin**	vent(ilation) stack
Abluftsystem *n*	exhaust air system
abreichern	to deplete; to degrade; to downgrade; to strip
Abreicherung *f* SYN. **Verarmung** *(Brennst.)*	depletion
Abreißen *n (Rohrleitung)*	rupture
Abreißen *n* **der Kettenreaktion**	disruption of the chain reaction
Abreißen *n* **der saugseitigen Strömung** *(Pumpe)*	loss of suction(-side) flow
Abreißen *n*, **vollständiges, einer Hauptkühlmittelleitung**	complete rupture *(oder* break) of a reactor coolant pipe (*oder* line); complete double-ended

	severance of a reactor coolant pipe
Absatz *m* des Reaktordruckbehälters	internal (reactor) vessel ledge (for supporting the core)
absaugbarer Spalt *m* *(Sicherheitshülle)*	gap suitable for air extraction
Absaugeinrichtung *f* für Spaltprodukte *(Dragon, Peach Bottom)*	suction system to remove fission products
Absaugung *f* *(DWR-RDB-Dichtung)*	monitoring tap for closure gasket
Abschaltbehälter *m* SYN. Abschalttank *(SWR)*	scram accumulator (tank)
Abschalteinheit *f* *(SNR-300-Zweitabschaltsystem)*	shutdown unit
Abschalteinrichtung *f*	shutdown system
abschalten *(Reaktor)*	to shut down; to scram
Abschalten *n* *(Reaktor)*	(reactor) shutdown; scram
Abschaltenergie *f*	shutdown power
Abschaltgrenzwert *m* *(DWR)*	scram limit (value)
Abschaltpumpe *f* SYN. Leerlaufkühlpumpe *(SWR)*	residual heat removal pump; RHR pump
Abschaltreaktivität *f*	shutdown reactivity
Abschaltsicherheit *f*	shutdown margin
Abschaltstab *m* *(Reaktor)*	shutdown rod
Abschaltstabantrieb *m* *(HTR)*	shutdown rod drive (mechanism)
Drehstabkopf *m*	rotary rod head
ölpneumatischer Drehantrieb	oil-pneumatic rotary drive
Schrittkolben *m*	stepping piston
Schubrohr *n*	push tube; push rod
Scrambehälter *m*	scram accumulator
Abschaltsystem *n*	scram system *(SWR)*; shutdown system *(SNR 300)*
Erst- ~ *(SNR 300)*	primary shutdown system
Zweit- ~ *(SNR 300)*	secondary shutdown system
Abschalttank *m* (SWR) SYN. Abschaltbehälter	scram accumulator

Abschaltung *f*	shutdown
Not ~	emergency shutdown; scram; trip
Schnell ~	fast shutdown
ungeplante ~	unplanned *oder* unscheduled shutdown
Abschaltventil *n* *(Schwerwasserreaktor)*	helium dump valve
Abschaltvorgang *m*	shutdown procedure
Abschaltverstärker *m* *(Reaktorschutz)*	shutdown *oder* trip amplifier
Abschaltwärmetauscher *m* *(SWR)* SYN. Leerlaufkühler	residual heat exchanger; RHR system heat exchanger
Abscheideflasche *f* *(SNR-300-Dampferz.)*	separator flask (*oder* vessel)
Abscheidegrad *m* *(Filter)*	separation efficiency
Gesamtabscheidegrad *m*	overall separation efficiency
Abscheider *m* *(= Wasserabscheider)*	(moisture) separator
Demister ~	demister (type) separator
Fliehkraft ~	centrifugal separator
kombinierter Fliehkraft-Prallflächen ~	combined centrifugal and impact separator
kombinierter Zyklon- und Demister ~	combined cyclone and demister separator
Abscheiderlagerbecken *n* *(SWR)* SYN. Abscheiderlagerraum, Absetzbecken	dryer and separator storage pool
Abscheiderrohr *n* *(SWR)*	separator tube
Abscheidung *f* *(von Wasser aus Sattdampf)*	(moisture) separation
reine Fliehkraft ~	straight centrifugal separation
Abscheidungsgrad *m* SYN. Abscheidegrad	separation efficiency
abschiebern	to valve off *(a line, a system)*
Abschirmbehälter *m*	shielding container
Abschirmblock *m*	shielding block
Abschirmeinrichtungen *fpl*	shielding equipment; shielding facilities

Abschirmmaterial *n*	shielding material
Abschirmpfropfen *m* SYN. Abschirmstopfen	shield(ing) plug
Abschirmring *m* an der hydraulischen Schraubenspannvorrichtung (*LWR*)	hydraulic stud tensioner shield ring
Abschirmschieber *m* (*SNR-300-Wechselmaschine*)	shielding gate valve
Abschirm- und Dichtschieber *m* (*SNR 300*)	shielding and seal gate valve
Abschirm- und Dichtstopfen *m* (*SNR 300*)	shielding and sealing plug
Abschirmung *f*	shield(ing)
biologische ~	biological shield
Schwerbeton ~	loaded concrete shield; heavy aggregate (*oder* concrete) shield
Sekundär ~	secondary shield(ing)
Selbst ~	self-shielding
thermische ~ SYN. thermischer Schild	thermal shield
Abschirmungsberechnung *f*	shielding calculation
Abschirmwand *f*	shield(ing) wall
Abschirmzone *f*	shielded area (*oder* zone)
abschlämmen (*Dampferz., Leitungen*)	to blow down
Abschlämmleitung *f*	blowdown pipe (*oder* piping *oder* line)
Abschlämmpumpe *f* (*SWR-Abwasseraufber.*)	blowdown pump
Abschlämmrate *f*	blowdown rate
Abschlämmregelanlage *f*	blowdown control system
Abschlämmung *f* (*Dampferzeuger*)	(shell) blowdown
Abschlämmwasserentsalzung *f* SYN. Abschlämmentsalzung	blowdown demineralization; *Anlage:* blowdown demineralizer (plant)
Abschlämmwasserentspanner *m* SYN. Laugenentspanner	blowdown flash tank

Abschlämmwasserkühler *m* SYN. Lauge(n)-kühler	blowdown (water) cooler
Abschlußarmatur *f*	isolating *oder* isolation valve
Abschlußschaltung *f* (*SNR 300*)	termination circuit
abschnüffeln (*Lecksuche*)	to sniff; to probe
Abseifen *n* (mit Nekal) *(Lecksuche)*	soaping (with Nekal)
Absender/Empfänger-Differenz *f (SFK)*	shipper/receiver difference
Absenkungsfaktor *m* SYN. Absenkungsverhältnis	disadvantage factor
Absenkungsverhältnis *n* SYN. Absenkungsfaktor	disadvantage factor
Absetzbecken *n (SWR, DWR)*	dryer and separator storage pool *(SWR);* reactor internals storage pool *(DWR)*
absetzen *(BE im Lagergestell)*	to deposit *(a fuel assembly in a storage rack)*
Absetzen *n* des (RDB-)Deckels	removal of the (reactor) vessel head
Absetzpodest *(f. BE-Transportbehälter im BE-Lagerbecken)*	lay-down *oder* set-down pod
Absetzposition *f (SNR 300)*	lay-down *oder* set-down position
Absorber *m*	absorber
Borkarbid ~ *(SNR 300)*	boron carbide absorber
Glieder ~ *(SNR-300-Zweitabschaltsystem)*	articulated absorber
Neutronen ~	neutron absorber
Tantal ~ *(SNR-300-Regel-Trimmstab)*	tantalum absorber
Absorberblech *n (SWR)* SYN. Vergiftungsblech	(temporary) poison curtain
Absorberfinger *m (DWR-Fingerregelstab)*	absorber finger; finger-like absorber
Absorberführungsrohr *n (SNR 300)*	absorber guide tube
Absorberglied *n (SNR-300-Zweitabschaltsystem)*	absorber member

Absorberkupplung *f* *(SNR-300-Regel-Trimmst.)*	absorber coupling
Absorbermaterial *n*	absorber material
Neutronen ~	neutron absorber (material)
Absorberstab *m*	absorber *oder* absorbing rod
„grauer" ~ *(HTR)*	„grey" absorber rod
„schwarzer" ~ *(HTR)*	„black" absorber rod
Teillängen ~	part-length absorber rod
Vollängen ~	full-length absorber rod
FGR ~	AGR absorber rod
Drossel *f* mit Antrieb *(z. Einstellg. des Brennstoff-kanal-Kühlgasstroms)*	motorized gag
E-Motor-Getriebe *n* mit Kettenkasten	electric motor final drive bevel box with rectangular-section chain tube
Graphiteinsatz *m*	graphite fill
Kettenlager *n*	rectangular section tube
Kreuzkupplung *f*	articulating joint
Kupplungsmagnet *m*	clutch magnet
Magnetkupplung *f*	electromagnetic clutch
Positionsanzeige *f*	position indication (limit switches)
Primärgetriebe *n*	(epicyclic) primary reduction gear(box)
Rollenkette *f*	triplex (stainless steel) chain
Sekundärgetriebe *n*	final drive bevel box
Standrohrverschluß *m*	standpipe closure
HTR ~	HTR absorber rod
Außenrohr *n* SYN. Hüllrohr	outer *oder* sheath tube
Innenrohr	inner tube
Absorberstabantrieb *m*	absorber rod drive (mechanism)
pneumatischer Schrittantrieb *m (HTR)*	pneumatic stepper (*oder* stepping) drive (mechanism)
Langhubkolben *m* *(Kugelhaufen-HTR)*	long-stroke piston
Schnellfahrkolben *m* *(Kugelhaufen-HTR)*	fast-insertion piston

Schrittkolben *m* *(Kugelhaufen-HTR)*	stepper *oder* stepping piston
Stabführungsrohr *n* *(Kugelhaufen-HTR)*	rod guide tube
Absorberstabhüllrohrwerkstoff *m*	absorber can (*oder* cladding) material
Absorberstabkanalbohrung *f* *(FGR)*	control-rod bore; absorber rod bore
Absorberstabsystem *n (HTR)*	absorber rod system
Absorberstabwirksamkeit *f*	absorber rod worth
Absorbersteuerung *f*	absorption control
Absorberteil *m (Steuerstab)*	absorber portion (*oder* section); poison section
Absorberwechsel *m (SNR 300)*	absorber (element) change (*oder* changing)
Absorberwerkstoff *m*	absorber material
Absorption *f*	absorption
exponentielle ~	exponential absorption
Absorptionskoeffizient *m*	(real) absorption coefficient
Absorptionskurve *f*	absorption curve
Absorptionsquerschnitt *m* *(für therm. Neutronen)*	absorption cross-section
Absorptionsreaktion *f*	absorption reaction
Absorptionsreaktionsrate *f*	absorption reaction rate
Absorptionsverlust *m*	absorption loss
Absperrarmatur *f*	isolating *oder* isolation valve
Absperrarmatur mit Faltenbalg	bellows(-sealed) isolating valve
Absperrblase *f* *(für Rohrleitungen)*	isolating bladder
Absperrklappe *f* *(Lüftungssystem)*	isolating damper
Absperrklappe *f (SNR-300-Primärkreis)*	isolating butterfly valve
Absperrschieber *m* *(Sicherheitshülle)*	isolating *oder* isolation valve
Absperrschieber *m* für den kalten Hauptkühlkreisstrang	reactor coolant system cold leg isolation valve

Abspülen *n* der Harze von Regenerierüberschüssen	flushing excess regenerant from the resins
Abstandsgestell *n (für Spaltstoffe gegen ungewollte Kritikalität)* SYN.-käfig	bird cage
Abstandshalter *m (BE)*	spacer
Draht ~	wire(-wound) spacer
Feder ~ *(DWR)*	spring clip grid
Finnen ~	finned spacer
Gitter ~, gitterförmiger ~	grid spacer; spacer grid
Laternen ~	lantern type spacer
Noppen ~	dimpled spacer
Abstandshaltergitter *n (SNR-300-BE-Bünd.)*	spacer grid
Abstandskäfig *m* SYN. Abstandsgestell	bird cage
Abstellplatz *m*	lay-down *oder* set-down location
~ für das Kerngerüst	core structure lay-down location (*oder* pad)
~ für Kesseldeckel (*oder* RDB-Deckel)	vessel (closure) head lay-down location; vessel head storage ring (*oder* stand)
~ für Versandflasche	shipping flask lay-down location
Abstellposition *f* SYN. Abstellplatz	lay-down *oder* set-down location (*oder* position)
~ für BE-Transportbehälter SYN. Abstellplatz für Versandflasche	lay-down *oder* set-down position (*oder* location) for fuel shipping (*oder* transfer) cask (*oder* flask)
~ für Kerneinbauten	reactor upper/lower internals storage stand
~ für Steuerstab-Antriebsstangen	control rod drive shaft storage position
Abstellvorrichtung *f* für Reaktordruckbehälterdeckel *(DWR)*	reactor vessel head storage ring (*oder* stand)
Abstreifen *n (von SWR-BE-Kästen)*	stripping
Abstreifersäule *f (SWR-Abwasseraufber.)*	stripper *oder* stripping column
Abstreiffaktor *m*	stripping factor

Abstreifkonzentration *f (Anreicherungsanl.)*	tails assay
Abstreifmaschine *f (für SWR-BE-Kästen)*	(fuel channel) stripping machine
Abtransport *m* **zur Aufbereitung** *(BE)*	off-site shipment for reprocessing
Abwärtsströmung *f*	downflow; downward flow
Abwässer *npl*	drains; liquid waste(s)
~ aus der Gebäudeentwässerung	building drains
Chemie ~	chemical drains
salzarme ~ *(FGR)*	low-salt-content liquid wastes
salzhaltige ~ *(FGR)*	salt-bearing *oder* high-salt-content liquid wastes
seifige ~ *(FGR)*	saponaceous liquid wastes
Wasch- und Duschwässer *(DWR)*	laundry and hot shower drains
Abwasseranfall *m*	liquid-waste arising(s)
Abwasseraufbereitung *f (DWR)*	liquid waste disposal system
Abwasseraufbereitungsanlage *f*	liquid waste disposal (*oder* treatment) system
Abwasseraufbereitungssystem *n*	liquid waste (*oder* effluent) disposal (*oder* treatment) system
Abwasserbehälter *m*	liquid waste hold-up tank
Abwasserfilter *n, m*	liquid waste filter
Abwasserkonzentrat *n*	concentrated liquid waste
niederaktives ~	low-activity liquid waste concentrate; concentrated low-activity liquid waste(s)
radioaktives ~	radioactive liquid waste concentrate; concentrated radioactive liquid waste(s)
Abwasserkühler *m*	liquid waste cooler
Abwasserlagerung *f*	liquid waste storage (system)
Abwasserneutralisationsbehälter *m*	liquid waste neutralizer tank
Abwasserprüfbehälter *m*	liquid waste monitor tank
Abwasserprüf- und -speicherbehälter *m*	liquid waste monitoring and storage tank

Abwasserpumpe *f*	liquid waste (*oder* effluent) pump; waste drains pump
Abwasserrückstände *mpl*	liquid waste residues
Abwassersammelanlage *f (SNR 300)*	liquid-waste hold-up system
Abwassersammelbehälter *m*	liquid waste hold-up tank
Abwassersumpf *m*	liquid waste area sump
Abwassersystem *n*	liquid waste system
Abwasser- und Konzentrataufbereitung *f (SWR)*	liquid waste and concentrate processing system
Abwassertank *m* SYN. Abwasserbehälter	liquid waste (hold-up) tank
Abwasserverdampfer *m*	liquid waste evaporator (unit)
Abziehlack *m*	strippable film paint
Abzugsrohr *n (für HTR-BE-Kugeln)*	discharge tube
Achsversatz *m (SNR-300-Stellstabantr.)*	axis displacement
Adjungierte *f* der Neutronenflußdichte	adjoint flux; adjoint of the neutron flux density
Adsorber *m*	adsorber
Silica-Gel-~	silica gel adsorber
Adsorberbehälter *m (SNR 300)*	adsorber tank (*oder* vessel)
Adsorberkolonne *f (SNR 300)*	adsorber column
Adsorption *f*	adsorption
Adsorptionsanlage *f*	adsorption system; (vent gas) adsorber
Adsorptionsfilter *n, m*	adsorption filter
Adsorptionsmittel *n*	adsorbent
Äquivalentdosis *f*	dose equivalent
höchstzugelassene ~	maximum permissible dose equivalent (MPDE)
Aeroballsystem *n* SYN. Kugelmeßsystem	Aeroball system
Aerosol *n*	aerosol
radioaktives ~	radioactive aerosol
Aerosolabscheider *m (Abfallaufbereitung)*	demister

Aerosolaktivität *f*	aerosol activity
Aerosolfilter *n, m*	aerosol filter
Aerosolkonzentration *f*	aerosol concentration
ärztliche Kontrolle *f*	medical control
aktiv	active; radioactive
aktive Kernhöhe *f*	active core height
aktive Regelstabteile *mpl*	absorber *oder* poison sections
aktiver Bereich *m (Steuerstab)*	poison section
aktiver Niederschlag *m*	active *oder* radioactive deposit
aktiver Sammeltank *m (SWR)*	active drain tank
aktives Gitter *n* SYN. Reaktorgitter	(reactor) lattice
aktives Labor *n* SYN. „heißes" Labor	active *oder* „hot" laboratory
aktivieren	to activate
aktivierte Verunreinigung *f*	activated impurity
aktiviertes Primärnatrium *n (SNR 300)*	activated primary sodium
aktiviertes Wasser *n*	activated water
Aktivierung *f*	activation
Argon ~	argon activation
Aktivierungsanalyse *f*	activation analysis
Aktivierungsdetektor *m*	activation detector
Aktivierungsenergie *f*	activation energy
Aktivierungsprodukt *n*	activation product
Aktivierungsquerschnitt *m*	activation cross section
Aktivität *f* SYN. Radioaktivität	activity; radioactivity
Aerosol ~	aerosol activity
Edelgas ~	noble gas activity
flüssige ~	liquid activity
gasförmige	gaseous activity
Rest ~	residual activity
spezifische ~	specific activity
spezifische ~ des Kühlmittels	specific coolant activity
Teilchen ~	particulate activity
Aktivitäten *fpl* in die Atmosphäre entlassen	to discharge *oder* release activities to the atmosphere

Aktivitätsabbau *m*	activity decay (*oder* reduction)
Aktivitätsabgabe *f* SYN. -freisetzung	activity discharge (*oder* release)
~am Kamin *(SNR 300)*	activity discharge (*oder* release) at the stack
~an die Umgebung	activity discharge (*oder* release) to the environment
Aktivitätsaustritt *m*	activity discharge (*oder* escape)
Aktivitätsfreisetzung *f* SYN. Aktivitätsabgabe	activity discharge (*oder* release)
Aktivitätshöhe *f*	activity level; level of activity
Aktivitätsinventar *n*	activity inventory
Aktivitätskonzentration *f*	activity concentration
Aktivitätsmeßgerät *n*	activity measuring instrument
Aktivitätsmeßrohr *n (SNR 300)*	activity measuring tube
Aktivitätsmeßstelle *f*	activity measuring point
Aktivitätsrückhaltevermögen *n (BE)*	activity retention capability
Aktivitätsstörfall *m* SYN. Reaktivitätsstörfall	activity accident
Aktivitätsträger *m*	activity source; source of activity
Aktivitätsüberwachung *f (HTR-Kühlgas)*	activity monitoring
Aktivkohle *f*	activated charcoal (*oder* carbon)
Aktivkohleadsorber *m*	activated-charcoal adsorber; activated-charcoal adsorption bed
Aktivkohlebett *n* SYN. Aktivkohlefilterbett	activated-charcoal bed
Aktivkohlefilter *n, m*	activated-charcoal filter
Aktivkohle-Glasfaserfilter	activated-charcoal glass fibre filter
Aktivkohlefilterbett *n* SYN. Aktivkohlebett	activated-charcoal (filter) bed
Aktivkohlekolonne *f (SNR 300)*	activated-charcoal column
Aktivkohle-Verzögerungsanlage *f*	activated-charcoal delay bed system; activated-charcoal hold-up system
Aktivsammeltank *m (SWR)*	active-effluent hold-up tank
Aktivwasserpumpe *f*	active drains(s) pump

Aktivwerkstatt *f* SYN. „heiße“ Werkstatt	active *oder* „hot“ workshop
Alarmgrenzwert *m*	alarm limit
Albedo *f*	albedo
Neutronen ~	neutron albedo
aliphatischer Alkohol *m* *(Sol-Gel-Verfahren für HTR-Brennstoffherstellung)*	aliphatic alcohol
Alphateilchen *n*	alpha particle
Alphazerfall *m*	alpha decay
alterungsbeständig *(Werkstoff)*	insusceptible to ag(e)ing; non-ag(e)ing
Aluminiumknitterfolie *f* *(Isolierung)*	dimpled alumin(i)um foil
Anblasen *n* der Oberfläche mit Stickstoff *(SNR-300-Reaktordeckel)*	blowing nitrogen on the (shield plug) surface
Andrückhülle *f* *(BE)*	collapsible cladding
Anfahrbereich *m* *(Neutronenflußmessung)* SYN. Impulsbereich, Quellbereich	source *oder* start(-)up range
Anfahrbetrieb *m*	start-up operation
anfahren *v.i., v.t.*	to start up
anfahren *(eine BE-Position; Lademasch.)*	to home on to
Anfahren *n*	start(-)up
erstes ~ des Reaktors	first *oder* initial reactor start(-)up
unabhängiges ~ des Kraftwerks	black plant (*oder* power station) start(-)up
Anfahrentspanner *m* *(FGR-Zwangdurchlauf-Dampferzeuger)*	start-up flash tank
Anfahrfilter *n, m* *(vor HTR-Gasreinig.)*	start-up filter
Anfahrgeschwindigkeit *f*	start-up rate
Anfahrinstrumentierung *f*	start-up instrumentation
Anfahrkanal *m* *(Neutronenflußmessung)*	source *oder* start-up range channel

Anfahrneutronendetektor *m*, beweglicher	traversing start-up neutron detector probe
Anfahrrampe *f*	start-up ramp
Anfahrregelventil *n (FGR)*	start-up control valve
Anfahrvorgang *m*	start-up procedure
Anfahrzeit *f*	start-up time
Anfangsanreicherung *f (Brennstoff)*	initial enrichment
Anfangsinventar *n (SFK)*	opening *oder* starting *oder* beginning inventory
Anfangskonversionsrate *f*	initial conversion rate
Anfangskriechen *n (Werkstoff)*	initial *oder* primary creep
Anfangsreaktivität *f*	initial reactivity
Anfangsüberschußreaktivität *f*	initial excess reactivity
angereichertes Material *n*	enriched material
angereichertes Uran *n*	enriched uranium
Anheben *n (eines BE)*	lifting
Anisotropiefaktor *m*	anisotropy factor
Anlage *f* zur Druckunterdrückung (MZFR) SYN. *SWR:* Druckabbausystem	pressure suppression system
Anlagenabschaltung *f*	plant shutdown
Anlagenentwässerung *f*	(plant) drainage system; equipment drainage system; plant *oder* equipment drains
Entwässerungsbehälter *m*	drainage tank
Entwässerungskühler *m*	drainage heat exchanger
Entwässerungspumpe *f*	drainage pump
Anlagenentwässerungskühler *m*	plant drainage heat exchanger; plant drainage cooler
Anlagenraum *m (in der Sicherheitshülle)*	plant *oder* equipment compartment
Anlagestrahlungsüberwachung *f*	plant radiation monitoring (system)
Anlaufkosten *pl*	initial start-up costs
Annäherungsphase *f* an den kritischen Zustand	approach to criticality phase

Anordnung *f (von spaltbarem Material)*	assembly
exponentielle ~	exponential assembly
kritische ~	critical assembly
unterkritische ~	subcritical assembly
Anreichern *n (von Kernbrennstoff)* SYN. Anreicherung, Anreicherungsprozeß	enrichment (process)
Anreicherung *f*	enrichment (process); *D_2O:* upgrading
mittlere ~	average enrichment
mittlere ~ des Brennstoffs	average fuel enrichment
Anreicherungsanlage *f*	*Brennstoff;* enrichment plant; *D_2O:* upgrading plant (*oder* system), distillation plant
Anreicherungsfaktor *m*	enrichment factor
Anreicherungsgrad *m*	degree of enrichment
Anreicherungskolonne *f (für D_2O)*	(D_2O) distillation column
Anreicherungsprozeß *m (Kernbrennstoff)* SYN. Anreichern, Anreicherung	enrichment process
Anreicherungszone *f (SNR-300-Kern)*	enrichment region (*oder* zone)
Ansaugkegel *m (SNR-300-Reaktortank)*	suction cone
Anschlußstutzen *m* für Druckprobe *(DWR-DE)*	test pressure nozzle
Anschwemmbehälter *m (Anschwemmfiltration)*	precoat tank
Anschwemmgefäß *n (Anschwemmfiltration)*	precoat tank
Anschwemmpumpe *f (Anschwemmfiltration)*	precoat pump
Anschwemmschleuderfilter *n, m (FGR-Spannbetonbehälterkühlkreis)*	centrifugal type diatomite (*oder* precoat) filter
Anschwemm- und Dosierbehälter *m*	precoat and dosing tank

Ansetzbehälter *m (DWR-Chemikalien-einspeisesystem)*	(chemical) mixing tank
Ansetzstation *f (für Borsäure; DWR)*	(boric acid) mixing station
Anstiegszeitkonstante *f (für Reaktivitätsstörung)*	rise time constant
Anteil *m* der verzögerten Neutronen bei der Spaltung	delayed neutron fraction
Antimonstab *m (Neutronenquelle)*	antimony rod
Antischaummittel *n*	anti-foamant; anti-foam reagent
Antischaummittelbehälter *m*	anti-foam reagent add tank
Antriebseinheit *f (SNR-300-Zweitabschaltsystem)*	drive unit
Antriebsstange *f (DWR-Steuerstab)*	drive shaft
Antwortspektrum *n (Erdbebenberechnung)*	response spectrum
Anwahlventil *n*	selector valve
Arbeitskreislauf *m (KKW)*	working cycle
Arbeitsmittel *n*	working *oder* operating fluid (*oder* medium)
Arbeitsmittelkreislauf *m*	operating fluid loop; heat transfer fluid loop
Arbeitsstromschaltung *f (elektrisch)*	circuit-closing connection
Argon *n*, Ar	argon, Ar
Argonheizsystem *n (SNR 300)*	argon heating system
Argonheizung *f (SNR 300)*	argon heating (system)
Argonkühler *m (SNR 300)*	argon cooler
Argonlagerbehälter *m (SNR 300)*	argon storage tank
Argonschutzgasatmosphäre *f (SNR-300-Reaktortank)*	argon cover gas atmosphere
Argonschutzgassystem *n (SNR 300)*	argon cover gas system
Argonsystem *n (SNR 300)*	argon system
Argonversorgung *f (SNR 300)*, Argonversorgungssystem *n*	argon supply system

Argonversorgungsstation *f* *(SNR 300)*	argon supply station
Argonverteilerstation *f* *(SNR 300)*	argon manifold (*oder* distribution) station
Argonzwangsumwälzung *f* *(SNR-300-Wechselmaschine)*	forced argon circulation
Armaturenraum *m*	valve room
~Moderatorkreislauf *(D_2O-Reaktor)*	moderator circuit valve compartment
Atem(schutz)maske *f*	respirator
atmosphärische Diffusion *f*	atmospheric diffusion
atomares Bremsvermögen *n*	atomic stopping power
Atomgewicht *n*	atomic weight
Aufarbeitung *f* *(Kernbrennstoff)*	reprocessing
nichtwäßrige ~	non-aqueous reprocessing
wäßrige ~	aqueous reprocessing
Aufarbeitung *f* radioaktiver Abfälle	radioactive waste disposal (*oder* processing *oder* treatment)
Aufarbeitungsanlage *f (für BE)* SYN. Wiederaufarbeitungsanlage	(fuel) reprocessing plant
Aufarbeitungsverluste *mpl*	reprocessing loss
Aufbau *m* von Spaltprodukten	build-up of fission products; fission product build-up
Aufbaufaktor *m* SYN. Zuwachsfaktor	build-up factor
Aufbereitung *f* radioaktiver Abfälle	radioactive waste treatment; radwaste treatment
Aufbereitung *f* radioaktiver Feststoffe	solid radioactive waste treatment (*oder* disposal)
Aufbereitung *f* und Lagerung radioaktiver Abfälle *(DWR)*	radioactive waste treatment and storage (system)
Aufbereitungsanlage *f* für flüssige radioaktive Abfälle *(SWR Mühleberg)*	liquid radwaste system
Aufbereitungsgebäude *n (SWR)*	radwaste building
Aufbereitungsgebäudesumpf *m*	radwaste building sump
Aufbereitungsstraße *f*	disposal *oder* treatment train

Aufbereitungssystem *n* für radioaktive Abfälle *(SWR Mühleberg)*	radwaste system
aufblasbare schlauchförmige Dichtung *f (SNR 300)*	inflatable bag type seal
Aufenthaltsdauer *f (BE in Reaktor)*	dwell *oder* residence time
Aufenthaltsräume *mpl (für Personal)*	permanently occupied areas
Auffangbehälter *m (Abfallaufbereitung)*	laundry and shower drains tank
Auffangbehälter *m* für Dekontaminierungsabwässer *(HTR Peach Bottom)*	decontamination rinse tank
Auffangbehälter *m* für Flüssigabfälle	liquid waste hold-up tank
Auffangbehälter *m* für Personendekontaminierungs- und Laborabwässer	decontamination rinse tank
Auffangbehälter *m* für Waschwässer *(HTR Peach Bottom)*	laundry waste tank
Auffangbehälterpumpe *f*	receiver *oder* hold-up tank pump; waste receiver tank pump
aufgerauhte Oberfläche *f (HeBR-Brennstab)*	roughened surface
Aufheizen *n*	heat-up, heatup
~ und Abkühlen der Reaktoranlage	reactor plant heat-up and cooldown
nukleares ~	nuclear heat(-)up
Aufheizgeschwindigkeit *f*	heat-up rate
maximale ~	maximum heat-up rate
Aufhydrierung *f*, lokale	local hydriding
Aufkohlung *f*	carburization
Aufkonzentration *f (Schwerwasser)*	upgrading; reconcentrating
Aufkonzentrieranlage *f (DWR-Kühlmittelaufbereitung)*	upgrading plant

Aufkonzentrierungsanlage *f* *(D_2O)*	(D_2O) distillation plant (*oder* system), (D_2O) upgrading plant
Aufkonzentrierungskolonne *f* *(D_2O)*	(D_2O) distillation column; (D_2O) upgrading column
Auflage *f* für Wärmeisolierung *(DWR-DB)*	thermal insulation support brackets
Auflagekonsole *f*	support bracket (*oder* pad)
Auflagekonstruktion *f* *(SNR-300-Reaktortank)*	support structure
Auflagerpratze *f (RDB)*	support lug
Auflageträger *m* *(SNR-300-Reaktortank)*	support(ing) girder
Auflagezylinder *m (SNR 300)*	support cylinder
Auflösung *f* *(Gammaspektrometrie)*	resolution
Aufnahmezelle *f*	pick-up cell
Aufplatzen *n* des Brennstoffhüllenmaterials	bursting of the canning *oder* cladding material; *Brit.* can burst
Aufpunkt *m (für radioaktive Abgase)*	receiving point
Aufquellen *n* SYN. Schwellen *(Uran)*	swelling
Aufschwimmen *n (BE im Reaktor)*	levitation
~ des Elements *(SNR 300)*	subassembly levitation
unkontrolliertes ~ des BE *(DWR)*	uncontrolled fuel-assembly levitation
Aufsetzen *n* des (RBD-)Deckels	seating of the vessel head
Aufsetzen *n* von BE-Kästen *(SWR)*	placing *oder* placement of fuel channels
Aufstellungsort *m* von Anlageteilen	site of plant component installation
Aufstellvorrichtung *f (für BE) (DWR)* SYN. Kippvorrichtung, Schwenkvorrichtung	tilting device; lifting frame (assembly); upending frame
Aufteilung *f* des Brennstoffs auf . . .	subdivision of the fuel into . . .
Auftragschweißen *n* *(RDB-Innenplattierung)*	deposition *oder* overlay welding

Auftragsschweißen *n* der Plattierung	deposition *oder* overlay welding of the cladding
Aufwärmgeschwindigkeit *f* *(RDB)*	heat-up rate
Aufwärmspanne *f (Kühlmittel)*	enthalpy rise
Aufwärtsstreuung *f* *(von Neutronen)*	upscattering
Aufwärtsströmung *f*	upflow; upward flow
Aufweitung *f* der Hülle *(BE)*	clad(ding) expansion
Ausbaueinrichtung *f* für Kühlfallen *(SNR 300)*	cold trap removal tool
Ausbeute *f* an Spaltprodukten	fission product yield
Ausbildung *f* des Betriebspersonals	operating staff training
Ausblasebehälter *m* SYN. Abblasebehälter *(DWR)*	pressurizer relief tank
Ausblaseleitung *f* *(SWR-Notkondensator)*	discharge pipe
Ausblasestation *f*	atmospheric exhaust station
Ausblasetank *m (DWR)* SYN. Ausblasebehälter	pressurizer relief tank
Ausbreitungsparameter *m* *(für Abgase)*	diffusion *oder* dispersion parameter
Ausbreitungstheorie *f (für Abgase)*	(atmospheric) diffusion theory
Ausdehnbehälter *m (SNR-300-Komponentenkühlkreis)*	expansion tank (*oder* vessel)
Ausdehnungskoeffizient *m*, linearer	linear expansion coefficient
Ausdehnungsstück *n* *(Kühlgasleitung)*	expansion bellows; bellows unit
Auseinanderreißen *n* der Hauptkühlmittelleitung mit doppelendigem Ausströmquerschnitt	double-ended rupture of the reactor coolant pipe; double-ended severance of the reactor coolant pipe
Ausfahren *n* der Stell- *oder* Steuerstäbe	control rod withdrawal
Ausfahrgeschwindigkeit *f* *(Steuerstab)*	withdrawal rate (*oder* speed)

Ausfall *m* betriebswichtiger Anlagenteile	failure *oder* outage of vital plant components
Ausfall *m* von Gebläsen *(FGR)*	circulator *oder* blower failure (*oder* outage)
Ausgangsmaterial *n* SYN. Ausgangsstoff	source material
Ausgangsstoff *m* SYN. Ausgangsmaterial	source material
Ausgasungsphase *f (HTR-Kohlestein)*	degassing phase
Ausgleich *m* der Xenon-Vergiftungsspitzen	xenon (activity) override
Ausgleichsbehälter *m*	*DWR-Volumenregelsystem:* volume control surge tank; *DWR-Zwischenkühlsystem:* component cooling surge tank; *SNR-300-Sekundärsystem:* balancing *oder* equalizing tank
~ mit Kühler *(Abfallaufber.)*	surge tank with cooling coil
Ausgleichsbehälter-Umwälzpumpe *f*	surge tank drain pump
auskondensieren	to condense out
Auskondensieren *n* (von mitgeführtem Natriumdampf) *(SNR 300)*	out-condensing (of entrained sodium vapour)
Auskristallisation *f*	recrystallization
Ausladen *n*, Ausladung *f (von abgebranntem Brennstoff)*	discharge; unloading (*of spent fuel)*
Auslegungsdruck *m*	design pressure
Auslegungserdbeben *n*	design (basis) earthquake
Auslegungsheißstellenfaktor *m*	design peaking factor
Auslegungsleistung *f* der Anlage	plant design capacity (*oder* output)
Auslegungsstörfall *m* SYN. Auslegungsunfall	design basis accident, DBA
Auslegungstemperatur *f*	design temperature
Auslegungsunfall *m* SYN. Auslegungsstörfall, größter anzunehmender Unfall (GaU)	design basis accident, DBA; maximum conceivable accident, MCA
Ausnehmung *f*	cut-out

Ausregeln *n* der Xenonvergiftung SYN. Ausgleich der Xenonvergiftungsspitzen, Ausregeln der Xe-Spitzen	xenon (activity) override
Ausregeln *n* der Xe-Spitzen	xenon (activity) override
Ausregelung *f* von Xenon-Schwingungen	override of xenon oscillations
ausscheidungshärtend *(Legierung)*	precipitation-hardening
Ausschleusbrücke *f (für Schwerteile)*	outward transfer bridge
Ausschleusen *n* (abgebrannter BE) *(Kugelhaufen-HTR)*	(spent fuel element) outward transfer
ausschleusen	to transfer (outwards)
Ausschleusposition *f (BE)*	outward transfer position
Ausschleusraum *m*	outward transfer compartment
Ausschleusvorgang *m*	outward transfer procedure
Ausschlußstrecke *f (Kugelhaufen-HTR)*	exclusion section
Außenhülle *f (FGR-BE)*	outer sleeve
Außeninstrumentierung *f (DWR)*	out-of-pile instrumentation
Abstellposition *f* für Gliederzug	movable out-of-pile detector assembly storage position
Einzelglied *n (Gliederzug)*	single movable out-of-pile detector element
Gliederzug *m*	movable out-of-pile detector assembly
Meßkammerführungsrohr *n*	measuring chamber guide tube
Zählrohraufzug *m*	counter (*oder* counting) tube lifting unit (*oder* device)
Außenleckage *f*	outleakage
Außenrohr *n (SNR-300-Stellstabantrieb)*	outer tube
Aussetzregelung *f (SNR-300-Druckluftkompressor)*	intermittent operation control
aussieden *v.i.*	to flash (into steam)
Ausstoß *m (radioaktiver Spaltprodukte)* SYN. Abgabe	discharge; release *(of radioactive fission products)*

Ausstoß *m* an Radioaktivität in die Umgebung SYN. Abgabe	radioactivity discharge (*oder* release) to the environment (*oder* surrounding area)
Ausströmrate *f*	outflow *oder* escape rate
Austragen *n (von Harzteilchen)*	carry(-)over; entrainment
Austritt *m* radioaktiver Spaltprodukte	escape of radioactive fission products
Austrittsstutzen *m (RDB)*	(reactor coolant) outlet nozzle
Austrittstemperatur *f* der Reinigungsrate aus dem Reaktorkühlsystem *(DWR)*	temperature of coolant entering the chemical and volume control system
Auswahlschaltung *f*	coincidence *oder* selection circuit
Auswerfen *n* eines Regelstabes *(LWR)*	rod ejection
Autoradiographie *f*	autoradiography
Axialhaltenocken *m (HTR-Gasgebläsegehäusebefestigung)*	axial stop
Axialschublager *n (DRAGON-Gasumwälzgebläse)*	axial thrust bearing
Azetylen *n (für Pyrokohlenstoffbeschichtung)*	acetylene

B

Bänderhubwerk *n (KNK-Wechselmaschine)*	band-operated hoist
Bajonettverschluß *m (FGR-Standrohrkopf)*	bayonet closure
Bambuseffekt *m (LWR-BE)*	bamboo ridge formation; (formation of) circumferential ridges
barn *(Flächeneinheit für kernphysikalische Wirkungsquerschnitte)*	barn
Barriere *f (gegen Aktivitätsaustritt aus Kernbrennstoff im KKW)*	barrier
Barytbeton *m (Abschirmung)*	barytes concrete

Basaltgranulat *n (Abschirmung)*	granulated basalt
Bauprüfung *f (KKW-Komponenten)*	certification test
Bauteil *n*	structural component
im Werk gefertigtes ~	shop-fabricated component
Bauvorlaufzeit *f*	construction lead time
BE = Brennelement *n*	fuel assembly; fuel element
Becken *n* für abgebrannte Brennelemente SYN. BE-Becken, Brennelement(kühl- *oder* lager)becken	*DWR:* spent fuel pit; *SWR:* (spent) fuel storage pool; *FGR:* cooling pond
Beckenabdeckung *f*	(spent) fuel pit cover(ing) *(oder* roof)
Beckenbeschichtung *f*	(spent) fuel pit lining
Beckenfilter *n, m* SYN. Beckenwasserfilter	(spent) fuel pit filter; fuel pond clean-up filter
Beckengestell *n* SYN. BE-Beckengestell	fuel storage rack
Beckenhaus *n*	spent fuel pit building
Beckenhauskran *m*	spent fuel pit building crane
Beckenkreislaufionentauscher *m (DWR)*	(spent) fuel pit demineralizer
Beckenkühler *m* SYN. Elementbeckenkühler	(spent) fuel pit heat exchanger
Beckenkühlkreislauf *m*	(spent) fuel pit cooling loop
Beckenkühlkreisumwälzpumpe *f* SYN. Beckenkühlpumpe, Beckenwasserumwälzpumpe	(spent) fuel pit pump
Beckenkühlpumpe *f* SYN. Beckenkühlkreisumwälzpumpe, Beckenwasserumwälzpumpe	(spent) fuel pit pump; *SWR:* fuel storage pool recirculating pump
Beckenkühlsystem *n*	*DWR:* (spent) fuel pit (water) cooling loop (*oder* system); *SWR:* fuel storage pool cooling system
Beckenkühler *m (DWR)*	spent fuel pit water heat exchanger
Beckenkühlpumpe *f (DWR)*	(spent) fuel pit water pump
Filterspeisepumpe *f (DWR)*	filter feed (*oder* supply) pump

Beckenreinigungspumpe *f*	*DWR:* (spent) fuel pit water pump: *SWR:* fuel storage pool recirculating pump
Beckenschütz *n (DWR)*	(spent) fuel pit (sluice) gate
Beckenwasserfilter *n, m* SYN. Beckenfilter	(spent) fuel pit filter; fuel pond clean-up filter
Beckenwasserkühlung *f* und -reinigung *f*	(spent) fuel pit water cooling and clean-up system
Beckenwasserpumpe *f* SYN. Beckenkühlpumpe	*DWR:* (spent) fuel pit water pump; *SWR:* fuel storage pool recirculating pump
Beckenwasserreinigungspumpe *f* SYN. Beckenwasserpumpe, Beckenkühlpumpe, Beckenreinigungspumpe	(spent) fuel pit water pump
Beckenwasserumwälzpumpe *f* SYN. Beckenkühlpumpe, Becken(wasser)reinigungspumpe, Beckenwasserpumpe	(spent) fuel pit water pump; fuel storage pool recirculating pump
Beckenwasservorratsbehälter *m* SYN. Flutbehälter *(DWR)*	refueling water storage tank
Bedienungsbühne *f (SWR)*	operating platform (*oder* deck)
Bedienungskorb *m* für Stellstabantriebe *(SNR 300)*	absorber rod drive servicing cage (*oder* bucket)
Bedienungsraum *m* für Ionisationskammern	ion chamber room
Bedienungssteg *m (SWR)*	operating walkway
Begasung *f (des Kühlmittels mit H_2)*	gas injection; H_2 injection
Begleitheizung *f (SNR-300-Natriumleitungen)*	(piping) heat tracing; trace heating
elektrische ~	electrical heat tracing (system); electrical trace heating (system)
Begleitheizungsverteilung *f (SNR 300)*	heat tracing (*oder* trace heating) distribution board
Behälter *m* für beschädigte BE	damaged fuel assembly cask
Behälter *m* für nichtradioaktive Wäschereiabwässer *(SWR)*	laundry waste tank (non-active)
Behälter *m* für radioaktive Wäschereiabwässer *(SWR)*	laundry waste tank (active)

Behälter *m* für verbrauchte Harze *(DWR)*, SYN. Behälter für verbrauchte Ionentauscherharze	spent resin (storage) tank
Behälter *m* für verbrauchte Regeneriermittel	spent regenerant chemical hold-up tank
Behälterdurchbruch *m*	vessel penetration
Behälterinnendruck *m*	vessel internal pressure
Behältermantel *m (SNR-300-Na/Na-Zwischenwärmetauscher)*	vessel shell
Behälterprüfung *f (Sicherheitshülle)*	pressure vessel (pneumatic) test
Behältertragkonstruktion *f (RDB)*	reactor vessel supports; reactor vessel support structure
Behältertragpratze *f*	vessel support lug
Behälterunterteil *m (RDB)*	reactor (pressure) vessel
behagliche Verhältnisse *npl (Lüftungs- und Klimatechnik)*	comfort conditions
Behandlung *f* radioaktiver Abwässer SYN. Aufbereitung radioaktiver Abwässer	radioactive liquid waste disposal (*oder* processing *oder* treatment)
Beizerei *f (zur Dekontaminierung)*	acid treatment (*oder* pickling) plant
Beizwanne *f (in heißer Werkstatt)*	chemical cleaning basin
Beladedeckel *m (SWR)*	refuel(l)ing hatch cover
Beladamaschine *f* SYN. BE-Wechselmaschine	(re)fuelling machine, *Brit.* charge machine
Beladen *n (Reaktorkern)*	charging; loading
erstes ~ des Reaktorkerns	first *oder* initial loading of the reactor core
Beladeöffnung *f (SWR)*	refuel(l)ing hatch
Beladetechnik *f*	(re)fuelling technique (*oder* method)
Beladetemperatur *f*	loading temperature
Belade- und Umsetzschema *n*	(re)fuelling and shuffling scheme
Beladezyklus *m* SYN. Beladungszyklus	fuelling cycle; fuel-loading cycle

Beladung *f* des Core	core loading
Beladung *f* während des Betriebes *oder* unter Last	on-power *oder* on-line refuelling
Beladungsunfall *m*	loading accident
Beladungszyklus *m* SYN. Beladezyklus	(re)fuelling cycle; fuel-loading cycle
Belastungszyklus *m (RDB)*	stress cycle
Belüftungsanlage *f*	ventilation system
Beobachtung *f (SFK)*	surveillance
Beobachtungssystem *n (HTR Peach Bottom)*	viewing system
Beobachtungszelle *f (SNR 300)*	inspection cell
Bereich *m,* begehbarer	accessible area
Bereich *m,* nicht begehbarer	inaccessible *oder* non-accessible area
Berichtigung *f (SFK)*	correction
Berstfolie *f*	rupture *oder* rupturing *oder* explosion diaphragm
Berstklappe *f*	hinged pressure relief panel
Berstquerschnitt *m*	rupture cross section
Berstscheibe *f* SYN. Reißscheibe	bursting *oder* rupture disc
Berstsicherheit *f (Behälter)*	bursting resistance
Bersttemperatur *f* der (BE-) Hülle	can *oder* clad(ding) bursting temperature
Berstverhalten *n (Behälter)*	bursting behaviour
beruflich strahlenexponierte Person *f*	occupationally exposed person
Berylliumhülle *f (Neutronenquelle)*	beryllium sheath
beschichtete Brennstoffpartikeln *fpl*	coated particles
beschichtetes Kernbrennstoffteilchen *n*	coated nuclear fuel particle
beschichtete Teilchen *npl*	coated particles
Beschickungseinrichtung *f (Kugelhaufen-HTR)*	refuelling system
Beschickungsmaschine *f (HTR DRAGON)*	(re)fuelling machine

Beschickungsperiode *f*	charging period
Beschickungsplan *m*	refuelling scheme
Beschickungsraum *m* *(Kugelhaufen-HTR)*	charge room; fuelling room
Beschickungsrohr *n* *(Kugelhaufen-HTR)* SYN. Zugaberohr	charge *oder* feed tube
Beschickungsvorgang *m*	refuelling procedure
Beschickungszyklus *m*	charging *oder* fuelling cycle
Beschleunigungsfeder *f* *(SNR-300-Abschaltstab)*	acceleration spring
Besichtigungsvorrichtung *f* *(für SWR-BE)*	viewing device
besondere spaltbare Stoffe *mpl* *(SFK)*	special fissionable material
Bestandsänderung *f (SFK)*	inventory change
Bestrahlung *f*	*Werkstoffe:* irradiation; *biol. Strahlenschutz:* exposure (to radiation)
Ganzkörper ~	whole-body exposure; total exposure of the body
ionisierende ~	ionizing irradiation
Bestrahlungsbeständigkeit *f*	irradiation stability
bestrahlungsinduziertes Kriechen *n*	irradiation-induced creep
Bestrahlungskanal *m*	irradiation channel
Bestrahlungsstabilität *f* SYN. Bestrahlungsfestigkeit	irradiation stability; stability under irradiation
Bestrahlungstest *m*	irradiation test
Bestrahlungsuntersuchungen *fpl*	irradiation studies
Bestrahlungsverhalten *n*	irradiation behaviour, behaviour under irradiation
Bestrahlungsversprödung *f* *(Werkstoff)*	irradiation embrittlement
Bestrahlungszeit *f*	irradiation time; *biol.* exposure time
Betätigungswelle *f (SNR-300-Absorberkupplung)*	actuation shaft
Beta/Gamma-Abtastzähler *m*	beta/gamma scanning detector

Beta/Gamma-Hand- und Schuhmonitor *m*	beta/gamma hand and shoe monitor
Betateilchen *n*	beta particle
Betaübergang *m (Xenonzerfall)*	beta transition
Betazerfall *m*	beta decay (*oder* disintegration)
Betazerfall(s)reihe *f* SYN. Betazerfallskette	beta decay series (*oder* chain)
Bethe-Tait-Exkursion *f (SNR 300)*	Bethe-Tait excursion
Betonabschirmung *f*	concrete shield(ing)
Betonhülle *f (Sicherheitshülle)*	concrete shield
äußere ~	outer concrete shell (*oder* shield)
Betonieranlage *f* für Ionentauscherharze	spent (ion exchange) resin concrete incorporation plant
Harzabfallbehälter *m*	spent resin tank
Harzdosiergefäß *n*	resin proportioning (*oder* dosing) vessel
Harzspülpumpe *f*	resin flushing (*oder* sluicing) pump
Mischanlage *f*	mixer; mixing unit
Pufferbehälter *m*	buffer *oder* surge tank
Rührwerk *n*	agitator; mixer
Überlaufbehälter *m*	overflow tank; decanting vessel
Wassersprühdüse *f*	water jet nozzle
Zementdosierschnecke *f*	cement proportioning (*oder* dosing) worm conveyor
Betoniersystem *n*	concrete embedment (*oder* incorporation) system
Betonplatten *fpl* über Flutraum *(SWR)*	reactor well closure concrete slabs
Betonschild *m* SYN. Betonabschirmung	concrete shield
Betonsetzstein *m (Abschirmblock aus Schwerbeton)*	removable (heavy) concrete block
Betriebsbereich *m (Reaktorleistung)*	operating range

Betriebsdruckluftanlage *f*	service *oder* station air system
Betriebserdbeben *n*	operating basis earthquake
Betriebsfestigkeit *f (Kerneinbauten)*	integrity in operation; operational integrity
betriebsfreundlich	easy to operate; affording ease of operation
Betriebsgaschromatograph *m (SNR 300)*	process gas chromatograph
Betriebsgebäude *n (SWR)*	operations building; service building
Betriebsinstrumentierung *f*	process instrumentation
Betriebsmannschaft *f*	operating crew
Betriebsmedium *n* SYN. **Arbeitsmittel**	operating *oder* working fluid (*oder* medium)
Betriebsraum *m (in Sicherheitshülle)*	operating compartment
Betriebssystem *n*	process system
Betriebsüberwachungsgerät *n (SNR 300)*	process monitor; process monitoring instrument
Beulrechnung *f (für Brennstabhüllrohre)*	buckling calculation
Be- und Entladestation *f* **für Transportbehälter** *(SNR 300)*	fuel shipping cask (*oder* flask) loading and unloading station
Be- und Entladevorgänge *mpl*	charge and discharge operations
Bevölkerungszentrum *n*	centre of population, population centre
Bewegungen *fpl* **des Reaktorkühlsystems infolge der Wärmedehnungen**	reactor coolant system movement due to (*oder* in response to) thermal expansion
Bewertungsfaktor *m (Strahlenschutz)*	quality factor
BF3-Zähler *m (Neutronenflußmessung)*	BF3 counter
BF3-Zählrohr *n*	BF3 counter (*oder* counting) tube
Bindefehler *m* **der Plattierung** *(RDB)*	clad fusion defect
Bindemittel *n (HTR-Kugel-BE-Fertigung)*	binder
Binder *m* SYN. **Bindemittel**	binder; binding agent

Binderharz *n (HTR-Reaktorgraphit)*	binder resin
Bindungsenergie *f (Atomkern)*	binding energy
biologische Abschirmung *f* SYN. biologischer Schild	biological shield(ing)
biologische Wirksamkeit *f*	biological effectiveness (*oder* efficiency)
biologischer Schild *m* SYN. biologische Abschirmung	biological shield(ing)
~ Betonschild	concrete biological shield
„Biso"-Beschichtung *f (Fort St. Vrain-HTR-BE)*	„BISO" coating
Bituminieranlage *f (für radiakt. Abfälle)*	bitumen embedment (*oder* incorporation) plant
Bituminierstation *f* SYN. Bituminieranlage	bitumen embedment (*oder* incorporation) station
Bituminierung *f (für radioakt. Abfall)*	incorporation into bitumen, bituminization
Blasenkoeffizient *m* (der Reaktivität) SYN. Dampfblasenkoeffizient der Reaktivität, Leerraumkoeffizient	void coefficient (of reactivity)
Blechhaut *f*, einbetonierte *(Sicherheitshülle)*	bottom liner plate; steel plate membrane (encased in concrete)
Blechhaut *f*, in das Fundament eingelegte *(Sicherheitshülle)*	steel plate membrane embedded in the foundation
Blechhülle *f* des Containments *(SNR 300)*	containment metal enclosure
bleibende Verformung *f*	permanent deformation
Blendung *f (Kühlmittelstrom im SWR-BE)*	orificing
Blinddeckel *m (für Kabeldurchführung)*	blind-off cap
Blindstutzen *m (SNR-300-Doppeltank)*	blind(-off) nozzle; blanked-off nozzle
Bodenblech *n* (gasdichtes) *(SNR 300)*	bottom liner plate
Bodenglocke *f (Destillationskolonnen-Füllkörper)*	bubble cap

Bodenkolonne *f* SYN. Stufenkolonne	plate column (*oder* tower)
Bodenkühlung *f (SNR 300)*	bottom cooling (system)
Bodenplatte *f (Reaktorgebäude)*	bottom raft (*oder* slab *oder* mat)
Bodenreflektor *m (HTR)*	bottom reflector
Bodenreflektorrohr *n (FGR)*	bottom reflector sleeve
Bodensatz *m* SYN. Destillationsrückstand	bottoms; tailings
Bodenwanne *f (SWR-Sicherheitshülle) (unter Reaktordruckgefäß)*	bottom (of) containment extension; subpile room
Boltzmannsche Konstante *f*	Boltzmann('s) constant
Bor *n*, B	boron, B
Boral *n*	boral
Borentzug *m* SYN. Deborieren *n*	deborating; deboration
Borgehalt *m*	boron content
Borieren *n (DWR-Kühlmittel)*	boration, borating
boriertes Wasser *n*	borated water
Borisotop *n*	boron isotope
Borkarbid, *n*, Borcarbid	boron carbide
Borkarbidstab *m (DRAGON-HTR-Regelstab)*	boron carbide rod
Borkonzentration *f*	boron concentration
Borsäure *f*	boric-acid
Borsäureansetzbehälter *m*	boric-acid mixing tank
Borsäureansetzstation *f*	boric-acid mixing station
Borsäurebehälter *m*	boric-acid tank
Borsäuredosierpumpe *f*	boric-acid metering pump
Borsäureerhitzer *m*	boric-acid heater
Borsäurenotabschaltsystem *n*	boric-acid emergency shutdown system
Borsäurenotabschaltung *f (DWR)*	boric-acid (*oder* poison) injection system
Borsäureregelsystem *n (DWR)*	boric-acid control system

Borsäureschnellabschaltung *f*	boric-acid emergency shutdown system; boric-acid scram system; poison injection system *(BWR, PWR)*
Borsäurespeicher *m*	boric-acid (storage) tank
Borsäurespeicherbehälter *m*	boric-acid storage tank
Borsäureumwälzpumpe *f*	boric-acid transfer pump
Borsäureumwälz- und -dosierpumpe *f*	boric-acid circulating and metering pump
Borsäurevergiftung *f*	boric-acid poisoning
Borsäurevorratsbehälter *m* SYN. Borsäurespeicher (behälter)	boric-acid storage tank
Borstahl *m*	boronated steel
austenitischer ~	austenitic boronated steel
Bortrimmung *f (DWR)*	chemical shim
Borvergiftung *f (DWR)*	boron poisoning
Borwasserbehälter *m*	borated-water (storage) tank
Borwasserflutbehälter *m (DWR)*	refuel(l)ing water storage tank
Borwasserschiene *f (DWR)*	borated-water header
Borwasservorratsbehälter *m (DWR)*	borated water storage tank
Borzusatz *m (zu Metall)*	boron addition
mit ~	boronated; containing boron
Boudouard-Reaktion *f (zwischen Kohlenstoff, Kohlenmonoxid und Kohlendioxid)*	Boudouard reaction
breed-Element *n (HTR-BE)*	breed element
Bremsdichte *f*	slowing-down density
Bremsgas *n (Kugelhaufen-HTR)*	braking gas
Bremslänge *f*	slowing-down length
Bremsnutzung *f* SYN. Resonanzentkommwahrscheinlichkeit, Resonanzfluchtwahrscheinlichkeit	resonance escape probability
Bremsstrahlung *f*	bremsstrahlung
~ hochenergetischer Neutronen	heterochromatic X-radiation of high-energy electrons

Bremsstrecke *f* *(Kugelhaufen-HTR)*	braking section
Bremsverhältnis *n*	moderating ratio
Bremsvermögen *n*	slowing-down *oder* stopping power
atomares ~	(total) atomic stopping power
lineares ~	(total) linear stopping power
Massen ~	(total) mass stopping power
Neutronen ~	slowing-down power
Bremsvorgang *m* SYN. Abbremsung	slowing down
brennbares Gift *n*	burnable poison
selbstabgeschirmtes ~	self-shielded burnable poison
Brenn(stoff)element *n*, BE *in Zusammensetzungen*	fuel assembly; fuel element
Anfahr ~	booster element
beschädigtes ~	damaged fuel assembly
bestrahltes ~	irradiated fuel assembly
blockförmiges ~ *(HTR)*	block-shaped fuel element
~ der höchsten Anreicherung	highest-enriched (*oder* enrichment) fuel assembly
entlüftetes ~ *(schneller Brüter)*	vented fuel assembly
gepreßtes blockförmiges (HTR) ~	pressed block-shaped (HTR) fuel element
Bündel ~	cluster (type) fuel element
Karbid ~ *(schneller Brüter)*	carbide fuel assembly
kastenloses ~ *(DWR)*	canless fuel assembly
kugelförmiges ~ *(HTR)*	spherical fuel element
metallumhülltes ~	metal-clad fuel element
~ mit beschichteten Teilchen	coated-particle (type) fuel element
~ mit entlüfteten Brennstäben	vented-rod type fuel element
Oxid ~ *(schneller Brüter)*	oxide fuel element
plutoniumhaltiges ~	plutonium-bearing fuel assembly
prismatisches ~ *(HTR)*	prismatic fuel element
regelstabfreies ~ *(DWR)*	control-rod-free fuel assembly

schadhaftes ~	defective *oder* faulty fuel assembly (*oder* element)
Stabbündel ~	rod cluster type fuel assembly
stabförmiges ~	rod-shaped fuel element
thoriumhaltiges ~ *(HTR)*	thorium-bearing fuel element
Überhitzer ~	superheat fuel element
Wendel ~	*Am.* vortex type fuel assembly; *Brit.* twisted-tape fuel-element assembly
~e umsetzen	to relocate *oder* shift *oder* shuffle fuel assemblies (*oder* elements)
DWR-Brennelement	PWR fuel assembly
Abstandshalter *m*	spacer grid; spacer lattice
Federabstandshalter	spring clip grid
Abstandshaltergitter *n*	spacer grid; spacer lattice
Abweiserfahne *f*	outer mixing vane
Brennelementendstück *n*	top *oder* bottom nozzle
Brennelementhüllrohr *n*	fuel-assembly clad(ding) tube
Brennelementkopf *m*	(fuel-assembly) top nozzle
Durchmischungsfahne *f*	mixing vane
Noppen *m*	stiff dimple
Steggitter *n (Abstandshalter)*	spacer grid
Vermischungsfahne *f* SYN. Durchmischungsfahne	mixing vane
FGR-Brennelement	AGR fuel element
Hülle *f*	fuel pin can
Innenhülle *f*	inner sleeve
Neutronenschnecke *f*	neutron scatter plug
Stützgitter *n*	support brace
thermische Abschirmung *f*	thermal insulation plug
transversale Rippe *f*	transversal rib
verstellbare Kühlgasdrossel *f*	variable gag; adjustable gag
zentraler Hohlraum *m*	central hole
Zugstange *f* SYN. Führungsstange	tie bar

SWR-Brennelement	BWR fuel assembly
Abstandhalterung *f*	fuel rod interim spacer
Abstandshalter *m*	spacer assembly
Abstandshalterkorb *m*	spacer basket
Anschlag *m* mit Distanz-Blattfeder	stop with guide spring
Brennstoffstab *m*	fuel rod
segmentierter Brennstoffstab	segmented fuel rod
Distanzblattfeder *f*	guide spring
Distanzhalter *m (zwischen Brennstäben)*	spacer grid
Distanzring *m*	spacer ring
Elementfußstück *n*	assembly bottom fitting
Elementkasten *m*	fuel channel
Endstopfen *m*	end plug
Fußstück *n*	assembly bottom fitting
Gitterplatte *f,* obere/untere	upper/lower tie plate
Griff *m* SYN. Transportbügel des BE	lifting bail
Hebegriff *m* SYN. Griff, Transportbügel	lifting bail
Hüllenwanddicke *f*	can(ning) *oder* clad(ding) wall thickness
Kopfstück *n*	top fitting
Spaltgasraum *m (im Brennstab)*	fission gas plenum (*oder* space)
Stabaußendurchmesser *m*	rod outside (*oder* outer) diameter
Stabmittenabstand *m*	rod centre pitch
Strömungskanal *m* SYN. BE-Kasten	fuel channel
Transportbügel des BE *m* SYN. Griff	lifting bail
zentraler Brennstoffstab *m*	centre rod (in fuel assembly)
Brennelementabbrand *m*	fuel-assembly burn-up
Brennelementabklingbecken *n* SYN. BE-Becken, Brennelementbecken	*DWR:* (spent) fuel pit; *SWR:* fuel storage pool; *FGR:* cooling pond

Brennelementabklinglager *n* *(SNR 300)*	fuel subassembly decay store
Brennelementabrieb *m*, BE-Abrieb	fuel element abrasion fines; abraded fuel-element particles
Brennelementabsturz *m*	fuel-assembly drop
Brennelementannahme *f*	fuel assembly reception
Brennelementanordnung *f*	fuel assembly arrangement (*oder* array *oder* configuration)
Brennelementaufschwimmsperre *f*	fuel-assembly (*oder* element) levitation safeguard
Brennelement-Aufzug *m* *(DWR, MZFR)*	new fuel elevator
Brennelementbecken *n* SYN. BE-Becken, Brennelementkühlbecken, Brennelementlagerbecken	*DWR:* (spent) fuel pit; *SWR:* fuel storage pool; *FGR:* cooling pond
integriertes Brennelementbecken	integral *oder* integrated (spent) fuel pit; integral *oder* integrated fuel storage pool
Abdeckriegelverankerung *f*	shielding slab anchoring
Abhängeplatz *m* für Mehrfingerlanzen	multiple instrumentation lance storage location (*oder* position)
Abschirmriegel *m* für Beckenschütz	(spent) fuel pit gate shield slab
Abstellbecken *n*	reactor internals storage pool
Abstellrost *m* für Versandbehälter	(spent fuel) shipping cask setdown grid
BE-Beckenauskleidung *f*	(spent) fuel pit lining
BE-Becken-Luft/Wasser-Scheinwerfer	(spent) fuel pit combined air/underwater lamp (*oder* light)
BE-Becken-Unterwasserscheinwerfer *m*	(spent) fuel pit underwater lamp (*oder* light)
Beckenschütz *n*	(spent) fuel pit sluice gate; refuelling slot gate
Brennelementbeckentragkonstruktion *f*	(spent) fuel pit support structure
Dichtklappe *f (für Luft- oder Überströmkanal)*	sealing *oder* seal-off damper
Gestell *n* für Antriebsstangen	(control rod) drive shaft storage rack

Köcher *m* für beschädigte Steuerelemente	damaged RCC element container
Lagergestell *n* für Standrohre	standpipe storage rack
Lagergestell *n* für verbrauchte Brennelemente	spent fuel (assembly) storage rack
Leckwassersystem *n*	leakage water system
Leiter *f* mit Podest	ladder with platform
Randgeländer *n*	fuel pit inside edge guard rail
Rieselleitung *f* für BE-Becken	(spent) fuel pit sprinkling line
Rohrleitungsanschluß *m*	pipe connection
Schütz *n* für Abstellbecken	reactor internals storage pool (dam)gate
Unterwasserscheinwerfer *m* mit Galgen	underwater lamp (*oder* light *oder* lighting unit) with support frame (*oder* adjustable frame)
Versandbehälter *m* *(für verbr. BE)*	(spent fuel) shipping cask (*oder* *Brit.* flask)
Brennelementbeckenfilter-Rückspülwasser *n*	(spent) fuel pit backwash water
Brennelementbeckenhaus *n* SYN. Beckenhaus	(spent) fuel pit building
Brennelementbeckenkühler *m*	(spent) fuel pit heat exchanger
Brennelementbeckenkühlkreislauf *m*	(spent) fuel pit cooling loop
Brennelementbeckenraum *m*	(spent) fuel pit compartment
Brennelementbeckenwasser *n*	(spent) fuel pit water; fuel storage pool water
Brennelementbedienungsbühne *f (SWR)*	fuel storage pool bridge
Brennelementbruch *m* *(Kugelhaufen-HTR)*	fuel-element scrap
Brennelementbündel *n*	fuel assembly (*oder* element) cluster (*oder* bundle)
Überhitzerelementbündel	superheat (fuel) assembly (*oder* element) cluster
Brennelementeinschleusvorrichtung *f*	inward fuel (assembly) transfer device (*oder* equipment), fuel assembly inward transfer device

Brennelemententladestelle *f* *(HTR Peach Bottom)*	parking space
Brennelemententnahme *f* *(Kugelhaufen-HTR)*	fuel-element withdrawal
Brennelementerstausstattung *f*	first *oder* initial fuel inventory
Brennelementförderrohr *n* *(Kugelhaufen-HTR)* SYN. Förderrohr	fuel element charge (*oder* transfer) tube
Brennelementgasschleuse *f* *(FGR)* SYN. Gasschleuse	gas lock
Brennelementgestell *n* SYN. Beckengestell	fuel storage rack
Brennelementgruftgebäude *n*	fuel element building *(FGR);* spent fuel storage building; *Brit.* irradiated fuel store
Brennelementhandhabung *f* *(SNR 300)*	fuel handling
Brennelementhandhabungsmaschine *f* *(HTR Peach Bottom)*	fuel transfer machine
Brennelementhülle *f*	fuel clad(ding) (tube)
Brennelementhüllmaterial *n*	fuel canning (*oder* cladding) material
Brennelementhüllrohr *n*	fuel (element *oder* assembly) clad(ding) tube
nahtloses Brennelementhüllrohr	seamless fuel clad(ding) tube
Brennelementhüllschäden-Überwachungsanlage *f*	*Brit.* burst can detection system (*oder* gear); burst slug detection system, B.S.D. system; *Am.* faulty fuel location system
Brennelementhülsenüberwachung *f* SYN. BE-Hülsenüberwachung, Hülsenüberwachung, Brennelementhüllschäden-Überwachungsanlage	*Brit.* burst can (*oder* cartridge) detection system; burst slug detection (B.S.D.) system; *Am.* faulty fuel location system
brennelementinterne Spaltproduktfalle *f* *(Heliumbrüter-BE)*	internal fuel-element fission-product trap
brennelementinternes Reinigungssystem *n* *(HTR)*	internal purification system

Brennelementkanal *m*	fuel channel
Brennelementkasten *m (SWR)* SYN. Elementkasten	fuel channel
Brennelementkopf *m (SNR 300)*	fuel subassembly top fitting
Brennelementkreislauf *m (Kugelhaufen-HTR)*	fuel element loop
Brennelementlademaschine *f* SYN. Lademaschine	(re)fuelling machine
Brennelementlager	fuel store; new fuel store
Brennelementlagerbecken *n* SYN. BE-Becken	*DWR:* (spent) fuel pit; *SWR:* fuel storage pool; *FGR:* cooling pond
Brennelementlagerbeckenkühler *m* SYN. Beckenkühler	*DWR:* (spent) fuel pit heat exchanger; *SWR:* fuel storage pool heat exchanger
Brennelementleck *n*	failed element; *Brit.* burst slug
Brennelementleckstellen-Überwachungssystem *n* SYN. (Brennelement-) Hülsenüberwachung	*Brit.* burst can (*oder* cartridge) detection system, burst slug detection (B.S.D.) system
Brennelementleitrohr *n*	fuel assembly (*oder* element) guide tube
Brennelementmanipulator *m (SWR)*	fuel assembly manipulator
Brennelementnachladung *f*	fuel (assembly *oder* element) reload
Brennelementoberflächen-temperatur *f*	fuel assembly (*oder* element) surface temperature
Brennelementprobenehmer *m*	fuel assembly sampler; sipping tester, sipping test unit
Brennelementprüfeinrichtung *f (DWR)*	fuel assembly sipping test equipment
Brennelementsäule *f*	fuel element column (*oder* stack); *FGR:* fuel element stringer
Brennelementschaden *m*	fuel assembly (*oder* element) damage
Brennelementschadenserfassung *f* SYN. (BE)Hülsenüberwachung, BE-Schadensnachweissystem	fuel failure detection; *Brit.* burst can (*oder* cartridge *oder* slug) detection

Brennelementschadensnachweis-system *n* SYN. (BE)Hülsen-überwachung, BE-Schadens-erfassung	fuel failure detection system; *Brit.* burst can (*oder* cartridge *oder* slug) detection system (*oder* equipment *oder* gear)
Brennelementschleuse *f (DWR)*	fuel transfer tube
Brennelementschleuswagen *m (DWR)*	fuel transfer carriage
Brennelementspülhelium-kühler *m (HTR Peach Bottom)*	fuel element purge helium cooler
Brennelementspülstrom *m*	fuel element purge stream
Brennelementspülsystem *n (HTR Peach Bottom)*	fuel-element purging (*oder* purge) system; internal fission-product trap
Brennelementstabbündel *n*	fuel rod cluster (*oder* bundle)
Brennelementströmungswächter *m (SNR 300)*	fuel subassembly flow alarm
Brennelementtransfermaschine *f (HTR Peach Bottom)*	fuel transfer machine
Brennelementtransport *m*	fuel (element) handling; fuel transport
Brennelementtransport-behälter *m*	fuel (element) transport cask *(Am.)* (*oder Brit.* flask)
Brennelementtransportbüchse *f (SNR 300)*	fuel subassembly transport (*oder* transfer) flask (*oder* container)
Brennelementtransportsystem *n (DWR)*	fuel handling system
Brennelementtransport- und -Schwenkgerät *n*	fuel handling and lifting (*oder* tilting *oder* upending) device (*oder* frame)
Brennelementtrocknungs-anlage *f*	fuel element drying facility (*oder* system)
Brennelementtransportvor-richtung *f*	fuel element handling device
Brennelementtransportwagen *m* SYN. Brennelement-schleuswagen, Schleuswagen	fuel transfer carriage
Brennelementübergabestation *f (im BE-Becken)*	fuel assembly transfer station
Brennelementüberwachung *f* SYN. (Brennelement-)Hülsen-	*Brit.* burst can (*oder* cartridge) detection system (*oder* equip-

überwachung, BE-Schadenserfassung, BE-Schadensnachweissystem, Brennelementüberwachungsanlage, Hüllenschadenüberwachungsanlage	ment); burst slug detection system (*oder* gear), B.S.D. gear
Brennelementumsetzmaschine *f* *(HTR Geesthacht)*	fuel transfer machine
BE-Umsetz- und Einsatzplanung *f*	in-core fuel management
Brennelementumsetzplan *m*	fuel shuffling (*oder* relocation) scheme (*oder* schedule); fuel-loading schedule
Brennelementumsetzprogramm *n*	fuel (assembly) shuffling (*oder* relocation) schedule; fuel-loading schedule
BE-Umsetzvorgang *m*	fuel element shuffling (*oder* shifting) procedure
Brennelementverband *m* *(DWR)*	fuel-assembly composite structure
Brennelementverpackungsmaschine *f* *(HTR Peach Bottom)*	fuel element canning machine
Brennelementwechsel *m*	refuelling; fuel changing (operation)
nasser ~	wet refuelling
trockener ~	dry refuelling
~ unter Last	on-load refuelling
Brennelementwechselbühne *f*, BEW *(SWR)*	refuelling platform
Brennelementwechselmaschine *f* SYN. Belademaschine, Beschickungsmaschine, Wechselmaschine	refuelling machine; fuelling machine
Brennelementwechselplan *m*	fuel management schedule
Brennelementwechselraum *m*	refueling space
Brennelementwechselzeit *f*	refueling time
Brennstab *m* SYN. Brennstoffstab	fuel rod (*oder* pin)
entlüfteter ~ *(schneller Brüter)*	vented fuel rod
hochabgebrannter ~	high-burn-up fuel rod

~ mit Belüftungseinrichtung SYN. entlüfteter Brennstab	vented fuel rod
Brennstabanordnung *f* im Brennelement	array of fuel rods in the fuel assembly (*oder* element)
Brennstabdurchmesser *m*	fuel rod diameter
Brennstabaußendurchmesser	fuel rod (*oder* pin) outer diameter
Brennstabbündel *n*	fuel rod cluster
Brennstabgitter *n (DWR-BE)*	fuel rod lattice
Brennstabhüllrohr *n*	fuel rod clad(ding) tube
Brennstabhüllrohrdurchmesser *m*	fuel rod clad(ding) tube diameter
Brennstaboberflächentemperatur *f*	fuel rod surface temperature
Brennstabschadensuche *f (FGR)*	burst pin detection
Brennstoff *m*	fuel
angereicherter ~	enriched fuel
~ aus beschichteten Teilchen	coated-particle fuel
Cermet- ~ SYN. Kermet- ~	cermet fuel
dispergierter ~	dispersion fuel
eingerüttelter ~	vibrator(il)y compacted fuel; vibrocompacted *oder* vipacted fuel
gesinterter ~	sintered fuel
keramischer ~	ceramic fuel
Natururan~	natural uranium fuel
scharfkantiger Tabletten~	sharp-edged pelletized fuel
Spaltprodukte zurückhaltender ~	fission-product-retaining fuel
Thorium ~	thorium fuel
Brennstoffabbrand *m*	fuel burn-up
Brennstoffanordnung *f*	fuel configuration; fuel array
heterogene Brennstoffanordnung	heterogeneous fuel configuration
Brennstoffanreicherung *f*	fuel enrichment
Brennstoffaufarbeitung *f*	fuel reprocessing
Brennstoffausnutzung *f*	fuel utilization

Brennstoff(lager)beckenfilter *n, m* SYN. Beckenfilter, BE-Beckenfilter	(spent) fuel pit filter; *SWR:* fuel storage pool filter
Brennstoffbeladung *f* des Reaktors	fuel loading of the reactor
Brennstoffbeschichtung *f* *(HTR)*	fuel coating
Brennstoffbeschickungsplan *m*	fuel-loading schedule (*oder* scheme); fuel management program(me)
Brennstoffblock *m* *(FGR) (Gebäude)*	fuel handling block
Brennstoff/Brutstoff-Verhältnis *n*	fuel to fertile material ratio
Brennstoffdichte *f*	fuel density
Brennstoffdichtekoeffizient *m*	fuel density coefficient
Brennstoffeinsatz *m* SYN. Brennstoffinventar	fuel inventory; fuel charge
Brennstoffeinsatz *m* *(im Kugel-BE)*	fuel insert
Brennstoffeinsatzplan *m*	fuel management schedule
Brennstoffeinsatzplanung *f*	fuel management
Brennstoffelement *n* SYN. Brennelement, BE	fuel element (*oder* assembly)
Brennstoffendabbrand *m*	ultimate fuel burn-up
Brennstoffersatz *m,* laufender	continuous fuel replacement
Brennstofffabrikationskosten *pl*	fuel fabrication cost(s)
brennstofffreie Schale *f* *(Kugel-BE)*	fuel-free shell
Brennstoffgitter *n*	fuel lattice
Brennstoffgitteraufbau *m*	fuel lattice configuration
Brennstoffgreifer *m* *(SWR)*	fuel grab (*oder* grabhead *oder* grapple *oder* gripper)
Brennstoffhülle *f*	fuel can(ning) (*oder* cladding)
Brennstoffhüllenbeanspruchung *f*	fuel clad(ding) stress
Brennstoffhüllwerkstoff *m*	fuel canning (*oder* cladding) material
Brennstoffinventar *m* SYN. Brennstoffeinsatz	fuel inventory

Brennstoffkanalbohrung *f*	fuel channel bore
Brennstoffkern *m* *(HTR-Kugel-BE)*	fuel kernel
Brennstoffkerntemperatur *f*	core fuel temperature
Brennstoffkreislauf *m* SYN. Brennstoffzyklus	fuel cycle
Brennstoffkreislaufkosten *pl*	fuel cycle costs
Brennstoffkugel *f* *(Kugelhaufen-HTR)*	fuel sphere
Brennstoffkügelchen *n* SYN. beschichtetes Teilchen	coated particle
Brennstofflänge *f*, aktive	active fuel length
Brennstofflängung *f*, axiale thermische	axial thermal fuel elongation
Brennstofflagerbecken *n* *(SWR)* SYN. BE-Becken	fuel storage pool
Brennstofflagerbecken-Kühl- und Reinigungskreis *m* *(SWR)*	fuel storage pool cooling and cleaning system
Brennstofflagerbeckenauskleidung *f* SYN. Beckenauskleidung	*DWR:* (spent) fuel pit lining; *SWR:* fuel storage pool lining
Brennstofflagerkühler *m* SYN. Beckenkühler	*DWR:* (spent) fuel pit heat exchanger; *SWR:* fuel storage pool heat exchanger
Brennstoffleihgebühr *f*	fuel use charge
Brennstoffmatrix *f*	fuel matrix
Brennstoff-Natrium-Reaktion *f* *(schneller Brüter)*	fuel-sodium reaction
Brennstoffnutzung *f* SYN. Brennstoffausnutzung	fuel utilization
Brennstoffoberfläche *f*	fuel surface
Brennstoffoberflächentemperatur *f*	fuel surface temperature; fuel can surface temperature
Brennstoffpartikel *f*, beschichtete	coated fuel particle
Brennstoffring *m* *(HTR Peach Bottom)*	annular fuel bed; annular fuel compact section
Brennstoffschleuse *f*	fuel transfer canal; fuel transfer tube

Brennstoffschmelzen *n*	fuel meltdown (*oder* melting)
Brennstoffschmierdichte *f* *(schneller Brüter)*	„smeared" fuel density
Brennstoffschwellen *n*	fuel swelling
Brennstoffsäule *f*	fuel column, column of fuel elements; *FGR:* fuel stringer
Brennstoffsäulendemontage-raum *m*, BSD *(FGR)*	fuel breakdown cell
Brennstoffsäulenmontage-raum *m (FGR)*, BSM	new fuel facility
Brennstoffstab *m* SYN. Brennstab	fuel rod (*oder seltener* tube)
Brennstoffstaboberfläche *f*	fuel rod surface
Brennstofftablette *f*	fuel pellet
Brennstofftablettendurch-messer *m*	fuel pellet diameter
Brennstofftemperatur *f*	fuel temperature
mittlere Brennstoff-temperatur	average fuel temperature
Brennstofftemperatur-koeffizient *m*	fuel temperature coefficient
negativer Brennstoff-temperaturkoeffizient	negative coefficient of fuel temperature
Brennstoffumladen *n*	fuel (re)shuffling
Brennstoffverwaltung *f*	fuel management
Brennstoffwechsel *m* SYN. BE-Wechsel	(re)fuel(l)ing; fuel changing
Brennstoffwechselbühne *f* *(SWR)*	refueling platform
Brennstoffwechselmaschine *f* SYN. (BE-) Wechselmaschine	(re)fuel(l)ing machine; fuel-changing machine
Brennstoffwechselplanung *f*	fuel management
Brennstoffwechselsystem *n*	(re)fuelling system *(Brit.)*
Brennstoffzentraltemperatur *f* SYN. Brennstoffmitten-temperatur	fuel central (*oder* centre) temperature
Brennstoffzufuhr *f*	fuel addition (*oder* supply)
Brennstoffzyklus *m* SYN. Brennstoffkreislauf	fuel cycle

Bruch *m* **der Hauptkühlmittelleitung**	reactor coolant pipe break (*oder* rupture)
doppelendiger *oder* **doppelseitig offener Bruch einer Hauptkreislauf-** *oder* **Hauptkühlmittelleitung**	double-ended break (*oder* rupture) of a reactor coolant (loop) pipe
Bruch *m* **des Primärkreises**	primary system rupture
Bruch *m* **einer großen Primärkreisleitung**	(double-ended) break in the largest reactor coolant pipe
Bruch *m* **im Kühlsystem**	coolant *oder* primary system rupture
Bruch *m* **im Primärsystem**	primary system rupture
Bruch *m*, **völliger, der Primärrohrleitung**	complete open-ended severance of the primary pipe (*oder* piping), guillotine break (*oder* rupture) of the primary (coolant) pipe
Bruch *m*, **zäher** *(Werkstoff)*	tough fracture
Bruchabscheider *m (Kugelhaufen-HTR-Beschickungsanlage)*	scrap separator
Bruchdehnung *f*	fracture strain
Bruchmechanik *f*	fracture mechanics
Bruchquerschnitt *m*	rupture cross section; rupture (cross-sectional) area
Bruchsicherheit *f*, **größte, des Hüllmaterials**	minimum chance of cladding failure
Bruchzähigkeit *f*	fracture toughness
Brüdengefäß *n*	vapo(u)r vessel
Brüdenkolonne *f (SNR 300)*	vapour column
Brüdenkompressionsverdampfer *m (Abwasseraufbereitung)*	vapour compression type evaporator
Brüdenkondensator *m*	vapour condenser
Brüdensumpf *m (SNR-300-Brüdenkolonne)*	vapour sump
Brüdenvorwärmer *m*	vapour preheater
brütbar	fertile
brütbares Material *n* SYN. **Brutstoff**	fertile material

Brüten *n*	breeding
Brüter *m* SYN. Brutreaktor	breeder (reactor)
Flüssigmetall ~	liquid metal breeder
Hochleistungs ~	high-capacity breeder
Karbid ~	carbide-fuelled breeder
natriumgekühlter ~	sodium-cooled (fast) breeder
Oxid ~	oxide(-fuelled) breeder
Salzschmelzen ~	molten salt breeder reactor, MSBR
schneller ~	fast breeder
dampfgekühlter schneller ~	steam-cooled fast breeder
flüssigmetallgekühlter schneller ~	liquid-metal-cooled fast breeder (reactor), LMFBR
heliumgekühlter schneller ~	helium-cooled fast breeder
thermischer ~	thermal breeder
Brutelement *n (SNR 300)*	blanket *oder* breeder subassembly
Brutelementdurchsatz *m (SNR 300)*	blanket *oder* breeder subassembly flow rate
Brutelementwechsel *m (SNR 300)*	blanket subassembly change
Brutfaktor *m*	breeding factor
Brutgewinn *m*	breeding gain
Brutmantel *m (SNR 300)*	(breeder) blanket
Brutprozeß *m* SYN. Brutvorgang	breeding
Brutrate *f*	breeding rate
Brutreaktor *m* SYN. Brüter	breeder reactor
Leistungs ~	power breeder reactor
schneller ~	fast breeder reactor
thermischer ~	thermal breeder reactor
Brutstab *m (SNR-300-Brutelement)*	breeder rod (*oder* pin)
Brutstabhüllrohr *n (SNR 300)*	breeder rod clad(ding) tube
Brutstoff *m* SYN. Brutmaterial, brutbares Material	fertile material
Bruttowirkungsgrad *m* der Anlage	gross plant (*oder* station) efficiency

Brutverhältnis	breeding ratio
Brutzone *f (in Brutreaktor)*	(breeding) blanket
Buchausgleich *m (SFK)*	adjustment
Buchbestand *m (SFK)*	book inventory
Buchführungskontrolle *f* **mit Hilfe unabhängiger Messungen** *(SFK)*	audit
Bündelhüllrohr *n (SNR-300-Regel-Trimmstab)*	cluster shroud tube (*oder* can)
Bündelleistung *f,* **maximale relative**	maximum relative cluster capacity
Büro *n* **für Chemiker** *(KKW)*	chemist's office
Büro *n* **für Strahlenassistent**	health physics assistant's office
Bund *m,* **kugelpfannenförmiger** *(SNR-300-BE)*	spherical-washer-shaped collar
Bypass-Strom *m (HTR)*	bypass flow

C

C-14-Meßkammer *f (FGR)*	C 14 measuring chamber
Cadmium-Schwellenenergie *f,* **effektive**	effective cadmium cut-off
Cadmiumverhältnis *n*	cadmium ratio
Cäsium *n,* **Caesium, Cs**	cesium, Cs
Cäsiumabscheidungsanlage *f (MHD)*	cesium separation plant
Cäsiumjodid *n*	cesium iodide
Cent *n,* ¢ *(= Faktor β der Reaktoraktivität)*	cent, ¢
Čerenkov-Strahlung *f*	Čerenkov radiation
Ceriumisotop *n*	cerium isotope
Charge *f*	batch
Chargendaten *npl (SFK)*	batch data
chargenweise	batch-wise, in batches, on a batch basis

Chemieabwässer *npl*	chemical waste(s)
Chemieabwasserauffang-behälter *m* *(Abfallaufbereitung)*	chemical drain tank
Chemieabwasserpumpe *f*	chemical drain tank pump
Chemieabwassersammel-behälter *m*	chemical collecting (*oder* hold-up) tank
Chemikalienbehälter *m (SWR)*	chemical tank
Chemikaliendosierbehälter *m*	chemical add (*oder* proportioning) tank
Chemikaliendosierpumpe *f*	chemical proportioning (*oder* dosing) pump
Chemikalieneinspeisesystem *n*	chemical control system
Borsäurebehälter *m*	boric acid tank
Borsäurepumpe *f*	boric acid pump
Chemikaliendosierpumpe *f*	chemical proportioning (*oder* dosing) pump
Rückspeisepumpe *f*	return pump
Chemikalienförderpumpe *f*	chemical transfer pump; *HTR Peach Bottom:* chemical supply pump
Chemikalienlösebehälter *m*	chemical mixing tank
Chemikalienpumpe *f* *(SWR-Abwasseraufber.)*	chemical transfer pump
Chemikalienspeisepumpe *f*	chemical feed (*oder* supply) pump
Chemikalienzusatz *m* SYN. Chemikalienzuspeisung	chemical addition (*oder* injection)
Chemikalienzusatzbehälter *m*	chemical mixing tank
Chemikalienzuspeisung *f* SYN. Chemikalienzusatz	chemical addition (*oder* injection)
chemisches Trimmen *n*, chemische Trimmung *f*	chemical shim
chemische Trimmung mit Borsäure im Kühlmittel	chemical shim using boric acid in the coolant
Chromatograph *m*	gas chromatograph
Chromel-Alumel-Mantel-thermoelement *n* *(SNR-300-Temperaturmessung in Na-Anlageteilen)*	sheathed chromel-alumel thermocouple

„collapsed can" (= collapsible can) SYN. andrückbare Hülle	collapsible can
Comptoneffekt *m*	Compton effect
Comptonstreukoeffizient *m*	Compton scattering coefficient
Containment *n* SYN. Sicherheitsbehälter, Sicherheitshülle, Sicherheitsumschließung, Sicherheitseinschluß	containment (building *oder* structure)
äußeres ~	outer containment
Containmentdurchdringung *f* *(SNR 300)*	containment penetration
Containmentkühlwassersystem *n*	containment equipment cooling water system
Containmentsumpf *m*	containment sump
Containmentsumpfpumpe *f*	containment sump pump
Core *n* SYN. (Reaktor) Kern	core
Coreaufbauten *mpl*	core internals
Coreboden *m (HTR)*	core bottom
Corestab *m (Kugelhaufen-HTR)*	core rod
Corezone *f*	core region (*oder* zone)
CO-Verunreinigung *f* *(Gasstrom im HTR)*	CO impurity
CO_2-Abblasesystem *n (FGR)*	CO_2 exhaust system
CO_2-Ausfriergegenströmer *m*	CO_2 freeze-out counterflow heat exchanger
CO_2-Kühlgasaustritt *m*	CO_2 coolant gas outlet (*oder* exit)
CO_2-Kühlgaseinlaß *m*	CO_2 coolant gas inlet
CO_2-Kühlgasgebläse *n*	CO_2 coolant gas circulator (*oder* blower)
CO_2-Lagerung *f (FGR)*	CO_2 storage
CO_2-Reinigung(sanlage) *f (FGR)*	CO_2 clean-up (*oder* purification) system
CO_2-Sicherheitsabblasesystem *n* *(FGR)*	CO_2 safety relief system
CO_2-Volumendurchsatz *m*	CO_2 volume flow rate
CuO-Bett *n (HTR-Gasreinigungsanlage)*	CuO bed
Curie *n*, Ci	curie, Ci

D

D_2O-Abscheider *m* *(Schwerwasserreaktor)*	D_2O separator
D_2O-Abwasseraufbereitungssystem *n*	degraded *oder* downgraded D_2O purification system
D_2O-Abwassersystem *n*	degraded *oder* downgraded D_2O system
D_2O-Anreicherungsanlage *f*	D_2O upgrading system (*oder* plant)
D_2O-Dosierpumpe *f*	D_2O proportioning (*oder* dosing) pump
D_2O-Einspeisepumpe *f*	D_2O feed (*oder* injection) pump
D_2O-Entwässerungsbehälter *m*	D_2O drain tank
D_2O-Entwässerungskühler *m*	D_2O drain cooler
D_2O-Entwässerungspumpe *f*	D_2O drain pump
D_2O-Erstausstattung *f*	first *oder* initial D_2O inventory
D_2O-Förderpumpe *f*	D_2O transfer pump
D_2O-Hauptkreislauf *m*	D_2O main circuit (*oder* loop *oder* system)
D_2O-Lagerbehälter *m*	D_2O storage tank
D_2O-Reinigung *f*	D_2O purification (system)
D_2O-Reinigungskreislauf *m*	D_2O purification loop
D_2O-Reinigungssystem *n*	D_2O purification system
D_2O-Rücklaufpumpe *f*	D_2O reflux (*oder* return) pump
D_2O-Turm *m*	D_2O (distillation) tower
D_2O-Überlaufbehälter *m*	D_2O spill-over tank
D_2O-Volumenregelsystem *n*	D_2O volume control system
D_2O-Vorratsbehälter *m*	D_2O storage tank
D_2O-Vorrats- und Volumenregelsystem *n (MZFR)*	D_2O storage and volume control system
Dämpferteil *m (DWR-Steuerstabführungsrohr)*	dashpot section
Dampf *m* mit mitgerissenen Wasserteilchen *(DWR-Dampferzeuger)*	steam with moisture carryover
Dampfabscheider *m (SWR)* SYN. Dampf-Wasser-Separator	steam *oder* moisture separator
Dampfanteil *m*, mittlerer, am Kernaustritt *(SWR)*	core average exit quality

dampfbeheizter Verdampfer *m (für CO_2) (FGR)*	steam-heated evaporator
Dampfblasenanteil *m (SWR)*	void fraction
Dampfblasenbildung *f*	(steam) void formation
~ im Kern	void formation in the core
Dampfblasengehalt *m*	void content (*oder* fraction)
~ im Kern	core void content (*oder* fraction)
mittlerer ~	average void content
Dampfblasenkoeffizient *m*	void coefficient
~ der Reaktivität	(steam) void coefficient of reactivity
negativer ~	negative void coefficient
Dampfblasenverteilung *f*	void distribution
~ im Kern	core void distribution, void distribution in the core
lokale ~	local void distribution
Dampfblasenvolumgehalt *m*	steam void fraction
Dampfentnahmerohr *n (SWR-Dampfabscheider)*	steam extraction tube
Dampferzeuger *m*	steam generator
gewendelter ~ *(HTR)*	helical-tube type steam generator; helix type steam generator
Sekundärdampf ~ *(Zweikreis-SWR)*	secondary steam generator
vertikaler U-Rohr-~	vertical (shell and) U-tube steam generator
Zwangdurchlauf~	once-through steam generator, OTSG
DWR-~	PWR steam generator
Abschlämmstutzen *m*	blowdown nozzle
Abstandshalter *m*	stayrod spacer
Dampferzeugerhemd *n*	tube bundle wrapper
Entlüftung *f*	vent
Entwässerung *f*, Mantelseite	shell drain nozzle
Frischdampfaustrittsstutzen *m*	main-steam outlet nozzle
Führungsmantel *m*	tube bundle wrapper
GaU-Abstützung *f*	emergency support for MCA

Grobabscheidevorrichtung *f*	chevron type (moisture) separator
Hauptkühlmittelaustrittsstutzen *m*	reactor coolant outlet nozzle
Hauptkühlmitteleintrittsstutzen *m*	reactor coolant inlet nozzle
Hebeöse *f*	lifting lug
Heizrohrbündel *n*	heating tube bundle
Hemd *n*	tube bundle wrapper
Höhenstandsmeßstutzen *m*	level instrumentation nozzle
Kühlmittelaustrittsstutzen *m*	reactor coolant outlet nozzle
Kühlmitteleintrittsstutzen *m*	reactor coolant inlet nozzle
Mantel *m*	shell
Primär(sammel)kammer *f*,	channel head
Rohrboden *m*	tube plate
Sammelkammer *f*	channel head
Sammelkammertrennwand *f*	vertical partition plate
Speisewassereintritt *m*	feedwater inlet (nozzle)
Speisewassereintrittsstutzen *m*	feedwater inlet nozzle
Speisewasserringleitung *f*	feedwater sparger ring; feedwater ring (manifold)
Temperaturmeßstutzen *m*	temperature instrumentation nozzle
Tragpratze *f*	integral lug
Trennwand *f* der Primärkammer	(vertical) partition (plate)
Wasserabscheider *m* 2. Stufe SYN. Feinabscheider	Centrifix purifier; swirl vane moisture separator
Dampferzeugerabblaseleitung *f*	steam generator freeblow line
Dampferzeugerabschlämmanlage *f*	steam generator blowdown system
Dampferzeugerabschlämmentsalzung *f*	steam generator blowdown demineralizer
Dampferzeugereinheit *f (FGR)*	steam generator unit; *Brit.* steam raising unit
Abschlußdeckel *m*	top pressure closure
Dampferzeugermantel *m*	steam generator shell; boiler casing

schraubenförmig gewickelte Glattrohre	helically coiled (*oder* wound) plain tubes
Speisewassereintrittssammler *m*	feedwater inlet header
Tragrohr *n*	central support spine; central tubular spine; central axial spine tube
Dampferzeugergebäude *n* *(SNR 300)* SYN. Dampferzeugerhaus	steam generator building
Dampferzeugerkammer *f (FGR)*	steam generator cavity; boiler pod
Dampferzeugermantel *m*	steam generator shell
Dampferzeugerraum *m (DWR)*	steam generator compartment
Dampferzeugerrohrreißer *m*	steam generator tube failure (*oder* rupture)
Dampferzeugersystem *n* *(SNR 300)*	steam generator system
Dampferzeugerwasserstands-regelung *f*	steam generator water level control loop
Dampferzeugerzelle *f*	steam generator cell (*oder* compartment)
Dampfflußbegrenzer *m* *(im SWR-BE)*	flow limiting venturi; flow restrictor
Dampfgehalt *m*	steam quality
~ am Kernaustritt	core average exit quality
optimaler ~ (im Kühlmittel)	optimum steam quality
Dampfniederschlag *m*	steam condensation
Dampfphase *f*	vapour phase
Dampfpolster *n*	steam cushion (*oder* cover)
Dampfprobeentnahme *f* *(Dampferzeuger)*	steam sampling point
Dampfqualität *f*	steam quality
mittlere ~ am Austritt aus dem Kern SYN. mittlerer Dampfanteil am Kernaustritt	core average exit quality
Dampf-Stickstoff-Mischung *f* *(Dekontamination)*	steam-nitrogen mixture
Dampftrockenanlage *f*	steam drier (*oder* dryer)
Dampftrockner *m*	steam drier (*oder* dryer)
Dampftrocknereinheit *f*	steam drier (*oder* dryer) unit

Auffangtrog *m*	receiving trough
Feintrockner *m*	steam drier (*oder* purifier)
Dampftrommel *f*	steam drum
Dampfumformer *m* *(Zweikreis-SWR)*	steam-to-steam heat exchanger
Sekundärdampfumformer	secondary steam-to-steam heat exchanger
Kondensatablaufrohr *n*	condensate drain pipe
Mantelraum *m*	shell space
Sekundärspeisewasser *n*	secondary feedwater
Sekundärspeisewassereintritt *m*	secondary feedwater inlet
Siederohr *n*	boiling tube
Stützblech *n*	support plate (*oder Am.* sheet)
Dampfwasserabscheider *m* *(SWR)* SYN. Dampf-Wasser-Separator	steam *oder* moisture separator
Dampf-Wasser-Gemisch *n*	steam-water mixture
Dampf-Wasser-Separation *f*, interne *(SWR)*	internal steam-water separation
Dampf-Wasser-Separator *m* *(SWR)* SYN. Dampfwasserabscheider	steam separator
Dampf-Wasser-Trennung *f* SYN. Dampf-Wasser-Separation	steam-water separation
Dampfzuführungsleitung *f*	steam feed (*oder* supply) pipe (*oder* line)
dauernd betretbar	permanently accessible
D-Bank *f (DWR-Steuerstabsystem)* SYN. Dopplerbank	D-bank; Doppler bank
Deckel *m*, innerer *(SNR-300-Grubenabdeckung)*	inner cover
Deckel *m*, nach innen gewölbter *(FGR-Dampferzeugerdurchführung)*	(flanged) inverted-dome (boiler) closure
Deckelabstellplatz *m (DWR)*	(reactor) vessel (closure) head lay-down (*oder* set-down) area
Deckelaufsetzen *n (RDB)*	seating of the (reactor vessel) head

Deckelgrube *f (SNR 300)*	closure head cavity
Deckelisolierung *f*	closure *oder* vessel head insulation
Deckelmanipuliervorrichtung *f (für SWR-Abfallfässer)*	drum lid handling device
Deckenreflektor *m (HTR Peach Bottom)*	upper reflector
Deckenreflektorrohr *n (Kugelh.-HTR)*	top reflector sleeve
Deckenriegel *m (über DWR-Reaktorraum)*	cover *oder* ceiling *oder* roof slab
Deckelring *m*, äußerer *(SNR-300-Reaktorgruben-abdeckung)*	outer cover ring
Deckenschiene *f*	overhead rail
Deckenschild *m (FGR, HTR)*	top shield
thermischer ~ *(HTR)*	top thermal shield
Dedeuterierbehälter *m (D_2O-Reaktor)*	dedeuterization tank (*oder* vessel)
Dedeuterierung *f (D_2O-Reaktor)*	dedeuterization; dedeuterizing
Defektkanalabschaltung *f (DWR-Regelung)*	defective channel cut-out
Dehngeschwindigkeit *f (Werkstoff)*	rate of strain, strain rate
Dehydratation *f (Beton)*	dehydration
Deionatschiene *f*	demineralized-water header
Deionatvorwärmer *m*	demineralized-water preheater
Dekantierpumpe *f*	decanting pump
Dekontamination *f* *SYN.* Dekontaminierung	decontamination
Dekontaminationsabwässer *npl (Abwasseraufbereitung)*	decontamination drains (*oder* effluent(s) *oder* liquor)
Dekontaminationsabwasser-behälter *m*	decontamination drains (*oder* effluent *oder* liquor) tank
Dekontaminationsanstrich *m*	decontaminable coat of paint, decontaminable painting
Dekontaminationsdusche *f*	decontamination shower (room)
Dekontaminationsfaktor *m*	decontamination factor
Dekontaminationsmittel *n*	decontaminant

Grisironlösung *f*	Grisiron solution
Weinsäurelösung *f*	tartaric acid solution
Dekontaminationsstation *f*	decontamination station
Dekontaminationswasseranfall *m*	decontamination drains (*oder* effluent *oder* liquor) arising
Dekontaminationszentrum *n*	decontamination centre (*oder* *Am.* center)
Dekontaminierabwasserbehälter *m* SYN. Dekontaminationsabwasserbehälter	decontamination drains (*oder* effluent *oder* liquor) tank
Dekontaminiereinrichtung *f*	decontamination equipment
Dekontaminieren *n* SYN. Dekontaminierung	decontamination
dekontaminieren	to decontaminate
Dekontaminierraum *m*	decontamination room
Dekontaminierung *f* SYN. Dekontaminieren	decontamination
Dekontaminierungsabwasser *n* SYN. Dekontaminationsabwasser	decontamination drains (*oder* effluent *oder* fluid *oder* liquor)
Dekontaminierungsbehälter *m*	decontamination tank
Dekontaminierungsbodenbeschichtung *f*	decontaminable floor covering; decontaminable flooring
Dekontaminierungslösung *f*	decontamination solution
Dekontaminierungslösungsbehälter *m*	decontamination solution tank; decontamination acid tank; decontamination caustic tank
Dekontaminierungslösungsumwälzpumpe *f*	decontamination system pump
Dekontaminierungsspülwasserbehälter *m*	decontamination rinse tank
Dekontaminierungsraum *m*	decontamination room
Dekontaminierungssystem *n*	decontamination system
Dekontaminierungssystemfilter *n, m*	decontamination system filter
Dekontanlage *f* (= Dekontaminierungsanlage)	decontamination system
Dekontbehälter *m* SYN. Dekontaminierungsbehälter	decontamination tank

Dekontraum *m* **SYN. Dekontaminationsraum**	decontamination room
Dekontwasserpumpe *f (SWR-Abwasseraufber.)*	decontamination drains pump
Deltastrahlen *mpl*	delta rays
Demistermatte *f (SWR-Abwasseraufber.)*	demister mat
Demontagerohr *n,* **wassergekühltes** *(FGR)*	(water-cooled) process tube
Densitometer *n*	densitometer
DE-Raum *m* **SYN. Dampferzeugerraum** *(DWR)*	steam generator compartment
Desorption *f (von Wasser aus HTR-Coreaufbauten)*	desorption (of water)
Destillat *n*	distillate
Destillatbehälter *m (SWR-Abwasseraufber.)*	distillate tank
Destillationsmethode *f (Reinigung Na-benetzter Reaktoranlagenteile)*	distillation method
Destillatkühler *m (SWR-Abwasseraufber.)*	distillate cooler
Destillatpumpe *f (SWR-Abwasseraufber.)*	distillate pump
Destillatsammelbehälter *m (SWR)*	distillate hold-up tank
Detektor *m*	detector
Aktivierungs ~	activation detector
Neutronenfluß ~	neutron flux detector
Deuterierbehälter *m*	deuterization *oder* deuterizing tank
deuterieren	to deuterize
Deuterierung *f*	deuterization; deuterizing
Deuteron *n*	deuteron
Dichtbalg *m*	bellows seal; sealing bellows
äußerer ~	outer bellows seal
innerer ~	inner bellows seal
dichte Umhüllung *f (SFK)*	(safeguards) containment

Dichtfläche *f*	sealing surface
Dichthaut *f*	*allg. als Sicherheitshülle:* sealing barrier; *SWR-Sicherheitshülle:* outer shell; *in Spannbeton-RB:* leaktight membrane (*oder* diaphragm)
Dichtheitsprobe *f* SYN. Dichtigkeitsprobe, Dichtigkeitsprüfung	leak test; *Sicherheitshülle auch:* leakage detection test
Abseifen *n*	soaping
Dichtheitsprüfung *f* mit Helium	helium leak test
Fluoreszenztest *m*	penetrating fluorescent oil test
Frigen *n*	freon
Frigen-Dichtheitsprüfung *f*	halide leak detector test; halogen tracer gas test
Halogen-Leckfinder *m*, Halogen-Lecksuchgerät *n*	halogen leak detector
Halogen-Schnüfflertest *m*	halogen „sniffer“ test
Heliumdichtigkeitsprüfung *f*	helium leak test
Helium-Schnüfflertest *m*	helium „sniffer“ test
Luftprüfung *(Sicherheitshülle)*	air test; pneumatic pressure test
Massenspektrometer *n*	mass spectrometer
Dichthülle *f (SWR)* SYN. Dichthaut	outer shell
Dichthüllenkompensator *m (SWR)*	outer shell (bellows) compensator (*oder* expansion joint)
Dichtigkeit *f* nach außen	outward leaktightness
Dichtlippe *f*	seal membrane
Dichtölzulaufbehälter *m* mit Mitreißsperre *(HTR Peach Bottom)*	seal oil head tank and transfer barrier
Dichtschweißen *n* von Dampferzeugerrohren mit einem Explosivverfahren	seal welding of steam generator tubes using an explosive welding process
Dichtungswasser *n* SYN. Sperrwasser	seal water
Dieselnotstromaggregat *n*	diesel emergency (power) (generating) set (*oder* unit)

Diffusionsbarriere *f (HTR)*	diffusion barrier
Diffusionsdampffalle *f (SNR 300)*	diffusion steam trap
Diffusionsfläche *f*	diffusion area
Diffusionsgruppe *f*	diffusion group
Diffusionskoeffizient *m*	diffusion coefficient
~ für Neutronenflußdichte	diffusion coefficient for neutron flux density
~ für Neutronenzahldichte	diffusion coefficient for neutron density
Diffusionslänge *f*	diffusion length
reziproke ~	reciprocal diffusion length
Diffusionsrate *f*	diffusion rate
Diffusionsrechnung *f*	diffusion calculation
Diffusorkanal *m (HTR-Kühlgasgebläse)*	diffusor duct
Dikarbid *n (HTR-Brennstoff)*	dicarbide
Dimensionsänderung *f*	dimensional change
direkter Dampfkreislauf *m*	straight steam cycle
Direktkreis *m (SWR)*	direct cycle
Direktkreisanlage *f (SWR),* Direktkreislaufanlage	direct-cycle plant
Direktkreislauf-Reaktorsystem *n*	direct-cycle reactor system
Direktkühlgasstrom *m (FGR)*	re-entrant flow of gas
Direktstrahlung *f*	direct radiation
Distanzhülse *f (Gasreaktor-BE)*	spacer sleeve
Distanznoppe *f (SNR 300)*	spacer *oder* spacing dimple
oberflächengehärtete ~	surface-hardened spacer dimple
DNB = Departure from Nucleate Boiling SYN. kritische Überhitzung	DNB = Departure from Nucleate Boiling
DNB-Verhältnis *n (LWR)*	DNB ratio
DNB-Wärmestromdichte *f* SYN. kritische Wärmestromdichte	DNB (heat flux); critical heat flux
Dollar *n,* \$ (*siehe* Cent)	dollar, \$

Doppelgraphitmantel *m* *(FGR-BE)*	double graphite sleeve
Doppelgreifer *m* *(DWR-Lademaschine)*	double grab (*oder Am.* gripper)
Doppel(sicherheits)hülle *f*	double containment (shell); double shell
Doppeltank *m (SNR 300)*	double tank
doppelt ausgeführt (*oder* ausgelegt)	duplicated
doppelwandiger zylindrischer Graphitmantel *m (FGR-BE)*	double-walled cylindrical graphite sleeve
Dopplerbank *f* *(DWR-Steuerstäbe)* SYN. D-Bank	Doppler bank
Dopplereffekt *m*	Doppler effect
Dopplerkoeffizient *m*	Doppler coefficient
Dopplerkonstante *f*	Doppler constant
Dopplerrückwirkung *f*	Doppler repercussion
Dopplerverbreiterung *f*	Doppler broadening
~ der Resonanzlinien	Doppler broadening of resonance lines
Dopplerwirkungsquerschnitt *m*	Doppler-averaged cross section
Dosierbehälter *m*	dosing *oder* proportioning tank (*oder* vessel)
Dosierer *m (Kugelhaufen-HTR-Beschickungsanlage)*	proportioner
Dosierpumpe *f*	proportioning pump
Dosierrad *n (Kugelhaufen-HTR-Beschickung)*	proportioning wheel
Dosimeter *n*	dose meter; dosimeter
Dosis *f*	dose
Äquivalent ~	dose equivalent
~ des ersten Stoßes	first collision dose
höchstzugelassene ~ *(Strahlenschutz)*	maximum permissible dose, MTD
zulässige ~ SYN. höchstzugelassene Äquivalentdosis	permissible dose
Dosisleistung *f*	dose rate
maximal zulässige ~	maximum permissible dose rate

Orts ~	local dose rate
Dosisleistungsmeßgerät *n*	dose rate meter
festinstalliertes ~	permanently installed dose rate meter
Drahtgestrickmatte *f* *(Wasserabscheider)*	woven wire mesh blanket
Drahtpräzipitator *m (FGR)*	wire precipitator
Drallfahne *f (LWR-BE)*	swirl *oder* mixing vane
Dreharm *m* mit Brennelementgreifer *(FGR-BE-Demontageeinrichtung)*	jib crane and grab
Drehdeckel *m (Na-gekühlter Reaktor)*	rotating shield (*oder* plug)
Drehdeckelsystem *n* *(SNR 300)*	rotating plug system; rotating shield (plug) system
Drehdurchführung *f*	rotary penetration
Drehklappe *f* mit Gefrierdichtung *(SNR 300)*	rotary disc valve with freeze seal
Drehmelder *m* *(Steuerstabpositionsanz.)*	synchro; selsyn; magslip
Drehschild *m*	rotating shield (plug)
Drehstrom-Kurzschlußläufermotor *m* *(FGR-Kühlgasgebläseantrieb)*	three-phase squirrel-cage induction motor
Drehzahl *f*	speed
Fest ~	constant speed
variable ~	variable speed
drehzahlgeregelte einstufige Kreiselpumpe *f (SNR 300)*	variable-speed single-stage centrifugal pump
Dreiecksgitterverband *m* *(SNR-300-BE)*	triangular lattice configuration
dreifach beschichtetes (Brennstoff)Teilchen *n*	triplex coated particle
Dreikomponentenregeleinrichtung *f*	three-element control loop
Dreikomponenten-Speisewasserregelsystem *n (DWR)*	three-element feedwater control system
Dreipunktauflage *f* *(Brennstab im BE)*	three-point support

Dreizonenbeladezyklus *m*	three-region loading (*oder* refuelling) cycle
Dreizonenbeladung *f*	three-region loading; three-zone loading
Dreizonenkerneinsatz *m*	three-region core
Drosselblende *f*	(throttling) orifice
Drosselschieber *m* *(SNR-300-Dampferzeuger)*	throttling valve
Drosselstrecke *f* SYN. Durchflußbegrenzer *(SWR)*	flow limiting venturi, flow restrictor
Druckabbau *m*	pressure decay; pressure decrease (*oder* reduction); pressure suppression
~ im Sicherheitsbehälter	containment pressure suppression
Druckabbaukammer *f* SYN. Kondensationskammer	pressure suppression chamber (*oder* pool)
Druckabbaukammerkühlsystem *n (SWR Mühleberg)* SYN. Kondensationskammerkühlsystem	suppression pool cooling system
Druckabbauring *m* SYN. Torus *(SWR Mühleberg)*	torus
Luftraum *m* des ~s	torus air space; suppression chamber air space
Sammelleitung *f*	distribution header
Tauchrohr *n (im Kondensationsbecken)*	downcomer
Druckabbauringkühler *m* *(SWR Mühleberg)* SYN. Kondensationskammerkühler	suppression chamber cooling system heat exchanger; torus cooling system heat exchanger
Druckabbausystem *n* *(SWR)*, DAS	pressure suppression system
zweifaches ~ *(Mühleberg)*	double pressure suppression system
Druckabfall *m* im Reaktorkern	reactor core pressure drop; pressure drop across the reactor core

Druckabsenkungsgeschwindigkeit *f*	rate of pressure reduction
Druckänderungsgeschwindigkeit *f*	rate of pressure change
Druckaufbau *m*	pressure build-up
Druckaufbauverdampfer *m* *(SNR-300-Argonversorgungsstation)*	pressure build-up evaporator
Druckausgleich *m*	pressure balancing; pressure equalization
Druckausgleichskammer *f* SYN. Kondensationskammer *(SWR)*	pressure suppression chamber
ringförmige ~ *(Mühleberg)*	toroidal pressure suppression chamber
Druckbehälter *m*	pressure vessel
Druckbehälteraustritt *m* *(DWR)*	pressure vessel outlet
Druckbehälterschraube *f* *(DWR)* SYN. Deckelschraube	(reactor vessel) closure stud
druckentlastetes System *n* *(HTR)*	depressurized system
Druckentlastung *f* *(als Störfallfolge)*	depressurization; pressure relief
automatische Druckentlastung *(SWR)*	automatic pressure suppression
Druckentlastungsanlage *f*	pressure relief system
Druckentlastungsphase *f* *(Störfall)* SYN. Entleerungsphase *(DWR)*	depressurization phase
Druckentlastungsraum *m* *(SNR 300)*	pressure suppression zone
Druckentlastungssystem *n* *(SNR 300)* SYN. Druckentlastungsanlage	pressure relief system
Druckerhöhungspumpe *f* für Kernsprühwärmetauscher *(SWR Gundremmingen)*	core spray heat exchanger booster pump
Druckflüssigkeit *f* *(Hydraulik)*	pressurized fluid

Druckgas *n (für HTR-Gebläsegaslager)*	pressurized gas
Druckgefäßabschlämmung *f (SWR)*	pressure vessel blowdown
Druckgefäßauslegung *f*	reactor vessel design
Druckgefäßdeckel *m (RDB)*	(reactor) pressure vessel (closure) head
Druckgefäßdeckelsprühsystem *n (SWR)*	pressure vessel closure head spray system
Druckgefäßfertigung *f* auf der Baustelle	pressure vessel site fabrication; pressure vessel fabrication on site
Druckgefäßgrundwerkstoff *m*	pressure vessel base material
druckgefäßinterne Axialpumpe *f (AEG-SWR)*	in-vessel axial-flow pump
Drucktasche *f*	pressure pocket
Gleitringdichtungspartie *f*	mechanical seal section
Kupplungslaterne *f (Pumpenmotor)*	coupling support stand
Sicherheitsdichtung *f*	safety seal
Spurscheibe *f*	locating collar
Druckgefäßwandung *f*	pressure vessel wall
Druckglaskabeldurchführung *f (Siemens)*	prestressed-glass cable penetration (*oder* penetrator)
Druckhaltepumpe *f* für Lagerbeckenfilter *(SWR)*	fuel storage pool filter holding pump
Druckhalter *m (DWR)*	pressurizer
Anschlußstutzen *m* für Volumenausgleichsleitung und Krümmer	pressurizer surge nozzle
Druckhalterwasserstandsregelung *f*	pressurizer water level control loop
Entlüftungsstutzen *m*	vent nozzle
Entwässerungsstutzen *m*	drain nozzle
Heizstabbündel *n*	heater rod bundle
Poller *m* für Montage	lifting trunnion for erection
Probeentnahmestutzen *m*	sampling nozzle
Schutzhemd *n* gegen Sprühwasser	spray water protection shroud

Sprühdüse *f*	spray nozzle
Sprühkasten *m*	spray box; box-type spray manifold
Sprühkopf *m*	spray nozzle
Sprühleitungsstutzen *m*	spray line nozzle
Sprühsystem *n*	spray system
Stutzen *m* für Leitung zu Sicherheitsventil	safety nozzle
Stutzen *m* für Leitung zu Sicherheitsventil-Steuerventil	safety valve pilot line nozzle
Tragpratze *f*	integral support lug
Trockengehschutz *m*	dry-run protection
Verteilkasten *m (mit Sprühdüsen)* SYN. Sprühkasten	box-type manifold (with spray nozzles)
Volumenausgleichsstutzen *m*	pressurizer surge nozzle
Druckhalterabblaseleitung *f*	pressurizer discharge line
Druckhalterabblasetank *m* SYN. Abblasebehälter	pressurizer relief tank
Druckhalterausgleichsleitung *f*	pressurizer surge line
Druckhalterentlüftung *f*	pressurizer vent
Druckhalterheizung *f*	pressurizer heaters
Druckhalterwasserstand *m*	pressurizer water level
Druckhalterwasserstandsregelung *f*	pressurizer (water) level control (loop); pressurizer level controller
Druckhaltesystem *n*	pressurizer system
Druckhülle *f*	*allgemein:* pressure shell; *Sicherheitshülle:* containment shell
Druckkammer *f (SWR)*	drywell
Druckkammerdeckel *m (SWR)*	drywell hatch cover
Druckkammernotkühlpumpe *f (SWR)*	drywell spray cooling pump
Druckkammernotkühlsystem *n (SWR)*	drywell emergency cooling system
Druckkammersprühkranz *m*	drywell sparger ring
Druckkammersprühsystem *n (SWR)*	drywell (spray) cooling system; primary containment cooling system

Druckkammersumpf *m (SWR)*	drywell sump
Druckkessel *m* SYN. Druckbehälter, Druckgefäß	pressure vessel
Druckkoeffizient *m*	pressure coefficient
Druckkörper *m (DWR-Steuerstabantrieb)*	pressure housing (*oder* vessel)
drucklos	unpressurized
drucklos fahren *(Reaktor)*	to depressurize a reactor
drucklos machen	to depressurize
druckluftgesteuerte Armatur *f*	pneumatically controlled valve
Druckmeßleitung *f (DWR-Reaktorkühlsystem)*	pressure instrumentation lead
Druckölbehälter *m*	hydraulic accumulator
Druckölpumpe *f*	hydraulic fluid pump
Druckreduzierungseffekt *m*	pressure reduction effect
Druckröhrenkonstruktion *f (Schwerwasserreaktor)*	pressure tube design
Druckrohrschaft *m (Schwerwasserreaktor-Kühlkanal)*	pressure tube extension; end tube section
Druckschale *f* SYN. Druckhülle, Sicherheitshülle	containment (shell)
doppelwandige ~	double(-wall) containment
innere ~ *(SWR Mühleberg)*	drywell
Stahl ~	steel containment (shell)
Standard ~	standard containment
trockene ~ *(SWR)*	drywell; dry (type) containment
zusammengesetzte ~	multiple containment
Druckschalendurchdringung *f*	containment penetration
Druckspeicher *m (Hydraulik)*	accumulator
Druckspeichergaspolster *n*	accumulator gas cushion
Druckspeichernachfüllpumpe *f*	accumulator refill pump
Druckstickstoff *m*	pressurized nitrogen
Druckstoß *m*	pressure surge
Druckunterdrückung *f (Siemens)* SYN. Druckabbau *(AEG)*	pressure suppression
Druckunterdrückungssystem *n* SYN. Druckabbausystem	pressure suppression system

Kondensationsbecken *n*	(pressure) suppression pool
Kondensationsrohr *n* SYN. Verteilerrohr	vent pipe
Verteilerrohr *n*	vent pipe
Drücke *mpl* ausgleichen	to balance pressures
Duktilität *f (Werkstoff)*	ductility
Duktilitätsverlust *m*	loss of ductility
Duplexpartikel *f (HTR-Kugel-BE)*	duplex-coated (fuel) particle
Durchbrennpunkt *m (BE)*	burn(-)out point
Durchbrennsicherheit *f* SYN. minimaler Sicherheitsfaktor gegen kritische Heizflächenbelastung	DNB ratio; minimum critical heat flux ratio, MCHF ratio
durchdringen *(Druckrohre den Moderatorbehälter eines Schwerwasserreaktors)*	to pass (through); to penetrate; to pierce
Durchdringung *f* SYN. Durchführung	penetration; *Am.* penetrator
Druckschalendurchdringung	containment (shell) penetration
Durchdringung für Leistungs- und Steuerkabel	power and control cable penetration
Durchdringung der Reaktorgefäßwand	reactor (pressure) vessel penetration
elektrische Durchdringung	electrical *oder* cable penetration
Rohr(leitungs)durchdringung	pipe *oder* piping penetration
Durchdringungsventil *n*	penetration isolation valve
Durchflußbegrenzer *m (SWR-BE)*	flow limiting venturi; flow restrictor
Durchflußmengensteuerung *f*	flow rate control
Durchflußzähler *m*	flow rate meter
Durchführung *f* SYN. Durchdringung	penetration; *Am.* penetrator
Druckglasdurchführung *(Siemens)*	prestressed-glass-sealed penetration
Durchführungskammer *f*	penetration chamber
Durchführungspanzerung *f (FGR, HTR)*	penetration liner

Durchgehen *n* **des Reaktors**	reactor runaway
Durchlaßstrahlung *f*	leakage
Durchlauf *m*	pass; passage
Durchmischungseinrichtung *f* *(am SNR-300-BE-Kopf)*	flow mixing device
Durchsatzabsenkung *f*	flow (rate) reduction
Durchsatzerhöhung *f*	flow rate increase
Durchsatzkoeffizient *m*	flow coefficient
Durchsatzsteigerungsgeschwindigkeit *f*	rate of flow(-rate) increase
Durchsatzstörung *f (Reaktor)*	flow (rate) perturbation
Durchtritt *m (von Leitungen durch eine Wand)* **SYN. Durchführung**	penetration
Durchzugrohr *n*, **gasdichtes** *(SNR 300)*	gastight withdrawal tube
Durchzugsöffnung *f* *(Na-gek. Reaktor)*	exit port
dynamische Dichtstelle *f*	dynamic sealing point
dynamische Zähigkeit *f*	dynamic viscosity
dynamisches Verhalten *n* **eines Reaktors**	dynamic reactor behaviour; dynamic behaviour of a reactor
Dysprosium *n*, **Dy**	dysprosium, Dy

E

Eckpfosten *m (SNR-300-BE)*	corner post
Ecksitzventil *n*	angle-seat(ed) valve
Eckventilkombination *f*	angle-valve combination
Edelgas *n*	noble *oder* inert gas
Edelgasadsorption *f* **an Aktivkohle**	noble-gas adsorption to activated charcoal
Edelgasaktivität *f*	noble gas activity
Edelgasisotop *n*	noble gas isotope
kurzlebiges Edelgasisotop	short-lived noble gas isotope
Edelstahlfolie *f* *(FGR-Isolierung)*	stainless-steel foil
Edelstahlfolienisolierung *f* *(FGR)*	stainless-steel foil insulation

effektive Länge *f* des aktiven Brennstoffs	effective active fuel length
effektive Masse *f (SFK)*	effective mass
effektiver Multiplikationsfaktor *m*	effective multiplication factor
effektives Kilogramm *n (SFK)*	effective kilogram
Eichrohr *n (kerninnere SWR-Neutronenflußmessung)*	calibrating tube
Eigenabsorptionsfaktor *m*	self-absorption factor
Eigenbedarfsausfall *m (elektrischer)*	loss of auxiliary power
Eigenbedarfshalbschiene *f*	auxiliary (*oder* station service) power busbar half
Eigenstabilität *f (Reaktor)*	inherent stability
einbaufertig *(BE)*	ready for insertion (into the reactor)
Einbauspiel *n*	assembly clearance
Einbauten *mpl* des Reaktordruckbehälters	reactor pressure vessel internals
Einbetonieren *n oder* Einbetonierung *f (von radioaktivem Festabfall)* in Stahlfässern	incorporation in concrete *(of solid radioactive waste)* in steel drums
einbituminieren *(radioaktiven Festabfall)*	to bituminize; to incorporate in bitumen
Einbruch *m* von Leichtwasser *(in D_2O-Kreisläufe)*	ingress of light water; light-water infiltration (*oder* inleakage)
Einbruchsluft *f (Unterdruckhaltung)*	infiltrated air; air infiltration; inleakage air; leaked-in air
Eindampfanlage *f (f. Abwässer)*	(waste) evaporator plant; (waste) concentrating system
Eindampfrückstand *m*	evaporation residue(s); evaporator bottoms
Eindellung *f (Sicherheitsbehälter)*	spacing boss (of outer shell)
eindeutige Identifikation *f (SFK)*	unique identification
eindicken *(radioaktive Abwässer)*	to concentrate; to thicken; to densify
Eindickung *f*	densification

Eindickungsanlage *f*	(liquid waste) concentration (*oder* thickening) plant
Ablaufgefäß *n*	letdown vessel (*oder* tank)
Chemiewasserbehälter *m*	chemical drain tank
Dichtemeßsonde *f*	density measuring probe
Eindickungsgefäß *n*	thickening *oder* thickener vessel
Kondensator *m*	waste condenser; waste evaporator reflux condenser
Kondensatpumpe *f*	waste condensate pump
Konzentratbehälter *m*	(evaporator) concentrate (*oder* slurry) tank
Mantelheizung *f*	jacket heater; heating jacket
Niveaumeßsonde *f*	liquid-level probe
eindiffundieren *(in etwas)*	to diffuse (into s.th.)
Einfahren *n (Steuerstab)*	insertion; run-in; run-down
Einfahren *n* der Brennelemente *(in Reaktor)*	fuel assembly (*oder* element) insertion *(into reactor)*
Einfahrgeschwindigkeit *f* der Steuerstäbe	control-rod insertion speed; rate of control-rod insertion
Einfahrtiefe *f (Steuerstab)*	depth of insertion; insertion depth
Einfallen *n (Absorberstab)*	(control-rod) drop(ping)
Einfang *m*	capture
parasitärer ~	parasitic capture
~ von Neutronen	neutron capture
Einfanggammastrahlung *f*	capture gamma radiation
Einfangquerschnitt *m*	capture cross section
~ für Neutronen	neutron capture cross section
Einfangreaktion *f*	capture reaction
Einfluß *m*, relativer	relative importance
Einflußfunktion *f*	importance function
Einfrieren *n* des Natriums *(SNR 300)*	sodium freeze-up
Einfüllspiel *n (zwischen Brennstofftablette und Brennstabhülle)*	cold gap
Eingangsinformation *f (für Sicherheitssystem)*	input information

Eingangslager *f (für nukl. Brennstoff)*	receiving store
Eingangsstufe *f (Wiederaufbereitungsanl.)*	head end
Eingruppenmodell *n*	one-group model
Eingruppentheorie *f*	one-group theory
Einheitszelle *f (SWR)*	(core *oder* fuel) module
Einhüllen *n (von BE)*	cladding (process)
Einhülsen *n*	canning (process)
Einkanaldiskriminator *m (SNR-300-Schutzgasgamma-aktivitätsmessung)*	single-channel discriminator
Einkreisanlage *f* (mit direktem Gasturbinenkreislauf) *(HTR, gasgekühlter schneller Brüter)*	single-cycle plant (with direct gas turbine cycle)
Einkreis-Siedewasserreaktoranlage *f*	single-cycle boiling water reactor plant
Einkreissystem *n*	single-cycle system
Einlagerung *f* von Fremdstoffen *(in Kristallzwischengitterplätze)*	incorporation of foreign matter (*oder* materials)
Einlegedichtung *f*	flexitallic gasket
Einphasenstrecke *f (LWR)*	single-phase section (*oder* passage)
Einrichtung *f* für Steuerstabeinwurf *(DWR)*	fast rod insertion loop
Einsatzzeit *f (BE und Teile im Reaktor)*	residence (*oder* dwell) time
Einschießen *n (der Steuerstäbe)*	fast rod insertion
~ der Steuerstäbe in den Reaktorkern	fast control rod insertion into the reactor core
Einschleppung *f* radioaktiver Substanzen in die Turbine *(Direktkreislauf-SWR)*	carry-over of radioactive substances (*oder* matter) to the turbine
Einschleusen *n (in die Sicherheitshülle)*	inward transfer
Einschleusraum *m*	inward transfer room
Einschleusvorgang *m*	inward transfer procedure
Einschließung *f (SFK)*	containment

Einschlüsse *mpl (von Fremdstoffen in Werkstoffen)*	inclusions
Einspannstelle *f*	restraint location
Einspannzone *f*	restraint zone, zone of restraint
Einspeisepumpe *f*, ESP *(SWR)* SYN. Noteinspeisepumpe	high-pressure coolant injection (*oder* HPCI) pump
Einspeisepumpenturbine *f*, ESP-Turbine *(SWR)* SYN. Noteinspeisepumpenturbine	high-pressure coolant injection (*oder* HPCI) pump turbine
Einspeisesystem *n (SWR)*	high-pressure coolant injection (HPCI) system
Einspritzwasserstrom *m*	spray *oder* injection water flow
Eintauchtiefe *f*	*Steuerstab:* insertion depth, depth of insertion; *Druckabbausystem-Kondensationsrohr:* (downcomer) submergence
Eintrittsleitung *f (SNR 300)*	inlet pipe (*oder* line)
Eintrittstemperatur *f*	inlet temperature
einvibrieren *(Kernbrennstoff)*	to vibration-compact, to vibro-compact, to vipact
Einwärtsleckage *f*	inleakage
Einwegbeschickung *f (Kugelhaufen-HTR)*	once-through take-out, OTTO
Einzelkanalzugang *m (FGR)*	single-channel access
Eiscontainer *m*	iced containment
Elastizitätsmodul *m*	modulus of elasticity
elektrische Elementarladung *f* SYN. elektrische Ladung eines Protons	electric charge of proton; elementary charge
Elektro-Gas-Erhitzer *m (SNR-300-Heizsystem)*	electric gas heater
Elektrographit *m*	*Am.* Acheson graphite
Elektrolyseanlage *f (für Sauerstofferzeugung aus vollentsalztem Wasser)*	electrolysis plant
Elektrolyseur *m (MZFR)*	electrolyser; electrolysis unit
elektromagnetische Pumpe *f* SYN. EM-Pumpe	electromagnetic pump

elektromagnetische Pumpe zur Natriumumwälzung	electromagnetic sodium circulating pump
Elektronenhülle *f*	electron cloud
Elektroschockverfahren *n* *(HTR-BE-Wiederaufarbeitung)*	electrical shock process
Element *n* SYN. Brennelement, Brutelement	(fuel *oder* breeder) element (*oder* assembly); *schn. Brüter:* subassembly
hängengebliebenes ~ *(SNR 300)*	stuck subassembly
Elementabsturz *m*	fuel assembly fall
Elementbecken *n* *(SWR Gundremmingen)* SYN. BE-Becken	(spent) fuel storage pool, *DWR:* (spent) fuel pit
Elementbeckenfilter *n, m* SYN. Lagerbeckenfilter	fuel storage pool filter
Elementbeckenkühler *m* SYN. Lagerbeckenkühler	fuel storage pool heat exchanger
Elementbeckenumwälzpumpe *f*	fuel storage pool pump
Elementbündel *n* SYN. Brennelementbündel	fuel (element) cluster
Elementkasten *m*	*SWR:* fuel channel; *SNR 300:* subassembly can (*oder* shroud)
Elementkastenabstreifmaschine *f (SWR)*	channel stripping machine
Elementlagerposition *f* *(SNR 300)*	subassembly storage location (*oder* position)
Elementtransportbehälter	(spent) fuel shipping cask (*oder* Brit. flask)
Elementüberwachung *f* SYN. Hülsen(bruch) überwachung(sanlage), BE-Schadensnachweis(system)	burst can (*oder* cartridge) detection equipment (*oder* system); burst slug detection (B.S.D.) equipment (*oder* system); faulty fuel detection (*oder* location) equipment (*oder* system)
Emissionsrate *f* SYN. Quellstärke	emission rate
spektrale Emissionsrate	spectral emission rate
EM-Pumpe *f* = elektromagnetische Pumpe *(SNR 300)*	electromagnetic (sodium) pump

Endanschlag *m (BE-Lademaschine)*	limit stop
Endkappe *f (an BE-Hüllrohr)*	end plug (*oder* cap); *gen.* end closure
Endkonzentration *f (Abwasser)*	final concentration
Endkonzentrierung *f (Abwasser)*	final concentration
Endlager *n (für radioaktive Abfälle)*	ultimate storage facility
Endlagerfaß *n*	ultimate storage drum
Endlagerung *f*, **externe** *(radioakt. Abfälle)*	off-site ultimate storage
Endinventar *n (SFK)*	closing *oder* ending inventory
Endoskop *n*, **schwenkbares** *(SWR-BE-Beobachtung)*	swivelling endoscope (*oder* intrascope)
endotherm	endothermic, endoergic
Endplatte *f (BE)*	end plate
Endschalter *m*	limit switch
Endspülung *f (Wärmetauscherfertigung)*	final rinse
Endstopfen *m (BE)*, SYN. Endkappe	end cap (*oder* plug); closure plug; *gen.* end closure
Endstück *n (HTR Peach Bottom-BE)*	end section
Endstück *n (DWR-BE)*	bottom *oder* top nozzle
Endüberhitzer *m (HTR-Dampferzeuger)*	final *oder* finishing superheater
Endverbraucher *m (von BE)*	ultimate user
Endverschluß *m (Überhitzer-BE)*	end closure
Energie *f*	energy; power
Abschalt ~	shutdown power
auf das Material übertragene ~	energy imparted to matter
~ der Neutronen	neutron energy
gespeicherte ~ SYN. Speicherenergie	stored energy
Grenzflächen ~ SYN. Oberflächenenergie	surface energy (of nuclei)

innere ~	internal energy
Ionisierungs ~ SYN. Energieverlust pro Ionenpaar	ionizing energy; energy loss per ion pair
Kern ~	nuclear energy
kinetische ~	kinetic energy
mittlere ~ pro erzeugtes Ionenpaar	average energy per ion pair formed
Oberflächen ~ SYN. Grenzflächenenergie	surface energy (of nuclei)
relative kinetische ~	relative kinetic energy
Trenn ~	separation energy
Wärme ~	heat *oder* thermal energy
Wigner ~	Wigner energy
Zerfalls ~ SYN. Q-Wert	disintegration energy, Q value
Energieabgabe *f* SYN. Energiefreisetzung	energy discharge (*oder* release)
Energieabsorption *f*	energy absorption
Energiedekrement *n*, mittleres logarithmisches	average logarithmic energy decrement
Energiedosis *f*	absorbed dose
Energiedosisleistung *f*	absorbed dose rate
Energiefluenz *f*	energy fluence
Energieflußdichte *f*	energy flux density
Energiefreisetzung *f* SYN. Energieabgabe	energy discharge (*oder* release)
Energiespektrum *n*	energy spectrum
Energieübertragungskoeffizient *m*, linearer SYN. linearer Energieumwandlungskoeffizient	energy transfer coefficient
Energieumwandlungskoeffizient *m* (linearer)	energy transfer coefficient
Energieverlust *m*, mittlerer, eines geladenen Teilchens je erzeugtes Ionenpaar	average energy expended in a gas per ion pair formed
Energieversorgungskabel *n*	power supply cable
Entaktivierung *f*	deactivation

entboriert *(Wasserreaktorkühlmittel)*	deborated
Entborierung *f* SYN. Borentzug	deboration; boron removal
Entdeuterierung *f* *(D_2O-Reaktor-Ionentauscherharze)*	dedeuterizing; de-deuterization
entfettende Lösung *f*	degreasant solution
Entfettungsmittel *n* *(Dekontamination)*	degreasant
Entgaser *m*	*D_2O, Helium:* degasifier (unit); *DWR-Kühlmittel, Abwasser:* gas stripper
Entgaserabziehpumpe *f* *(DWR)*	gas stripper extraction pump
Entgaserkondensator *m* *(DWR)*	gas stripper reflux condenser
Entgaserzulauf *m* *(Schwerwasserreaktor)*	degasifier supply line
Entgaserzuspeisepumpe *f* *(DWR)*	gas stripper feed pump
Entgasungsbehälter *m* *(SNR 300)*	degasification tank
Entgasungsleitung *f* *(SNR 300)*	degasification line
Enthalpie *f*	enthalpy
Enthalpieerhöhung *f*	enthalpy rise
Enthüllen *n* *(von BE)*	decladding
chemisches ~	chemical decladding
mechanisches ~	mechanical decladding
entkarbonisiertes Flußwasser *n*	decarbonated river water
entkuppeln *(DWR-Steuerstabantrieb)*	to delatch; to disengage; to uncouple
Entkupplung *f*	delatching; disengagement; uncoupling
Entladen *n*, Entladung *f* *(von BE)*	discharge; unloading
~ eines Kanals unter Last	discharge of a channel under load
Entladestation *f* für Transportbehälter *(SNR 300)*	shipping container unloading station
Entladevorgang *m*	discharge *oder* unloading procedure
Entladungskanal *m*	(refueling) canal
Entlastungssystem *n* *(HTR, SWR)*	relief system

Entlastungsventil *n*	relief valve
Entleerungsleitung *f* *(SNR 300)*	drain pipe; drain(age) line
Entleerungsphase *f* *(DWR-Auslegungsunfall)* SYN. Druckentlastungsphase	blowdown *oder* depressurization phase
Entlüftungssammelleitung *f*	vent(ing) header
Entlüftungsstutzen *m*	vent nozzle
Entlüftungs- und Abgassammelleitung *f*	vent and off-gas header
Entnahmerohr *n* *(Kugelhaufen-HTR)*	extraction *oder* withdrawal tube
Entnahmeschleuse *f* *(Kugelhaufen-HTR-Beschickungsanlage)*	extraction lock
entriegeln *(DWR-Steuerstabkupplung)*	to disengage, unlock, unlatch, delatch
Entseuchung *f* SYN. Dekontamination	decontamination
Entstehungsrate *f*	birth rate
Entwässerung *f* *(= Anlageteil)*	drain
~ des Notkondensators *(SWR)*	emergency condenser drain
Entwässerungen *fpl* *(= Flüssigkeit)* aus Apparaten, Behältern und Rohrleitungen	equipment and piping drains
Raum ~	floor drains
Entwässerungsbehälter *m*	drains *oder* sump tank
Entwässerungssammelbehälter *m*	drains collecting (*oder* collection) tank
epithermisch	epithermal
epithermische Neutronen *npl*	epithermal neutrons
epithermischer Energiebereich *m*	epithermal energy range
epithermischer Reaktor *m*	epithermal reactor
Erdbeben *n*, maximales potentielles	maximum potential earthquake
Erdbebenbelastungen *fpl*	earthquake *oder* seismic loads
Erdbebenlast *f*, horizontale	horizontal earthquake (*oder* seismic) load

Erdbebenstärke *f*	earthquake *oder* seismic intensity
Erdschwere *f*	gravity
erforderliche Zulaufhöhe *f* *(Pumpe)*	NPSH, net positive suction head
Erholung *f* *(Metallurgie)*	recovery
Ericson-Prozeß *m*	Ericson cycle
Erstabschaltsystem *n* *(SNR 300)*	primary shutdown system
Erstbeladung *f* mit Brennstoff *(oder BE)*	first *oder* initial fuel loading
Erstbeschickung *f*	first *oder* initial charge (*oder* loading)
Erstkern *m*	first (reactor) core
Erstkernbeladung *f*	first core loading
eutektisch *(Metallurgie)*	eutectic
exotherm	exothermic; exoergic
exotherme chemische Reaktion *f*	exothermic chemical reaction
Experiment *n*	experiment
Exponential ~	exponential experiment
kritisches ~	critical experiment
Experimentierkreislauf *m*	experimental loop
Exponentialexperiment *n*	exponential experiment
externe Falle *f* *(für Spaltprodukte im HTR)*	external (fission product) trap
externe Rohrleitungsschleife *f* *(SWR)*	external piping loop
externe Umwälzschleife *f* *(SWR)*	external recirculation loop

F

Fabrikationsanlage *f* *(SFK)*	fabrication plant
Fäkalabwässer *npl*	domestic sewage
Fällprozeß *m* *(Abwasseraufbereitung)*	precipitation process
Fahrbahnebene *f* *(SNR 300)*	runway level

Fahrbahn *f* **Lademaschine**	charge *oder* refuelling machine runway
Fahrbahnende *f (Lademaschine)*	end of travel
fahrbarer Ganzkörperzähler *m (biol. Strahlenschutz)*	portable whole-body counter
Fahrgeschwindigkeit *f (Steuerstab)*	rate of motion; motion speed; rod withdrawal (*oder* insertion) rate; speed of insertion (*oder* withdrawal)
Faktor *m*	factor
axialer ~ *(Leistungsverteilung)*	axial factor
~ für energetische Selbstabschirmung	energetic self-shielding factor
lokaler ~ *(Leistungsverteilung)*	local factor
Falle *f*	trap
brennelementinterne Spaltproduktfalle	internal (fission product) trap
Fallweg *m (von Steuerstäben bei Schnellschluß)*	drop(ping) path
Falschluft *f*	infiltrated air
Faltenbalgventil *n*	bellows(-sealed) valve
Faßabfüllanlage *f (SWR-Abfallaufbereitung)*	drumming station (*oder* system)
Faßlager *n (für Abfallfässer)*	drum store
FD-beheizter Zwischenüberhitzer *m*	live-steam-heated reheater
FD-Maximaldruckbegrenzung *f*	main-steam maximum pressure limiter
federbeschleunigt *(Steuerstab)*	accelerated by a spring, spring-accelerated
Federspeicher *m* **unter Vorspannung** *(Ventilantrieb)*	preloaded spring storage unit
Federspeicherantrieb *m (für Schieber)*	fast-acting spring actuator
Federspeicherschieber *m (SNR-300-Sekundäranlage)* SYN. **Schieber mit Federspeicherantrieb**	gate valve with fast-acting spring actuator
Feed-breed *n*	feed-breed (cycle)

Feed-breed-Konzept *n*	feed-breed concept
feed-Element *n*	feed element
Feedkapillare *f* *(D_2O-Reinigung)*	feed (liquid) distributor
Feedsystem *n* *(D_2O-Rektifizierkolonne)*	feed system
Fehlanzeige *f (Meßgerät)*	spurious indication
Fehlbedienung *f* durch Unachtsamkeit	inadvertent maloperation; operating error
Fehlerstromschutzschalter *m* *(SNR-300-Begleitheizanlage)*	fault-current circuit breaker
Fehlstelle *f (in einem Kristallgitter)* SYN. Gitterfehlstelle	lattice distortion (*oder* defect *oder* imperfection)
Fehlstelle *f (Schweißnaht)*	defect; flaw; (weld) imperfection
Feinabscheider *m* *(DWR-Dampferz.)*	steam purifier; Centrifix purifier; swirl vane moisture separator
Feinsteuerelement *n*	fine control member
Feinstfilter *n* *(für Luft bzw. Gase)*	absolute *oder* high-efficiency filter
Fermi-Alter *n*	Fermi age
Fermi-Alter-Gleichung *f*	Fermi age equation
Fermi-Alter-Theorie *f*	Fermi age theory
Fernbedienung *f* *(bei Strahlengefahr)*	remote handling
Fertigungsprüfung *f*	inspection during manufacture
Festabfall *m*	solid waste(s)
Festabfallgruftschacht *m*	solid waste burial pit
Festdeckel *m* *(SNR-300-Reaktortank)*	fixed plug
Festdeckelring *m (SNR 300)*	fixed plug ring
feste radioaktive Abfallstoffe *mpl*	solid radioactive wastes
Festigkeitskennwert *m* *(Werkstoff)*	*gen.* strength parameter; characteristic strength value
Feststoff *m*	solid
gelöster ~ *m*	dissolved solid
radioaktiver ~	radioactive solid (matter)

Feststoffanteil *m* *(Abfallkonzentrat)*	solid portion
Feststoffaufbereitung *f*	solid waste disposal (system)
Endkonzentrieranlage *f*	final concentration system
Schabemesser *n*	scraper; scraping edge
200-l-Standardfaß *n*	200-l standard drum
Feststoffaustrag- und -dosiervorrichtung *f*	solid removal and proportioning device
Feststoffgehalt *m*	solid content
Feststofflager *n*	solid waste store; *SGHWR:* active waste building
Fest(abfall)stofflagerung *f*	solid waste storage
Feststoffpresse *f*	solid-waste press (*oder* baler)
Feuchtemesser *m*	moisture detector
Feuchtemeßgerät *n*	moisture measuring instrument
Feuchtgasmethode *f* *(SNR-300-Teilreinigung)*	wet-gas method
Feuchtgasreinigungsanlage *f* *(für Na-benetzte Reaktoranlagenteile)*	wet-gas cleaning plant
Feuchtigkeitskonzentration *f*	moisture concentration
Feuchtigkeitsmeßgerät *n* SYN. Feuchtemeßgerät	moisture measuring instrument
Feuerlöschpumpe *f*	fire(-fighting) pump
Feuerlöschring *m*	fire-fighting ring main
Feuermeldesystem *n*	fire warning system
fifa *(Maßeinheit für zulässigen Abbrand)*	fifa = fissions per initial fissionable atoms in %
Filmdosimeter *n* SYN. Filmplakette *(biol. Strahlenschutz)*	film badge
Filmkoeffizient *m*	film coefficient
Filmplakette *f* SYN. Filmdosimeter	film badge
Filmsieden *n*, Filmverdampfung *f*	film boiling
Filter *n, m*	filter

Absolut ~ *(für Abgas u. Abluft)*	absolute filter
Feinst ~	particulate filter
Powdex ~ *(für Dampferz.-Speisewasser)*	Powdex filter (= powdered resin filter)
Schwebstoff ~	aerosol (removal) filter
Hochleistungsschwebstoff ~	high-efficiency aerosol filter
Filterdurchbruch *m*	filter failure
Filterfeinheit *f*	grade of filtration
Filtergehäuse *n*	filter housing
Filterglas *n*	filter glass
Filterhilfsmittel *n*	filter aid
Filterhilfsmittelschicht *n*	filter aid layer
Filterkonzentrataufbereitung *f (SWR)*	filter concentrate processing
Filterkonzentratbehälter *m (SWR)*	filter concentrate tank
Filterkonzentratlagerung *f (SWR)*	concentrated waste storage; filter concentrate storage
Filterkuchen *m*	filter cake
Filterkuchenschicht *f*	filter cake layer
Filtermaske *f*	filter mask
Filtersättigung *f*	filter saturation
Filterwechselstation *f*	filter changing station
Filterzuspeisepumpe *f*	filter feed pump
Filtrierbehälter *m*	filtration tank
fima *(= Spaltungen bezogen auf den Schwermetallgehalt)*	fima, FIMA (= fissions per initial heavy metal atoms)
Fingerhut *m*, Fingerhutrohr *n*	thimble
Fingersteuerelement *n (DWR)*	RCC *oder* rod cluster control assembly (*oder* element)
flachgewölbt *(Behälterboden)*	ellipsoidal
Flächendichte *f* SYN. Flächengewicht	areal *oder* surface density
Flächenmonitor *m* SYN. Raumüberwachungsgerät	area monitor
Flächenpressung *f*	unit pressure
Flanschring *m (RDB)*	bolting flange; flange ring

flattern *(BE gasgek. Reaktoren im Kühlgasstrom)*	to rattle
Fliehkraftwirkung *f*	centrifugal action
Fließbereich *m (Werkstoff von Druckgefäßspannelementen)*	yield range
Fließen *n*, **lokales, des Werkstoffes**	local yield of the material
Flockungsanlage *f (FGR-Abwasseraufbereitung)*	flocculation system
Fluenz *f*	fluence
Flüssigabfallauffangbehälter *m (HTR Peach Bottom)* SYN. **Abwasserauffangbehälter**	liquid waste receiver tank
Flüssigabfallprüfbehälter *m (Peach Bottom)* SYN. **Abwasserprüfbehälter**	liquid waste monitoring tank
Flüssigabfallvollentsalzungsanlage *f (Peach Bottom)* SYN. **Abwasservollentsalzungsanl.**	(liquid) waste demineralizer; waste demineralizing plant
flüssige Phase *f (DWR-Hauptkühlmittel)*	liquid phase
flüssige Vergiftung *f (SWR)* SYN. **flüssiger Neutronenabsorber**	liquid poison; neutron absorber fluid (*oder* solution)
flüssiger Neutronenabsorber *m*	neutron absorber fluid; neutron absorber solution; liquid poison
flüssiges Metall *n (als Brüterkühlmittel)*	liquid metal
Flüssig-Flüssig-Extraktion *f (HTR-BE-Wiederaufarbeitung)*	liquid-liquid extraction
Flüssigkeit *f (aus D_2O-Rektifizierkolonne)*	reflux liquid
Flüssigkeitsphase *f* SYN. **flüssige Phase**	liquid phase
Flüssigkeitsspiegelanzeige *f (DWR-Dampferz.)*	liquid level indicator
Flüssigkeitsumlauf *m (allg.)*	fluid circulation
Flüssiglufttank *m*	liquid-air tank

Flüssigmetall *n* SYN. flüssiges Metall	liquid metal
Flüssigmetallbrüter *m*	liquid metal breeder (reactor)
Flüssigmetallreaktor *m*	liquid metal reactor
Flüssigstickstoff-Kühlfallen-system *n (HTR Peach Bottom)*	liquid-nitrogen cooled trap system
flugzeugabsturzfest *(KKW-Schalthaus und SB)*	aircraft-impact-resistant
Flurförderer *m (für neue BE)*	electric fork lift truck
Fluß *m veraltet für Flußdichte*	flux
Flußabflachung *f*	(flux) flattening
Flußanstieg *m*, exponentieller	exponential flux rise
Flußdichte *f*	flux density
Energie ~	energy flux density
konventionelle ~ SYN. 2200 m/s-Flußdichte	conventional flux density; 2200 meter per second flux density
magnetische ~	magnetic flux density
raumwinkelbezogene ~ SYN. Winkelflußdichte	angular flux density
spektrale ~	spectral flux density
spektrale raumwinkel-bezogene ~	spectro-angular flux density
spektrale Winkelflußdichte SYN. spektrale raumwinkel-bezogene Flußdichte	spectro-angular flux density
Strahlungs ~	intensity (of radiation); radiant flux density
Teilchen ~	particle flux density
thermische ~	thermal flux density
Winkel ~ SYN. raumwinkelbezogene ~	angular flux density
2200-m/s- ~ SYN. konventionelle ~	2200 meter per second flux density; conventional flux density
Flußdichtemessung *f*	(neutron) flux density measurement
Flußdichteverteilung *f*	flux density distribution
Flußdichtewölbung *f* SYN. Flußwölbung	buckling

geometrische ~	geometric buckling
materielle ~	material buckling
Flußfalle *f*	flux trap
Flußgradient *m*	flux gradient
Flußprofil *n*	(neutron) flux profile
Flußschwingungen *fpl*	flux oscillations
Flußspitze *f*	flux peak
Flußstörung *f*	flux perturbation
Flußverteilung *f*	flux distribution
axiale ~	axial flux distribution
Flußverzerrung *f*	flux distortion
Flußwasserkühler *m (DWR)*	component cooling heat exchanger
Flußwölbung *f* SYN. Flußdichtewölbung	buckling
Flutraum *m (über SWR)*	reactor well
Flutraumabdeckung *f*	reactor well cover
Fördergasgebläse *n (Kugelhaufen-HTR)*	conveying gas blower
Förderrohr *n (Kugelhaufen-HTR-Beschickungsanlage)*	charge *oder* transfer tube
Förderwasser *n (SWR-Strahlpumpe)*	driven flow
Folgekern *m (SNR 300)*	follower *oder* following *oder* subsequent core
Folgeprodukt *n (in Zerfallskette)*	decay product
folgeschadensicher	fail-safe
Folgestab *m (DWR)*	follower rod; rod follower
Folie *f*	foil
Aktivierungs ~	activation foil
Isolier ~	insulating foil
Folienisolierung *f (FGR)*	(stainless steel) foil insulation
Foliensicherheitsventil *n*	foil type safety valve
Formfaktor *m*	form factor
axialer ~	axial form factor
~ der Leistungsdichteverteilung	power density distribution form factor

gesamter ~	overall form factor
radialer ~	radial form factor
Formhaltigkeit *f (von BE)*	form stability
formschlüssig	form-fitting
fortgeschrittener gasgekühlter Reaktor *m*, FGR	advanced gas-cooled reactor, AGR
Fortluft *f (im Abluftkamin)*	vent air
Fortluftkamin *m (Kugelhaufen-HTR)*	vent stack
Fortluftzentrale *f*	radioactive ventilation system; vent air system
fossilgefeuerter Überhitzer *m (SWR Lingen)*	fossil-fired superheater
Fragmentausbeute *f* SYN. primäre Spaltausbeute	primary fission yield
frei auslaufen *(SNR-300-Na-Pumpe)*	*Brit.* to run down freely; *Am.* to coast down freely
Freiblasen *n* eines Kondensationsrohres *(SWR-Druckabbausystem)*	free-blowing of a vent pipe
Freisetzen *n*, Freisetzung *f*	release
~ radioaktiver Substanzen SYN. Freiwerden von Radioaktivität	release of radioactivity; radioactivity release
Freisetzung von Spaltprodukten	fission product release
Freisetzungsrate *f*	release rate
Freisetzungsrate für gasförmige Spaltprodukte	gaseous fission product release rate
Freiwerden *n* von Radioaktivität SYN. Freisetzen radioaktiver Substanzen	release of radioactivity; radioactivity release
Freon-11-Soleumwälzpumpe *f (HTR Peach Bottom)*	Freon-11 brine circulating pump
Freon-Kälte- und -Solesystem *n (Peach Bott.)*	Freon refrigeration and brine system
Frequenzregelung *f (Stromversorgungsnetz)*	frequency control
Frequenzschwankung *f (Netz)*	frequency fluctuation
Frequenzstützung *f*	frequency support

Frequenz- und Leistungsregelung *f (Netz)*	power/frequency control
Fressen *n* SYN. fressender Verschleiß *(Werkstoff)*	galling
friedliche nukleare Tätigkeit *f (SFK)*	peaceful nuclear activity
Frigenkälteaggregat *n (HTR)*	Freon chiller unit
Frigenkältemittelkreis *m (SWR-Abgasaufber.)*	Freon refrigerant loop
Frigenkühler *m*	Freon cooler
Frischdampfaustritt *m*	main-steam outlet
Frischdampfdurchdringungsventil *n (SWR)*	main-steam penetration isolation valve
Frischdampfleitung *f*	main-steam pipe (*oder* lead)
Frischdampfmaximaldruckbegrenzung *f (DWR)*	main-steam maximum pressure limiter (*oder* limiting circuit)
Frischdampfmaximaldruckregelung *f (DWR)*	main-steam maximum pressure control loop (*oder* system)
Frischdampfminimaldruckbegrenzung *f (DWR)*	main-steam minimum pressure limiter (*oder* limiting circuit)
Frischdampftemperaturregelung *f (HTR)*	main-steam temperature control (system)
Frischluftrate *f*	fresh air rate
Führungsstange *f (FGR-BE)*	tie bar
Füllkörper *m*	*Destillationskolonne:* packing; *BE-Kanal:* filler piece (*oder* plug)
Füllpumpe *f (DWR)*	refueling water pump
Funktionseinheit *f*	functional unit
Funktionsgeber *m (DWR-Regelung)*	function generator
Funktionstüchtigkeit *f*	ability to function; serviceability
Furfurylalkohol *m (HTR-Graphitbrennstabrohrimprägnierung)*	furfuryl alcohol
Fußkonstruktion *f (SNR-300-Dampferzeuger)*	support structure
Fußstück *n (FGR-BE)*	fuel element carrier
Futterrohr *n (SNR 300)*	liner tube

G

Gadolinium *n*, Gd	gadolinium
Gadoliniumoxid *n*	gadolinium oxide
Gammaabsuche *f* *(SWR)* SYN. Gamma-Scan	gamma scan
Gammadosisleistung *f*	gamma dose rate
Gammafeld *n* im Reaktorkern	reactor core gamma field
Gammafluß *m*	gamma flux
Gammaheizung *f*	gamma heating
Gammahintergrund *m*	gamma background
Gammaquant *n*	gamma quantum
Gammaspektrum *n*	gamma spectrum
Gammastrahlenabsorption *f*	gamma ray absorption
Gammastrahlenkonstante *f*, spezifische	specific gamma-ray constant
Gammastrahler *m*	gamma (radiation) emitter
Gammastrahlung *f*	gamma radiation
Einfang ~	capture gamma radiation
prompte ~	prompt gamma radiation
prompte Spalt~	prompt fission gamma radiation
Ganzkörperbestrahlung *f* *(biol. Strahlenschutz)*	whole-body exposure
Ganzkörperzähler *m*	whole-body counter
fahrbarer ~	portable whole-body counter
Gasabklingbehälter *m*	gas decay tank
Gasanalysegerät *n*	gas analyzer
Gasansaugstutzen *m* *(HTR-Kühlgasgebläse)*	gas suction nozzle
Gasaustrittssammler *m* *(SNR 300)*	gas outlet header
Gasaustrittstemperatur *f*	gas outlet temperature
Gasblasennachweis *m (SNR 300)*	gas bubble detection
gasdichter Doppelabschluß *m* mit ständiger Leckageüberwachung des Zwischenraumes *(Spannbetonbehälterdurchführung)*	gas-tight double isolation incorporating continuous gap leakage monitoring

gasdichter Hüllmantel *m (Kugel-BE)*	gas-tight coating
Gasdichtheitsprüfung *f*	gastightness test; gas leak test
Gasdiffusionsverfahren *n (Isotopentrennung)*	gaseous diffusion process
Gasdurchflußzähler *m*	gas flow counter
Gasdurchtrittsöffnung *f (HTR-Bodenreflektor)*	gas penetration port
Gasdurchtrittsschlitz *m (HTR-Deckenrefl.)*	gas penetration port (*oder* slot)
gasdynamische Schmierung *f (HTR-Kühlgasgebläse)*	gas-dynamic lubrication
gasdynamisch tragfähig *(Gaslager)*	capable of gas-dynamic support
Gaseinschlüsse *mpl (in Natrium)*	gas entrainment
Gasentfeuchtung *f (SWR-Abgasaufbereitung)*	gas dehumidification
Gasführungsdom *m (FGR)*	hot box dome
gasgekühlter graphitmoderierter Reaktor *m*	gas-cooled graphite-moderated reactor
gasgekühlter Hochtemperaturreaktor *m*, GHTR	high-temperature gas-cooled reactor, HTGR
gasgekühlter Reaktor *m*	gas-cooled reactor
gasgekühlter schneller Brutreaktor *m*	gas-cooled fast breeder (reactor), GFBR
gasgelagertes Gebläse *n (HTR)*	gas-bearing circulator
gasgelagertes Hilfsgebläse *n (HTR)*	gas-bearing auxiliary blower
gasgelagertes Umwälzgebläse *n (HTR)*	gas-bearing circulator
Gasgemisch *n*, radioaktives	radioactive gas mixture
Gaskältemaschine *f*	gas refrigerating machine
Gaskühlanlage *f (SWR-Abgasaufbereitung)*	gas cooling system
Gaskühler *m*	gas cooler
Gaslager *n (SNR 300)*	gas store
Gaslager *n (für HTR-Gebläse)*	gas(-lubricated) bearing

Gaslagerbehälter *m*	gas storage tank
Gaspendelleitung *f (zwischen Pumpen- und Reaktortankschutzgasraum des SNR 300)*	gas shuttle pipe (*oder* line)
Gaspermeabilität *f*	gas permeability
Gasphase *f*	gas(eous) phase
Gasprobenentnahmesystem *n*	gas sampling system
Gasreinheit *f*	gas purity
Gasreinigungsanlage *f (HTR)*	gas *oder* helium purification plant (*oder* system)
Gasreinigungskreislauf *m*	gas purification loop (*oder Brit.* circuit)
Gassammelbehälter *m (SNR 300)*	gas collection tank
Gasschleuse *f* SYN. Brennelementgasschleuse	gas lock
gasseitig	on the gas side
Gassystem *n (FGR)*	gas system
Gastrennungskreislauf *m*	gas separation circuit
Gasturbine *f* im direkten Kreislauf *(HTR)*	direct-cycle gas turbine
Gasturbine *f* im geschlossenen Kreislauf *(HTR)*	closed-cycle gas turbine
Gasultrazentrifuge *f (Isotopentrennung)*	gas ultracentrifuge
Gasultrazentrifugenverfahren *n*	gas ultracentrifuge process
Gasverunreinigungen *fpl*	gaseous impurities
Gasverzögerungsstrecke *f (DWR)*	gas delay line
Gaswände *fpl (Spannbetonbehälter)*	gas walls
Gebäudeabluft *f*	building exhaust air
Gebäudeentwässerung *f*	(reactor) building drains; (reactor) building drainage system
Gebäudekran *m*	(reactor) containment crane
Gebäudenotkühler *m* SYN. Gebäudenotkühlwärmetauscher *(SWR Gundremmingen)*	containment spray system heat exchanger

Gebäudesprühanlage *f*, Gebäudesprüheinrichtung *f* SYN. Gebäudesprühsystem	reactor building spray system; containment spray system
Gebäudesprühpumpe *f*	containment spray pump
Gebäudesprühsystem *n* SYN. Gebäudesprühanlage, Gebäudesprüheinrichtung	containment spray system
Gebäudesprühung *f*	containment spray(ing)
Gebietüberwachung *f* SYN. Raumüberwachung	area monitoring
Gebläse *n*	blower; (gas) circulator
~ für Abschirmkühlluft	shield cooling air fan
gasgelagertes ~	gas bearing circulator
ölgelagertes ~	oil bearing circulator
Gebläseantriebsturbine *f*	circulator drive turbine
Gebläsegehäuse *n*, äußeres *(HTR)*	circulator outer casing
Gebläsesperrgas *n (HTR)*	circulator seal gas
Gebläseturbogruppe *f (HTR)*	circulator (drive) turbo-generator (set)
Gebläsevordrallschaufel *f (FGR)*	variable setting circulator inlet guide vane
Ge(Li)-Detektor *m*	Ge(Li) detector
Gefährdung *f* der Kraftwerksumgebung	hazard to the power station environment
Gefährdung *f* des Personals	hazard to personnel
Gefahren *fpl* durch Flugzeugabsturz	airplane crash hazards
Gefrierdichtung *f (SNR-300-Drehklappe)*	freeze seal
Gefrierstrecke *f (SNR 300)*	freeze section
Gehalt *m* des abgereicherten Urans an U 235	tails assay
Gel-Adsorber *m*	gel adsorber
Genehmigungsbehörde *f*	licensing authority (*oder* body); *Am.* regulatory agency
Genehmigungsverfahren *n*, atomrechtliches	licensing procedure under the Atomic Energy Act (*oder* Atomic Law of the Fed. Republic of Germany)

Generationsdauer *f*, Generationszeit *f*	generation time
geometrisch sicher	geometrically safe
geplante Reaktorstillstands-periode *f*	scheduled reactor outage (period)
Geradrohrbündel *n* *(SNR-300-Zwischenwärme-tauscher)*	straight tube bundle
Geradrohrbündelwärmetauscher *m*	straight-tube bundle type heat exchanger
Gerüst *n oder* Gestell *n* für neue Brennelemente	new fuel rack
Gerüst *n oder* Gestell *n* für verbrauchte Brennelemente	spent fuel rack
Gesamtaktivitätsausstoß *m* in die Atmosphäre	total activity discharge (*oder* release) to the atmosphere
Gesamtbrutrate *f (SNR 300)*	overall breeding rate
Gesamthub *m (Steuerstab)*	full travel
Gesamtkerndurchsatz *m* *(SWR)*	total reactor core recirculation flow
Gesamtkühlmitteldurchsatz *m*	overall coolant flow rate
Gesamtnatriummasse *f* im Primärsystem *(SNR 300)*	total sodium inventory in primary system
geschlossener Kreislauf *m*	*gen.* closed circuit; *Gasturbine:* closed cycle
~Druckwasserkreislauf *(DWR)*	closed pressurized-water circuit
~Luftkühlkreislauf	closed air cooling circuit
geschlossenes radioaktives Präparat *n* SYN. umschlossener radioaktiver Strahler *oder* Stoff	sealed source
gesicherte Schiene *f* *(KKW-Notstromversorgung)*	essential supplies bus(bar)
Gestängeführungsrohr *n* *(SNR-300-Absorberstab-antrieb)*	linkage guide tube
Gestängegreifer *m* *(SNR-300-BE-Umsetzvor-richtung)*	linkage grab (*oder* grapple *oder* gripper)

gestreckter Zyklus *m (LWR-BE)*	stretch(-out) cycle
gewichteter Mittelwert *m*	weighted average
Gewichtsprozent *n*, Gew. %	weight per cent, wt/%
Gewindeloch *n (RDB)*	threaded closure stud hole
Gift *n*	poison
abbrennbares Reaktor ~	burnable poison
Neutronengift SYN. Reaktor~	nuclear poison
Spalt ~	fission poison
Gitter *n*	(reactor) lattice
hexagonales ~	hexagonal lattice
orthogonales ~	orthogonal lattice
quadratisches ~	square lattice
Gitterabstand *m*	lattice pitch((*oder* spacing)
Gitterblock *m (FGR)*	circular brick
Gitterplatte *f*	*SNR 300:* core support grid; diagrid; grid plate; lower core plate; *Schwerwasserreaktor-BE-Bündel:* (bottom *oder* top) end fitting (*oder* plate); (bottom *oder* top) grid
Gitterplatteneinsatz *m (SNR 300)*	core support plate insert; fuel bundle adjustment plate
Gitterplattenkonstruktion *f (SNR 300)*	grid plate structure
Gitterplatz *m*	lattice position
Gitterteilung *f (SNR-300-Brennstäbe)*	lattice pitch
Gittertragplatte *f (SNR 300)*	grid support plate
Glattrohrbündel *n (Dampferzeuger)*	plain tube bank (*oder* bundle)
Gleichgewicht *n*	equilibrium
Abbrand ~	burn-up equilibrium
Dauer ~	secular equilibrium
laufendes ~	transient equilibrium
radioaktives ~	radioactive equilibrium
Gleichgewichtsionendosis *f*	exposure
Gleichgewichtsionendosisleistung *f*	exposure rate

Gleichgewichtskonzentration *f*	equilibrium concentration
Gleichgewichtsvergiftung *f*	equilibrium poisoning
Gleichgewichtszyklus *m*	equilibrium cycle
Gleichung *f*, kritische	critical equation
Gleitschiene *f (für Einschieben des SWR-Sicherheitsbehälters in das Reaktorgebäude)*	slide rail
Glockenboden *m (Füllkörper)*	bubble plate
Glühofen *m*	annealing furnace
graduelle Leistungsherabsetzung *f*	power setback
granulare Beschichtung *f*	granular coating
Graphit *m*	graphite
gesenkgepreßter ~	die-pressed graphite
Matrix ~ *(HTR-BE)*	matrix graphite
~ mit rundem Korn *(FGR)*	circular-grained graphite
stranggepreßter (anisotroper) ~	extruded (anisotropic) graphite
Graphitabschirmung *f (SNR 300)*	graphite shield(ing)
Graphitabtragung *f (FGR)*	graphite abrasion
graphitbeschichtete Uranpartikel *f*	graphite-coated uranium particle
Graphitblock *m (BE des HTR Fort St. Vrain)*	graphite block
Graphitformstück *n (HTR-Reflektor)*	shaped graphite brick
Graphithülse *f (FGR- und HTR-BE)*	graphite sleeve
Graphitisieren *n (v. BE)*	graphitization
Graphitkorrosion *f (FGR)*	graphite corrosion
Graphitleitrohr *n*	graphite guide tube
Graphitmatrix *f (HTR-BE)*	graphite matrix
Graphitmoderator *m*	graphite moderator
Graphitmoderatormatrix *m*	graphite moderator matrix
graphitmoderierter heliumgekühlter Hochtemperaturreaktor *m*	graphite-moderated helium-cooled high-temperature reactor
graphitmoderierter Reaktor *m*	graphite-moderated reactor

Graphitoxydation *f (FGR)*	graphite oxidation
Graphitpermeabilität *f*	graphite permeability
Graphitpreßpulver *n (HTR-BE-Fertigung)*	pressed graphite powder
Graphitreflektor *m*	graphite reflector
Graphitschrumpfen *n* (infolge des Neutronenflusses)	graphite shrinkage (due to neutron flux); (neutron-flux-induced) graphite shrinkage
Graphitstaub *m*	graphite dust
Graphitstützrohr *n (BE)*	graphite support sleeve
Graphitzentralstab *m (BE des HTR DRAGON)*	central graphite rod; graphite centre rod
grau *(= teilweise neutronen-absorbierend)*	grey
Graugußabschirmung *f (SNR 300)*	grey cast iron shield(ing)
Graugußschild *m (SNR 300)*	grey cast iron shield
Greifen *n (eines BE durch Handhabungseinrichtung)*	grabbing; grappling; gripping
Greifer *m (BE-Wechselmaschine)*	grab(head); grapple(r); gripper
Greifergestänge *n (SNR-300-Umsetzvorrichtg.)*	grab *oder* grapple(r) *oder* gripper linkage
Greiferhubwerk *n (SNR 300)*	grab *oder* grapple(r) hoist
Greifklinke *f (DWR-Manipulierbrücke)*	(movable) gripper latch
Greifnut *f (SNR-300-Regel-Trimmstab)*	grabbing *oder* grappling groove
Greifschlüssel *m (Schwer-wasserreaktorlademaschine)*	grab *oder* grapple(r) wrench
Greifwerkzeug *n (für DWR-BE)*	handling tool
Grenze *f*, extrapolierte	extrapolated boundary
Grenzschicht *f*	*Strömungsmechanik:* boundary layer; *Chemie:* interface
laminare ~	laminar boundary layer
turbulente ~	turbulent boundary layer
Grenzstrahlen *mpl*	grenz rays
Grenzwerteinheit *f (SNR-300-Aktivitätsmeßstelle)*	bistable unit

Grenzwertsignal *n* *(SWR-Sicherheitssystem)*	limit-value signal
Grobfahrt *f* *(BE-Wechselmaschine)*	coarse orientation (of adjusted machine)
Grobsteuerelement *n* *(für Reaktor)*	coarse control member
Größe *f*, kritische	critical size
Großflächenzähler *m*	large-area counter
Großflächendurchflußzähler	large-area flow counter
Großstrahler *m* SYN. starke Strahlungsquelle	large source
Grubenabdeckung *f* *(SNR-300-Deckelgrube)*	cavity cover(ing)
Grubenabschirmung *f* *(SNR 300)*	cavity shield
Grünlingspartikel *f* *(HTR-BE-Fertigung)*	slug particle
Gruftlader *m*	spent fuel manipulator
Grundplatte *f* *(Pumpe)*	baseplate
Gruppenkonstante *f*	group constant
Gruppentransporttheorie *f*	multigroup theory
Gruppenübergangsquerschnitt *m*	group transfer scattering cross section
Gruppenverlustquerschnitt *m*	group removal cross section
gutmoderiert	well-moderated

H

H_2O-Adsorber *m* *(Kugelhaufen-HTR)*	H_2O adsorber
H_2O-Entwässerungsbehälter *m* *(Schwerwasser-DWR)*	H_2O drain(age) tank
H_2O-Entwässerungskühler *m*	H_2O drain cooler
H_2O-Entwässerungspumpe *f*	H_2O drain(age) pump
H_2O-Freisetzungsrate *f*, theoretische *(Kugelhaufen-HTR)*	theoretical H_2O release rate

H_2-O_2-Analysator *m (DWR)*	H_2-O_2 analyzer
H_2O-Pegel *m (Kugelhaufen-HTR)*	H_2O level
Haarriß *m (Stahl-RDB)*	hairline crack
Hafthaltemelder *m (für Trimm- und Abschaltstab)*	contact holding indicator
Halbaxialrad *n (Reaktorkühlmittelpumpe)*	mixed-flow impeller
Halbkugelboden *m (RDB)*	hemispherical head
Halbkugeldecke *f (Sicherheitshülle)*	hemispherical dome (*oder* roof)
Halblastkreiselpumpe *f*	half-capacity *oder Brit.* 50 % duty centrifugal pump
Halblastwärmetauscher *m*	half-capacity *oder Brit.* 50 % duty heat exchanger
Halbleiterdetektor *m (Gammaspektrometrie)*	semiconductor detector
Halbwertdicke *f* SYN. **Halbwertschicht**	half-value thickness (*oder* layer)
Halbwertsbreite *f* **der Resonanzlinie**	half-value width of the resonance level; level width
Halbwertschicht *f* SYN. **Halbwertdicke**	half-thickness; half-value thickness (*oder* layer)
Halbwert(s)zeit *f*	(radioactive) half-life
biologische ~	biological half-life
effektive ~	effective half-life
Haldeneffekt *m (Brennstabhüllenrißbildung)*	Halden effect
Halogen-Schnüffeltest *m (Dichtheitsprüfung)*	halogen sniffer test
Haltegitter *n (FGR-BE)*	support grid
Handfernbedienungselement *n*	manual remote handling tool
Hand-Fuß-Monitor *m (Strahlenschutz)*	hand and foot monitor
Hand-, Fuß- und Kleidermonitor *m*	hand, foot and clothing monitor
Handhabung *f* **der Brennelemente** SYN. **Brennstoff ~**	fuel handling
direkte ~	direct handling

Handhabungsbetrieb *m* *(SNR 300)*	(fuel) handling operation
Handhabungseinrichtung *f*	handling device (*oder* equipment)
Handhabungshalle *f* *(SNR 300)*	handling hall
Handhabungsmaschine *f* *(SNR 300)*	handling machine
Handhabungsraum *m* **für verbrauchte Brennelemente** *(FGR)*	spent-fuel(-element) handling cell
Handhabungsschleuse *f* *(SNR 300)*	handling airlock (*oder* hatch)
Handhabungsstation *f* *(SNR 300)*	handling station
Handhabungssystem *n* *(SNR 300)*	handling system
Handhabungsvorgang *m* *(SNR 300)*	handling operation (*oder* procedure)
Handhabungswarte *f* *(SNR 300)*	handling control centre
Handhabungszeit *f*	handling time (*oder* period)
Handschuhkasten *m*	glove box
Harzabfallbehälter *m* *(DWR-Abfallaufber.)*	spent resin tank
Harzdeuterieranlage *f* *(Schwerwasserreaktor)*	resin deuterization (*oder* deuterizing) plant (*oder* system)
Harzdosiergefäß *n*	resin proportioning (*oder* dosing) vessel (*oder* tank)
Harzeinfüllbehälter *m* *(DWR)*	resin fill tank
Harzeinfüllpumpe *f* *(DWR)*	resin fill pump
Harzerschöpfung *f*	resin exhaustion (*oder* depletion)
Harzfänger *m*	resin catcher
Harzfülle *f*	resin fill
Harzsammelbehälter *m*	resin hold-up tank
Harzspülleitung *f*	resin sluicing (*oder* transfer) line
Harzspülpumpe *f* SYN. **Harzumwalzpumpe**	resin sluice (*oder* transfer) pump
Harzspülwasser *n* *(Ionenaustauscher)*	resin sluice (*oder* sluicing) water

Harztransportbehälter *m*	resin shipping container; *innerbetrieblich:* resin transfer container
Harzzusatzbehälter *m*	resin add tank
Hauptabschaltkette *f* *(SNR-300-Sicherheitsabschaltsystem)*	main shutdown chain
Hauptabsperrschieber *m*	main isolating valve
Hauptauffülleitung *f* *(SWR-Schnellabschaltsystem)*	main fill line
Hauptkernanlage *f (SFK)*	principal nuclear facility
Hauptkreislaufionentauscher *m* *(DWR)*	reactor coolant (clean-up *oder* purification) demineralizer (*oder* ion exchanger)
Hauptkühlkreis(lauf) *m*	reactor coolant system; primary coolant system: *bei DWR einzeln:* reactor coolant loop
Hauptkühlkreislauf-Absperrschieber *m*	reactor coolant system isolating valve
Hauptkühlkreislauf-Entwässerungsbehälter *m*	reactor coolant system drain tank
Hauptkühlkreislauf-Entwässerungspumpe *f*	reactor coolant system drain tank pump
Hauptkühlkreislauf-Entwässerungstank *m*	reactor coolant system drain tank
Haupt(kühl)kreislaufschleife *f*	reactor coolant loop
heiße ~ SYN. heißer Strang	reactor coolant (system) hot leg
kalte ~ SYN. kalter Strang	reactor coolant (system) cold leg
Hauptkühlkreisrohrleitung *f*	reactor *oder* primary coolant system pipe
Hauptkühlkreisumwälzpumpe *f*	reactor coolant (circulating) pump
Hauptkühlmittelleitung *f*	reactor coolant pipe
Hauptkühlmittelnebenstromfilter *n, m*	reactor coolant bypass filter
Hauptkühlmittelpumpe *f* *(DWR)*	reactor coolant pump
Abstellbock *m* für Pumpeneinbauten	pump internals storage stand
Anhebeölpumpe *f*	(thrust bearing) oil lift pump

Austrittsstutzen *m*	discharge nozzle
Bogenzahnkupplung *f*	gear coupling
Drehzahlmessung *f*	speed measurement; speed-measuring instrumentation
Durchflußmessung *f*	flow measurement; flowmeter, flowmetering instrumentation
Eintrittsstutzen *m*	suction nozzle
elektrischer Heizstab *m*	electric bolt heater
Gehäuseflansch *m*	casing flange
Hochdruckdichtung *f*	high-pressure seal
hydraulische Spannvorrichtung *f* zum Spannen der Flanschschrauben	hydraulic flange stud tensioner
Laterne *f*	motor support stand
Leckageleitung *f*	leakoff pipe
Leitapparat *m*	diffuser
Niederdruckdichtung *f*	low-pressure seal
Notkühlsystem *n*	emergency cooling system
oberes Führungslager *n* mit Axiallager	upper radial guide bearing with thrust bearing
Ölbehälter *m*	oil tank
Ölentgaser *m*	oil degasifier
Ölfilter *n*	oil filter
Ölkühler *m*	oil cooler
Pumpengehäuse *n*	pump casing
Schmierölpumpe *f*	lubricating *oder* lube oil pump
Schmierölversorgung *f*	lubricating *oder* lube oil supply system
Sperrwasserkühlsystem *n*	injection water cooling system
Stillstandsdichtung *f*	final *oder* No. 3 seal; standstill seal
Tragpratze *f*	integral support lug
unteres Führungslager *n*	lower radial bearing
Verschlußschraube *f*	flange bolt
Vorrichtung *f* zum Austausch des Dichtungssatzes	seal assembly removal tool
Wärmesperre *f*	thermal barrier
Wellenausbaustück *n*	removable shaft adapter

Hauptkühlmittelreinigung *f (DWR)*	reactor coolant clean-up (*oder* purification) (system)
Hauptkühlmittelumwälzpumpe *f*	reactor coolant pump
Hauptkühlungsstrom *m (HTR)*	main cooling flow
Hauptmateriallager *n (SNR 300)*	main material store
Hauptspeisewasserpumpe *f (SNR-300-Dampferzeuger)*	main feed(water) pump
Hauptströmung *f*	main flow
Hauptumwälzpumpe *f*	primary *oder* reactor coolant pump
Hauptwärmekreis *m*	primary heat transfer (*oder* transport) system
Hauptwärmesenke *f*	main heat sink
Hautdosis *f (Strahlenschutz)*	skin dose
HD-Austrittssammler *m (FGR)*	HP outlet header
HD-Dampfüberhitzer *m (HTR-Dampferzeuger)*	h.p. *oder* HP steam superheater
HD-Förderpumpe *f (DWR)* SYN. Hochdruckförderpumpe	charging pump
HD-Verdampfer *m (HTR-Dampferzeuger)*	h.p. *oder* HP evaporator
He-Ausgleichsleitung *f*	helium balance line
Head-End *n (Anfangsstadium des BE-Aufarbeitungsprozesses)*	head end
Hebebühne *f (SWR-BE-Wechselbühne)*	lifting platform
Hebetraverse *f (für RDB-Deckelmontage)*	vessel head lifting beam
Hebevorrichtung *f* für das obere Kerngerüst *(DWR)*	upper core structure lifting rig
HeBR-Anlage *f* SYN. heliumgekühlte Brutreaktoranlage	HeBR plant; helium-cooled breeder (reactor) plant
He-Förder- und Speichersystem *n (HTR)*	helium handling and storage system
Heftanschweißung *f*	tack weld
heiß = hochradioaktiv	hot
Heißdampfabführungsrohr *n (Siedeüberhitzerelement)*	superheat(ed) steam discharge pipe

Heißdampfreaktor *m*	superheated steam reactor; nuclear superheat reactor
Heißdampfzone *f* *(SNR-300-Dampferzeuger)*	superheated-steam zone
heiße Chemie *f*	hot atom chemistry
heiße Waschanlage *f*	hot laundry
heißer Bereitschaftszustand *m* *(Reaktor)*	hot standby (condition)
heißer Kanal *m*	hot channel
heißer Nachkühlzustand *m*	hot shutdown condition
heißer unterkritischer Zustand *m*	hot subcritical condition
heißes Labor *n* SYN. aktives Labor	hot laboratory
Heißfalle *f*	hot trap
Heißgasdurchführung *f* *(durch HTR-Spannbetonbehälterwand)*	hot-gas penetration
Heißgasgebläse *n* *(SNR-300-Begleitheizg.)*	hot-gas blower
Heißgaskanal *m (HTR)*	hot-gas channel
Heißgasmeßstelle *f*	hot-gas measuring point
Heißgasraum *m (FGR)*	hot-gas plenum
Heißgassammelraum *m (HTR)*	hot-gas plenum
Heißgassammler *m*	hot-gas header
Heißgastemperatur *f (HTR)*	hot-gas temperature
Heißgastemperaturregelung *f* *(FGR)*	hot-gas temperature control
Heißgaszuführungskanal *m* *(HTR-Gebläse)*	hot-gas supply duct
Heißkanal *m* SYN. heißer Kanal	hot channel
Heißkanalfaktor *m*	hot-channel factor
Heißstelle *f*	hot spot
Heißstellenfaktor *m*	peaking factor
Heißstellen- und Temperaturüberhöhungsfaktor *m*, **gesamter**	overall design peaking factor

Heizelement *n*	heater; heating element
Heizer *m (el. Begleitheizung des SNR 300)*	heater (element)
Heizflächenbelastung *f*	heat flux
kritische ~, KHB SYN. kritische Wärmestromdichte	critical heat flux, CHF; departure from nucleate boiling; DNB
mittlere ~	core average heat flux
örtliche ~	local heat flux
Heizflächenleistungsdichte *f,* mittlere	surface power density
Heizflächenpaket *n (Dampferzeuger)*	heating surface bank
Heizflächenrohr *n (SNR-300-Dampferzeuger)*	heating surface tube
Heizkabel *n (el. Begleitheizung SNR 300)*	heating cable
Heizkanal *m (SNR-300-Begleitheizung)*	heating duct
Heizkreis *m (el. SNR-300-Begleitheizung)*	heating circuit
Heizleistung *f,* **installierte**	installed heater (*oder* heating) capacity
Heizregister *n*	heating register
Heizstrecke *f (el. SNR-300-Begleitheizung)*	heating system
Heizungspumpe *f (SWR-Kühlmittelumwälzpumpe)*	heater pump
Helium *n,* **He**	helium, He
Heliumablaßbehälter *m*	helium dump tank
Heliumaustrittstemperatur *f (HTR)*	helium outlet temperature
Heliumdruckgas *n (HTR-Abschaltstabantrieb)*	pressurized helium (gas)
Heliumflasche *f*	helium bottle (*oder* cylinder)
Heliumgaspolster *n (in Behältern)*	helium gas blanket (*oder* cover)
Heliumgebläse *n (HTR)*	helium compressor; helium circulator

heliumgekühlter Reaktor *m*	helium-cooled reactor
Heliumhilfskreislauf *m (HTR)*	auxiliary helium circuit (*oder* loop)
Heliumkompressor-Dichtöl-hilfspumpe *f* (HTR Peach Bottom)	helium compressor auxiliary seal oil pump
Heliumkühler *m*	helium cooler
Heliumkühlgastemperatur *f*	helium coolant gas temperature
Heliumreingas *n*	purified helium (gas)
Heliumreinigungsanlage *f (HTR)*	helium purification system
Heliumreinigungssystem *n*	helium purification system
Heliumsystem *n (HTR)*	helium system
Heliumtransferkompressor *m (HTR Peach Bottom)*	helium transfer compressor
Heliumtrockner *m*	helium drier (*oder* dryer)
Heliumturbosatz *m (HTR)*	helium turbo-generator set (*oder* unit)
Heliumversorgungssystem *n (HTR)*	helium supply system
Heliumwärmetauscher *m (HTR)*	helium heat exchanger
Hemd *n (im Dampferzeuger)*	shroud
Herablaufen *n (D_2O in Destillationskolonne)*	trickling down
Herausschießen *n* der (Steuer)Stäbe	rod ejection
Herunterfahren *n* (der Leistung)	power setback
~ aus dem Leistungs- in den Schwachlastbereich	load reduction *oder* power setback from the power to the low-load range
~ der Anlage	plant power setback
HeSB = heliumgekühlter schneller Brüter *m*	helium-cooled fast breeder (reactor)
heterogener Reaktor *m*	heterogeneous reactor
~ mit festem Brennstoff	solid fuel heterogeneous reactor
~ mit flüssigem Brennstoff	liquid fuel heterogeneous reactor
~ Salzschmelzenreaktor	heterogeneous molten-salt reactor
Hexafluorid *n* (UF_6)	hexafluoride, UF_6
hexagonales Prisma *n (HTR Fort St. Vrain-BE)*	hexagonal prism

Hilfsanlagengebäude *n (DWR)*	reactor *oder* primary auxiliary building
Hilfsanlagengebäudesumpf *m*	reactor auxiliary building sump
Hilfsdampfsystem *n*	auxiliary steam supply system
Hilfsdampfverteiler *m*	auxiliary steam manifold
Hilfskesselanlage *f*	auxiliary boiler plant
Hilfssprühleitung *f*	auxiliary spray line
hineinlecken *(Flüssigkeit in etw.)*	to leak into s. th.
hitzebeständiger Stahl *m*	high-temperature(-resistant) steel
Hitzedraht *m (Gaschromatograph)*	hot wire
hochaktive Spaltproduktlösungen *fpl,* HAW	high-activity waste(s); highly active waste(s), HAW
Hochaktivität *f*	high (radio)activity
Hochdruckdurchführung *f*	high-pressure penetration
Hochdruckeinspeisepumpe *f* SYN. HD-Förderpumpe, HD-Speisepumpe *(DWR)*	charging pump
Hochdruckförderpumpe *f (DWR)* SYN. HD-Förderpumpe, Hochdruckeinspeisepumpe	charging pump
Hochdrucknoteinspeisesystem *n (SWR)*	high pressure coolant injection (*oder* HPCI) system
Hochdrucknoteinspeisung *f*	high pressure coolant injection, HPCI
Hochdruckspeisepumpe *f (DWR)* SYN. Hochdruckeinspeisepumpe, Hochdruck- *oder* HD-Förderpumpe	charging pump
Hochdruckverdichter *m (HTR-Gasturbine)*	high-pressure *oder* HP compressor
Hochdruckwellenabdichtung *f (Hauptkühlmittelpumpe)*	high-pressure shaft seal
Hochfahren *n* aus dem kalten (warmen) Zustand *(auf Vollast)*	start-up after a cold (hot) shutdown
Hochfahren *n* der Anlage in den Leistungsbereich *m*	plant run-up to the power range; plant raising to power *(Brit.)*

hochfahren *v.t. (Aggregat, Anlage)*	to run up, to bring up
die Gesamtanlage von Null- auf Vollast bei Nenndampfzuständen hochfahren	to bring up the entire plant from zero to full load at rated steam conditions
hochgradig radioaktiv	highly radioactive
Hochleistungsschwebstoffilter *n, m*	high-efficiency aerosol filter
hochnickelhaltige Eisenbasislegierung *f*	high-nickel iron-base alloy
Hochspannungsgerät *n (SNR-300-Aktivitätsmeßstelle)*	high-voltage unit
hochtemperaturbeständig *(BE)*	high-temperature resistant
Hochtemperaturreaktor *m*, HTR	high-temperature reactor, HTR
Hochtemperaturversprödung *f (Werkstoff)*	high-temperature embrittlement
Höchstwertauswahl *f (Neutronenflußmessung)*	auctioneering
Höchstwertauswahleinheit *f*	auctioneering unit
höchstzulässige Dosis *f (Strahlenschutz)*	maximum permissible dose
höchstzulässige Dosisleistung *f*	maximum permissible dose rate
Höhenförderer *m (Kugelhaufen-HTR-BE-Transport)*	pneumatic elevator
Höhenstandsgeber *m*	level transmitter
Höhenstandssonde *f (für Na im SNR-300-Spiegelhaltesystem)*	(sodium) level probe
Hohlwelle *f (HTR DRAGON-Gasumwälzgebläse)*	hollow shaft
Hohlzylinder *m (UHTREX-BE)*	hollow cylinder
homogener Reaktor *m*	homogeneous reactor
Horizontalbeschleunigung *f (Erdbeben)*	horizontal acceleration
HTR = Hochtemperaturreaktor *m*	HTR = high-temperature reactor
~ mit blockförmigen Brennelementen	block-type element fuelled HTR
~ mit Gasturbine *f*	HTR with (a) gas turbine

Hub *m* **des Steuerstabes** SYN. Steuerstabhub	control rod stroke (*oder* travel)
Hubgerüst *n*	lifting gantry
Hubsäule *f (für SNR-300-Instrumentierungsplatte)*	lifting column
Hubspindelaggregat *n (FGR-Wechselmasch.)*	hoist drive mechanism (*oder* unit)
Hubvorrichtung *f (FGR-BE-Demontageeinrichtg.)*	process tube elevator
Hülle *f* SYN. Brennstoffhülle	clad(ding); can; jacket; sheath
Zircaloyhülle	Zircaloy cladding (*oder* can)
Hüllenelektron *n*	orbital electron
Hüllenfehler *m*	cladding *oder* can defect (*oder* flaw)
Hüllenschaden *m*	can oder cladding defect (*oder* failure)
Hüllenüberwachung *f* SYN. BE-Hülsenüberwachung, Brennelementhüllschäden-Überwachung(sanlage), Brennelementschadenserfassung, Hülsenüberwachung	*Brit.* burst can (failure) detection (system); burst slug detection (*oder* BSD) (system); *Am. FFTF:* fuel failure monitoring system
Hüllenwanddicke *f*	can(ning) *oder* clad(ding) (wall) thickness
Hüllenwerkstoff *m* SYN. Hüllmaterial	canning *oder* cladding material
Hüllkasten *m (SNR-300-Pu-BE)*	(hexagonal) duct tube
Hüllmaterial *n* SYN. Hüllenwerkstoff	canning *oder* cladding material
Hüllrohr *n*	*BE:* (fuel) clad(ding) tube; *für Spannbetonbehälter-Spannkabel oder -stahl:* tendon tube
längsnahtgeschweißtes ~	longitudinally welded clad(ding) tube
Zircaloy ~	Zircaloy clad(ding) tube
Hüllrohraufweitung *f*	clad(ding) tube expansion
Hüllrohrbruch *m*	can burst (*oder* failure)
Hüllrohrdurchmesser *m*	clad(ding) tube diameter

Hüll(en)rohrinnenseite *f*	clad(ding) tube internal side
Hüllrohrlecktesteinrichtung *f* SYN. BE-Hülsenüberwachung, Brennelementhüllschädenüberwachung(sanlage), Brennelementschadenserfassung, Hülsenüberwachung, Hüllenüberwachung	*Brit.* burst can (failure) detection (equipment *oder* system); burst slug detection (*oder* BSD) (system); *Am. FFTF:* fuel failure monitoring system
Hüllrohroberfläche *f*	clad(ding) tube surface
Hüllrohroberflächentemperatur *f*	clad(ding) tube surface temperature
Hüllrohrquerschnittsfläche *f*	clad(ding) tube cross-sectional area
Hüllrohrriß *m*	clad(ding) tube rupture
Hüllrohrschaden *m*	clad(ding) tube defect; clad damage
Hüllrohrtemperatur *m*	clad(ding) tube temperature
Hüllrohrtemperaturkoeffizient *m*	clad(ding) tube temperature coefficient
Hüllrohrwanddicke *f*	clad(ding) tube wall thickness
Hüllrohrwerkstoff *m* SYN. Hüllenwerkstoff	clad(ding) tube material
Hüllschadennachweis *m* SYN. Brennelementschadenserfassung	*Brit.* burst can (failure) detection (system); burst slug detection (*oder* BSD) (equipment *oder* system)
Hüllschadenüberwachung *f* SYN. Hüllenüberwachung, BE-Hülsenüberwachung, Brennelementhüllschädenüberwachung, Brennelementschadenserfassung, Hülsenüberwachung	*Brit.* burst cartridge (*oder* slug) detection (equipment *oder* system); can failure detection (system); *Am. FFTF:* fuel failure monitoring system; failed fuel (element)detection (system)
Hülltemperatur *f*	clad(ding) *oder* can(ning) temperature
Hülltemperaturschwankung *f*	clad(ding) temperature variation
Hülse *f* SYN. Brennstoffhülse, Hülle	(fuel) can; clad(ding)
Hülsenbruch *m*	can burst; cladding rupture
Hülsenbruchüberwachungsanlage *f* SYN. BE-Hülsenüberwachung, Brennelementhüllschädenüberwachung,	*Brit.* burst cartridge (*oder* can *oder* slug) detection equipment (*oder* gear *oder* system), can failure detection equipment;

Brennelementschadenserfassung, Hüllenüberwachung, Hülsenüberwachung(sanlage)	*Am. FFTF:* fuel failure monitoring system; failed fuel (element) detection (system)
Hülsenüberwachungsgerät *n*	*Am.* failed fuel element locator
HV-Schraube *f*	hex head bolt with large wide-across flats for steel structures, high-tensile, heat-treated
Hydraulik *f*	hydraulics; hydraulic units
Hydraulikabsperrschieber *m*	hydraulically operated isolating (*oder* isolation *oder* shut-off gate) valve
Hydraulikspeicher *m*	hydraulic accumulator
Hydraulikspeicherfüllpumpe *f*	hydraulic accumulator charging pump
hydraulische Instabilität *f*	hydraulic instability
hydraulische Niederhalterung *f* *(SNR 300)*	hydraulic hold-down (system)
Hydrazinzugabe *f (zum Kühlwasser)* SYN. **Hydrazinimpfung**	hydrazine addition (*oder* injection)
Hydridausscheidung *f*	hydride separation
hydrierende Kohlevergasung *f* *(mit Prozeßwärmereaktor)*	hydrating coal gasification
Hydrierung *f*, **lokale, von Zircaloyhüllrohren**	local hydriding of Zircaloy clad(ding) tubes
Hydrolyse *f*	hydrolysis
hydrostatisches Natriumlager *n* *(SNR-300-Natriumumwälzpumpe)*	hydrostatic sodium bearing
Hygrometer *n*	hygrometer

I

Impulsbereich *m* *(Neutronenflußmessung)* SYN. **Anfahrbereich, Quellbereich**	source *oder* start-up range
Impulsfrequenzmeter *n*	pulse rate meter
Impulsmeßkanal *m* SYN. **Impulskanal**	source range measuring channel

Impulsübertragung *f* *(kinet. Gastheorie)*	pulse transfer
inaktiv SYN. nicht radioaktiv	inactive; non-(radio)active
inaktives Labor *n* SYN. kaltes Labor	inactive laboratory, cold laboratory
Inaktivsammeltank *m (SWR)*	non-active *oder* inactive drains hold-up tank
Inbetriebnahme-Nulleistungsprüfung *f*	start-up zero power test
Inbetriebnahmeprüfung *f*	commissioning test; initial start-up test
Inconelbüchse *f (SNR 300)*	Inconel bush
Incoremeßleitung *f*	in-core instrument(ation) lead
Indikator *m* SYN. Tracer	tracer
isotoper ~	isotopic tracer
radioaktiver ~	radioactive tracer
induzierte Radioaktivität *f*	induced radioactivity
Inertisierung *f (mit Argon) (SNR 300)*	inert-gas blanketing; inerting
Inertisierungssystem *n (SNR 300)*	inerting *oder* inert-gas blanketing system
Ingestion *f*	ingestion
inhärent sicher	inherently safe
inhärent stabil *(DWR)*	inherently stable
inhärente Sicherheit *f (Reaktor)*	inherent safety
inhärente Sicherheitseigenschaften *fpl*	inherent safety features (*oder* characteristics)
Inhalationsdosis *f* *(Strahlenschutz)*	inhalation dose
Inhour-Gleichung *f*	inhour equation
inkompressible Strömung *f*	incompressible flow
Innenkerninstrumentierung *f* *(DWR)* SYN. Kerninneninstrumentierung (SWR)	in-core instrumentation
Deckeldurchführung *f*	closure head penetration
Einführtrichter *m* am RDB-Deckel	instrumentation threading port on reactor vessel closure head inside
Instrumentierungslanze *f*	instrumentation lance

Kabelbrücke *f* mit Steckerplatten	cable bridge with plug connector plates
Innenstahlverkleidung *f* *(inneres SNR-300-Containment)*	steel liner
innerhalb von . . . Sekunden nach Auftreten der Störung (*oder* des Schadens) (*oder* nach Schadenseintritt)	within . . . seconds of the fault occurring
Inspektion *f* *(SFK)*	inspection
~ mit gelegentlicher Kontrolle	intermittent inspection
~ mit kontinuierlicher Kontrolle	continuous inspection
~ mit quasi-kontinuierlicher Kontrolle	continued inspection
Inspektionsbereich *m* *(SFK)*	bonded area
Inspektionsintervall *n*	interval between inspections
Inspektionsschacht *m* *(für SNR-300-Innenbesichtigung)*	inspection well
Inspektionsstutzen *m* *(FGR)*	inspection nozzle
Inspektionswagen *m* *(SNR 300)*	inspection trolley (*oder* car)
instabil	unstable
Instabilität *f*	instability
axiale ~	axial instability
azimutale ~	azimuthal instability
radiale ~	radial instability
instationär	transient; non-steady-state
instationärer Betriebszustand *m*	transient operating condition; operating *oder* operational transient
Instrumentenstutzen *m* *(FGR)*	instrument(ation) nozzle
Instrumentierung *f*	instrumentation
Außen ~ *(DWR)*	out-of-pile instrumentation
Innenkern ~ *(DWR)*	in-core instrumentation
kerntechnische ~	nuclear instrumentation
Instrumentierungseinsatz *m* *(SNR 300)*	instrumentation insert

Instrumentierungsplatte *f* *(SNR 300)*	instrumentation plate
integrierte Bauweise *f* *(HTR + Gasturbine)*	(fully) integrated concept (*oder* layout)
integrierte Bauweise *f* des Primärteils *(HTR)*	integrated type of primary system construction
Intensitätsschwächung *f* *(Neutronenstrahlen)*	intensity attenuation
Internationale Strahlenschutzkommission *f*, ICRP	International Commission on Radiological Protection, ICRP
interne Axialpumpe *f* *(SWR)* SYN. interne Reaktorumwälzpumpe	(reactor) internal axial-flow pump; reactor internal pump, RIP; internal impeller pump
Dichtungsgehäuse *n*	seal housing
Drehstrom-Asynchronmotor *m*	three-phase asynchronous (*oder* induction) motor
Einlaufrohr *n*	inlet tube (*oder* nozzle)
frequenzgeregelter Stromrichtermotor *m*	frequency-controlled thyristor motor
Gleitringdichtung *f*	mechanical seal; floating-ring seal
hydrodynamische ~	hydrodynamic mechanical seal
hydrostatische berührungsfreie Dichtung *f*	hydrostatic non-contact seal
hydrostatisches Radiallager *n*	hydrostatic radial bearing
Keilnabe *f*	spline bushing
Kippsegmentlager *n*	tilting-pad bearing
Lagerdruckwassersystem *n*	bearing (pressurized) water system
Lagertragrohr *n*	bearing support tube
Pumpenstutzen *m*	pump nozzle
Sperrwassersystem *n*	seal water system
statischer Umformer *m*	static converter
thyristorgesteuerte Frequenzregelung *f*	thyristor-controlled frequency regulation
Thyristorumformer *m*	thyristor converter
Wärmesperre *f*	thermal barrier
Wärmesperreflansch *m*	thermal barrier flange
Wasserlager *n*	water-lubricated bearing

interne Dampf-Wasser-Separation *f (SWR)*	internal steam separation
interne Reaktorumwälzpumpe *f (AEG-SWR)* SYN. interne Axialpumpe	reactor internal (recirculation) pump, RIP; internal impeller pump pump
Inventar *n (SFK)*	inventory
Inventar *n* **an Spaltprodukten im Kern**	fission product inventory in the core; in-core fission product inventory
Inversionswetterlage *f*	atmospheric inversion condition
Ion *n*	ion
ionale Verunreinigungen *fpl (im DWR-Kühlmittel)* SYN. ionogene Verunreinigungen	ionic impurities; ion contamination
Ionenaustausch *m*	ion exchange
Ionenaustauscher *m* SYN. Ionentauscher	ion exchanger; demineralizer
Ionenaustauscherabschlämmung *f*	spent ion exchange(r) resin slurry
Ionendosis *f*	ion dose
Ionendosisleistung *f*	ion dose rate
Ionentauscher *m* SYN. Ionenaustauscher	ion exchanger; demineralizer
~ für Borentfernung *(DWR)*	deborating demineralizer
Ionentauscherabrieb *m*	ion exchange resin fines
Ionentauscherdedeuterierprozeß *m (Schwerwasserreaktor)*	ion exchanger dedeuterization process
Ionentauscherharzbehälter *m* SYN. Harzabfallbehälter	spent (ion exchanger) resin tank
Ionenzahldichte *f*	ion number density
Ionenzerstäuberpumpe *f (SNR-300-Wasserstoffnachweis)*	ion sputtering pump
Ionisation *f*	ionization
lineare ~	linear ionization
totale ~	total ionization
Ionisationskammer *f (Meßgerät)*	ion(ization) chamber
Ionisierungsenergie *f (MHD-Gas)*	ionizing energy

ionogene Verunreinigungen *fpl* *(im DWR-Kühlmittel)* SYN. ionale Verunreinigungen	ionic impurities
Isobare *f (Wärmeprozeß)*	isobar; isobaric line
Isobarenausbeute *f*	chain fission yield
Isodose *f* SYN. Isodosenfläche, Isodosenkurve	isodose
Isolationsabschluß *m (SWR-SB)*	isolation containment
Isolationsschuh *m (FGR-BE)*	insulating pellet
Isolationsventil *n (AEG-SWR)* SYN. Absperrventil	isolating *oder* isolation valve
Isolierrohr *n* *(gasgek. Schwerwasserreaktor)*	barrier tube
Isolierung *f*	insulation
verkleidete ~ *(Rohrleitungen)*	jacketed insulation
Isotop *n*	isotope
filterbares ~	filtratable isotope
kurzlebiges ~	short-lived isotope
radioaktives Krypton ~	radioactive krypton isotope
radioaktives Xenon ~	radioactive xenon isotope
spaltbares ~	fissile *oder* fissionable isotope
stabiles ~	stable isotope
Isotopenhäufigkeit *f*	isotopic abundance
natürliche ~	natural abundance
Isotopenhäufigkeitsverhältnis *n*	abundance ratio
Isotopenindikator *m* SYN. Isotopentracer	isotopic tracer
Isotopentrennanlage *f*	isotope separation plant
Isotopentrennung *f*	isotope separation
Isotopenzusammensetzung *f*	isotopic composition
isotrop beschichtete Partikel *f* *(HTR-BE)*	isotropically coated particle
Isotrope *f (Wärmeprozeß)*	isotropic line
isotrope Beschichtung *f* *(HTR BE)*	isotropic coating

J

Jahresdurchsatz *m (SFK)*	annual throughput
Jod *n*, J	iodine, J
Radio ~	radioactive iodine
Jod-Aktivkohlefilter *n, m*	activated-charcoal iodine filter
Jodfilter *n, m*	iodine filter
Joule-Prozeß *m*	Joule cycle

K

Kabelaufrollkapsel *f (SWR)*	cable reel capsule (*oder* enclosure)
Kabeldurchführungselement *n (SWR-SB)*	cable penetration unit; cable penetrator
Kabelschleppeinrichtung *f (SNR-300-Drehdeckel)*	cable trailing device
käfigloses Kugellager *n (Kugelhaufen-HTR)*	cageless ball bearing
Kälteanlage *f (Schwerwasser-DWR)*	refrigeration plant
Kälteanlage-Freon-12-Umwälzpumpe *f (HTR Peach Bottom)*	refrigerating system Freon-12 circulating pump
Kälteanlagenölabscheider *m (HTR Peach Bottom)*	refrigerating system oil separator
Kältekammer *f*	refrigeration chamber
Kältemittel *n*	refrigerant
Kältemittelkreislauf *m*	refrigerant loop (*oder* circuit *oder* system)
Kalandriagefäß *n (Schwerwasserreaktor)* SYN. Moderatorbehälter	calandria (vessel)
Kaliumchromat *n (Korrosionsschutzmittel)*	potassium chromate
kalt	*Reaktorzustand:* cold; *nicht radioaktiv:* cold
kalter Sammler *m (gasgek. Schwerwasserreaktor)*	cold header

kalter Strang *m* *(DWR-Kühlkreislauf)* ANT. heißer Strang	cold leg
kalte Zwischenüberhitzerschiene *f (Kugelhaufen-HTR)*	cold reheat header
Kaltfalle *f*	cold trap
Kaltgasdurchführung *f* *(Kugelhaufen-HTR)*	cold-gas penetration
Kaltgasmeßstelle *f (HTR)*	cold-gas measuring point
Kaltgasraum *m (FGR)*	cold-gas plenum
Kaltgassammler *m*	cold-gas header
Kaltgastemperatur *f* *(gasgek. Reaktor)*	cold-gas temperature
Kaltgastemperaturregelung *f*	cold-gas temperature control
Kaltschock *m* *(Na-gek. schneller Reaktor)*	cold shock
kalt unterkritisch *(Reaktorzustand)*	cold subcritical
Kaltverfestigung *f (Werkstoff)*	strain (work) hardening
Kaltverformung *f (Werkstoff)*	cold forming
Kaltwasseranlage *f (SNR 300)*	chilled-water plant (*oder* system)
Kaltwasserdruckprobe *f*	cold-water hydrostatic test; cold hydro test
Kaltwassereinspeisung *f* *(in DWR-Dampferz.)*	cold water injection
Kaltwasserpumpe *f* *(SNR-300-Kaltwasseranlage)*	chilled-water pump
Kaltwasserschock *m*	cold-water shock
Kaltwasserumwälzpumpe *f*	chilled-water circulating pump
Kanal *m* *(Neutronenflußmessung)*	channel
Impuls ~	pulse channel
linearer ~	linear channel
logarithmischer ~	log(arithmic) channel
Kanaltor *n*, Kanaltür *f (SWR)*	refuel(l)ing slot gate
Kanalverstopfung *f (FGR)*	channel blockage
Kapillare *f* *(D_2O-Destillationskolonne)*	(re)distributor

karbidische Partikel *f (HTR-Brennstoff)*	carbidic particle
Kassettenlager *n (SNR-300-Lagertank)*	rotating-drum store
Kastengreifer *m (SWR-Elementkastenabstreifmaschine)*	box grab (*oder* grapple *oder* gripper)
katalytische Rekombinationsanlage *f (Abgasaufbereitung)*, katalytische Verbrennungsanlage *f*	catalytic recombiner
Katastrophenfall *m*, äußerster SYN. Auslegungsunfall *oder* -störfall, größter anzunehmender Unfall, GaU, GAU	maximum credible accident, MCA; design basis accident, DBA
Kavernenbauweise *f (KKW)*	underground *oder* cavern construction
Kavität *f*	cavity
Kugel ~	spherical cavity
Zylinder ~	cylindrical cavity
Keramik-Metall-Gemisch *n* SYN. Cermet, Kermet	cer(a)met
keramisch moderierter Reaktor *m*	ceramic material moderated reactor
keramische UO_2-Tablette *f*	ceramic UO_2 pellet
keramischer Brennstoff *m*	ceramic fuel
keramischer Reaktor *m*	ceramic reactor
keramisches Urandioxid *n*	ceramic uranium dioxide
Kerma *n*	kerma = kinetic energy released in material
Kermarate *f*	kerma rate
Kermet-Brennstoff *m* SYN. Cermet-Brennstoff	cermet fuel
Kern *m* = Reaktorkern, Core	(reactor) core
abgebrannter ~	burnt-up core
Anfangs ~ SYN. Erst ~	initial *oder* first core
Einzonen ~	single-region core
Erst ~ SYN. Anfangs ~	first *oder* initial core
Gleichgewichts ~	equilibrium core
Mehrzonen ~	multiregion core

offener ~ *(DWR)*	open lattice core
Kernabbrand *m,* mittlerer	average core burn-up
Kernanordnung *f*	core configuration
Kernaufbau *m (SNR 300)*	core structure
Kernauslegung *f*	core design
strömungstechnische ~	hydraulic core design
thermisch-hydraulische ~	thermohydraulic core design
wärme- und strömungstechnische ~	thermohydraulic core design
Kernaußenmessung *f* des Neutronenflusses	out-of-core neutron flux measurement; out-of-core flux instrumentation; ex-core flux detectors
Kernaustrittstemperatur *f*	core outlet temperature
Kernbauteil *n*	core component
Kernbeladen *n*	core loading
Kernbrennstoff *m*	nuclear fuel
angereicherter ~	enriched nuclear fuel
Kernbrennstoffkarbid *n*	nuclear fuel carbide
Kernbrennstofftablette *f*	nuclear fuel pellet
Kerndruckverlust *m (SNR 300)*	core pressure loss
Kerndurchmesser *m*	core diameter
Kerneinsatz *m*	core charge (*oder* inventory)
Kerneinsatzteil *n (FGR)*	core internal part; *pl.* core internals
Kernenergie *f*	nuclear energy
Kernflutanlage *f (SWR)*	core (re)flooding system
Kernflutpumpe *f*	core (re)flooding pump
Kernflutstrang *m*	core flooding train
Kernflutsystem *n*	core (re)flooding system; core deluge system
Kernflutung *f*	core flooding (*oder* deluge)
Kernführungszylinder *m (FGR)*	restraint structure barrel
Kernfusion *f*	nuclear fusion
Kernfusionsreaktion *f*	nuclear fusion reaction
Kerngerüst *n (DWR)*	core structure
Abstellring *m*	upper/lower internals storage ring

Führungseinsatz *m*	control rod guide structure
Führungsgerüst *n*	upper core internals
Hebegeschirr *n* für Führungsgerüst	upper internals lifting rig
Hebetraverse *f* für Ausbau Kernbehälter und Führungsgerüst	core barrel and guide structure lifting beam
oberes ~	upper core structure
Stützschemel *m*	core support structure
Werkzeug *n* für Ausbau Führungseinsatz unter Wasser	control rod guide structure underwater removal tool
Kernhalterung *f (SNR 300)*	core restraint
Kernhöhe *f*, aktive	active core height
Kerninneninstrumentierung *f (SWR)*	in-core instrumentation
Kerninnenmessung *f*	in-core instrumentation
~ des Neutronenflusses	in-core neutron flux measurement; in-core neutron flux instrumentation; in-core flux detectors
kerninnere Überwachung *f (SWR Mühleberg)*	in-core monitoring (system)
kerninnerer Detektor *m (SWR Mühleberg)*	in-core detector (*oder* sensor)
kerninneres Neutronenflußmeßsystem *n (SWR Mühleberg)*	in-core (neutron) flux monitoring system
Kerninstrumentierung *f*	(in-)core instrumentation (system)
Kerninstrumentierungssonde *f (DWR)*	in-core instrumentation detector (*oder* sensor)
Kernisolationskühlsystem *n (SWR Mühleberg)* SYN. Hochdrucknoteinspeisesystem	isolation cooling system; high-pressure coolant injection system; HPCI system
Kernkettenreaktion *f*	nuclear chain reaction
Kernkonfiguration *f*	core configuration
Kernkraftwerk *n*, KKW	nuclear power station (*oder Am.* plant)
Hochtemperatur ~	high-temperature nuclear power station
Zweizweck ~	dual-purpose nuclear power station

Kernladung *f*	nuclear charge
Kernladungszahl *f*	atomic *oder* charge *oder* proton number
Kernleistungsdichte *f*	core power density
Kernmasse *f (Atomkern)*	mass of the nucleus
Kernmaterial *n (SFK)*	nuclear material
Kernmaterialüberwachung *f (SFK)*	nuclear material safeguards system
Kernnotkühlpumpe *f* SYN. Kernsprühpumpe *(SWR)*	core spray pump
Kernnotkühlsystem *n (LWR)*	emergency core cooling system
Kernnotkühlung *f*	emergency core cooling
Kernnot- und Nachkühlsystem *n (DWR)*	emergency core cooling (*oder* spray) and residual heat removal system
Kernoktant *m (SWR)*	core octant
Kernphysik *f*	nuclear physics
angewandte ~	nucleonics
Kernreaktion *f*	nuclear reaction
Kernreaktor *m*, Kernreaktoranlage *f (SFK)*	nuclear reactor
Kernreflektor *m*	core reflector
Kernreisezeit *f*	core cycle
Kernschmelzen *n*	core meltdown
Kernspaltung *f*	nuclear fission
Kernsprühanlage *f* SYN. Kernsprühsystem	core spray system
Kernsprühkranz *m (SWR)*	core spray ring
Kernsprühpumpe *f*	core spray pump
Kernsprühsaugleitung *f (SWR)*	core spray suction line
Kernsprühsystem *n* SYN. Kernsprühanlage	core spray system
Kernsprühwärmetauscher *m (SWR Gundremmingen)*	core spray heat exchanger
Kernstabilität *f (SNR 300)*	core stability
Kerntechnik *f*	nuclear engineering (*oder* technology)

kerntechnische Anlage *f (SFK)*	nuclear facility
kerntechnische Forschungs- und Entwicklungsanlage *f (SFK)*	nuclear research and development facility
Kerntrageplatte *f (FGR)*	support plate disc
Kerntragewerk *n (FGR)*	core support structure
Kerntragkonstruktion *f (DWR)*	core support structure
Kerntragplatte *f*	*HTR Geesthacht:* core support floor (*oder* plate); *DWR:* core support plate
obere ~ *(DWR)*	upper core support plate
untere ~ *(DWR)*	lower core support plate
Kernüberwachungsinstrumentierung *f*	core monitoring instrumentation
Kernumfassung *f (DWR)*	core baffle
Kernummantelung *f (SNR 300)*	core shroud; core barrel (*FFTF*)
Kernverband *m (SNR 300)*	composite core structure
Kernvergiftungssystem *n (SWR)*	standby liquid control system
Kernwaffentauglichkeit *f (SFK)*	weapon accessibility
Kernwasserbedeckung *f (LWR)*	core water cover(ing)
Kernwechselvorgang *m (SNR 300)*	core recharge (*oder* refuelling *oder* reloading) operation
Kernzelle *f (SWR)*	core cell
Kernzubehör *n*	core components
Kessellaugenentspanner *m (DWR)*	steam generator blowdown flash tank
Kesselposition *f (BE)*	reactor fuel grid position
Kettenreaktion *f*	chain reaction
divergente ~	divergent reaction
konvergente ~	convergent reaction
sich selbst erhaltende ~	self-sustaining chain reaction
kinetische Energie *f*	kinetic energy
kinetische Gastheorie *f*	kinetic theory of gases
Kippvorrichtung *f (DWR-BE-Transport)* SYN. Aufstellvorrichtung, Schwenkvorrichtung	tilting device; lifting *oder* upending frame (assembly)
Klappengehäuse *n (Gas- oder Luftklappe)*	damper casing

Klappenscheibe *f*	flap(per)
Klarsichtigkeit *f* *(BE-Beckenwasser)*	transparency
Klemmen *n* *(von Steuerstäben)*	jamming
Klinkenschrittheber *m* *(DWR-Steuerstabantrieb)*	magnetic jack (type CRDM)
Knallgasüberwachung *f*	oxyhydrogen gas monitoring
Knochendosis *f* *(biol. Strahlenschutz)*	bone dose
zulässige ~	bone tolerance dose
Knochensucher *m* *(biol. Strahlenschutz)*	bone seeker
Koadsorption *f*	coadsorption
Körperbelastung *f* *(Strahlenschutz)*	body burden
Kohleabriebpartikel *f* *(von Aktivkohlefilter)*	abraded coal particle
Kohlenstoff *m*, C	carbon, C
Kohlenstoffabscheidung *f* *(in HTR-Dampferz.)*	carbon separation; carburization
Kohlenstoffdonator *m*	carbon donor
Kohlenstoffalle *f* *(SNR-300-Na-Reinigung)*	carbon trap
Kohlesteineinbauten *mpl* *(Kugelhaufen-HTR)*	carbon internals
Kohlesteinreflektor *m*, radialer *(Kugelhaufen-HTR)*	radial carbon reflector
Kohlevergasung *f* *(mit Prozeßwärmereaktor)*	coal gasification
Koinzidenzschaltung *f* *(Reaktorregelung)*	coincidence circuit
Kollabierschaden *m* *(an LWR-BE ohne Vorinnendruck)*	fuel (rod) flattening; collapsed-fuel damage; collapsed cladding
Kollektron *n* SYN. sich selbst mit Energie versorgender Neutronendetektor	collectron; self-powered neutron detector
Kolonnenkopf *m* *(D_2O-Rektifizierkolonne)*	column top

Kompensation *f* der Kühlgasverluste *(HTR)*	coolant gas loss make-up; make-up for coolant gas losses
Kompensierung *f* des Xenongipfels *(LWR)*	xenon (activity) override
Komplexbildner *m* *(Dekontaminationsmittel)*	complexing agent
Komponentenkühler *m* *(SNR 300)*	component cooling heat exchanger
Komponentenkühlkreislauf *m* *(SNR 300)*	component cooling loop
Komponentenkühlpumpe *f* *(SNR 300)*	component cooling pump
Komponentenkühlsystem *n* *(DWR)* SYN. nuklearer Zwischenkühlkreislauf	component cooling system
Komponentenwaschzelle *f* *(SNR 300)*	component wash cell
Kompressorstation *f* *(HTR-Reingasanlage)*	compressor station
Kondensataufbereitung *f*	condensate clean-up (*oder* polishing *oder* purification) (plant *oder* system)
Kondensationsbecken *n* *(SWR-Druckabbausystem)*	(pressure) suppression pool
Kondensationsbeckenwasser *n*	(pressure) suppression pool water
Kondensationskammer *f* *(SWR-Druckabbausystem)*	(pressure) suppression chamber
torusförmige ~	toroidal suppression chamber; torus
Kondensationskammerentwässerungsleitung *f*	(pressure) suppression chamber drain line
Kondensationskammerkühlsystem *n* *(SWR)*	(pressure) suppression chamber (*oder* pool) cooling system
Kondensationskammerkühlung *f* *(SWR)*	suppression pool cooling (system)
Kondensationskammersprühsystem *n* *(SWR)*	suppression chamber (*oder* pool) spray system
Kondensationskern *m*	condensation nucleus; nucleus of condensation

Kondensationsrohr *n* SYN. Überströmrohr *(Druckabbausystem)*	vent pipe; pressure suppression vent
Kondensationsrohrsystem *n*	vent pipe system
Kondensationswasserbecken *n* SYN. Kondensationsbecken	pressure suppression pool
Kondensationswasserfilter *n, m* *(SWR-Druckabbausystem)*	(pressure) suppression pool water filter
Kondensationswasserkühler *m* *(SWR-Druckabbausystem)*	(pressure) suppression pool water heat exchanger
Kondensator *m* *(DWR-Abwasserverdampfer)*	evaporator overhead condenser
Kondensatreinigungsanlage *f* *(SWR)*	condensate demineralizer system
Hochgeschwindigkeits-~	high-speed condensate demineralizer system
Kondensatsammelbehälter *m*	condensate collection tank
Kondensatspeisebehälter *m* SYN. Kondensatvorratsbehälter *(SWR)*	condensate storage tank
Kondensatumwälzpumpe *f* *(SWR)*	condensate circulating pump
Kondensatvorratsbehälter *m* SYN. Kondensatspeise behälter	condensate storage tank
Kondensfalle *f* für BE-Spülstrom *(HTR Peach Bottom)*	fuel element purge condensibles trap
Konfigurationssteuerung *f* *(Reaktor)*	configuration control
konische Tragschürze *f* *(SNR 300)*	conical support skirt
kontaktlos schaltend *(Sicherheitssystem)*	statically switching
Kontamination *f*	contamination
~ der Luft	airborne contamination
Oberflächen ~	surface contamination
radioaktive ~	radioactive contamination
Kontaminationsmonitor *m* *(FGR)*	contamination monitor

kontaminierende Substanz *f*, kontaminierender radioaktiver Stoff *m*	(radioactive) contaminant
Kontrollabkommen *n (SFK)*	safeguards agreement
Kontrollbehälter *m (DWR-Abfallaufbereitung)*	monitor tank
Kontrollbehälterumwälzpumpe *f*	monitor tank drain pump
Kontrollbereich *m*	controlled *oder* exclusion area
~ mit der Wahrscheinlichkeit erhöhter Kontamination	controlled area of increased contamination probability
kontrollierter Bereich *m (FGR)*	controlled area
Kontrollposten *m (am Eingang z. Kontrollber.)*	checkpoint
Konvektion *f*	convection
freie ~	free convection
Konvektionsbarriere *f (SNR 300)*	convection barrier
Konvektionskühler *m (SNR-300-Na-Pumpenölsystem)*	convection *oder* convective cooler
konventionelle Zwischenkühlkreispumpe *f*	intermediate cooling loop pump; conventional closed cooling loop pump
konventioneller Zwischenkühler *m (DWR)*	intermediate cooler; conventional closed cooling loop heat exchanger
konventioneller Zwischenkühlkreis(lauf) *m (LWR)*	intermediate cooling loop; conventional closed cooling loop (*oder* system)
Konversion *f (Kernumwandlung)*	conversion
Konversionsanlage *f (SFK)*	conversion plant
Konversionsfaktor *m*	conversion factor
Konversionsrate *f*	conversion rate
Konversionsverhältnis *n*	conversion ratio
anfängliches ~	initial conversion ratio
relatives ~	relative conversion ratio
Konversionszyklus *m*	conversion cycle
Konverter *m*, Konverterreaktor *m*	converter (reactor)

thermischer ~ (reaktor)	thermal converter (reactor)
Thorium ~ (reaktor)	thorium converter (reactor)
Konzentrat *n*	concentrate
Verdampfer ~ *(Abwasseraufbereitung)*	evaporator concentrate (*oder* bottoms)
Konzentrat verfestigen	to solidify concentrate
Konzentrataufbereitung *f*	(evaporator) concentrate processing (*oder* treatment) (plant)
Konzentrataufbereitungsanlage *f*	(evaporator) concentrate processing (*oder* treatment) plant (*oder* train)
Konzentratauffangbehälter *m* *(HTR Peach Bottom)*	evaporator blowdown receiver tank
Konzentratbehälter *m* SYN. Schlammbehälter	evaporator bottoms storage tank
Konzentratbunker *m* *(SWR-Konzentrataufber.)*	concentrate vault
Konzentration *f*	concentration
Abwässer ~	liquid waste concentration
maximal zulässige ~, MZK (der Aktivitäten) *(Strahlenschutz)*	maximum permissible concentration, MPC (of activities)
radioaktive ~	radioactive concentration
Konzentrationsfaktor *m*, biologischer	biological concentration factor
Konzentrationsverhältnis *n*	distribution ratio; partitition coefficient
Konzentrationswert *m*, höchstzulässiger *(Strahlenschutz)*	maximum permissible concentration value
Konzentratlager *n (SWR)*	concentrated waste store
Konzentratlagerbehälter *m*	(evaporator) concentrate storage tank
Konzentratsammelbehälter *m* *(SWR)*	concentrate hold-up tank
Konzentratspeicherbehälter *m*	concentrate storage tank; concentrates holding tank
konzentrierte Borlösung *f*	concentrated boric acid solution
konzentrische Doppelrohrleitung *f (HTR)*	concentric (double) pipe

konzentrische Rohre *npl* *(HTR Peach Bottom)*	concentric pipes
Kopfkreislauf *m* *(D_2O-Rektifizierkolonne)*	head loop
Kopfstück *n* *(BE-Umsetzmaschine)*	head piece
Korbbogenboden *m* *(Druckbehälter)*	elliptical *oder* hemiellipsoidal head
Korngrenze *f*	grain boundary
Korngrenzendiffusion *f*	grain boundary diffusion
Kornwachstum *n (Metall)*	grain growth
Korrosionsangriff *m*	corrosion *oder* corrosive attack
korrosionsbeständiger Chromnickelstahl *m*	corrosion-resistant chrome-nickel steel
Korrosionsprodukt *n*	corrosion product
Korrosionsproduktablagerungen *fpl (auf Reaktorinnenteilen)*	crud (deposits)
Korrosionsrate *f*, thermische	thermal corrosion rate
korrosionsresistent SYN. korrosionsbeständig	corrosion-resistant
Korrosionsschutzauskleidung *f*	corrosion protection lining; anti-corrosion cladding
Kosteneffektivität *f (SFK)*	cost-effectiveness of a safeguards system
Kraftwerkhilfsanlagengebäude *n*	service(s) building
Kraftwerksgrundstücksgrenze *f*	plant property line; plant site boundary
Kraftwerksinbetriebnahme *f*	power station commissioning
Kraftwerksregelung *f*	power station control (system)
Kraftwerksumgebung *f*	power station environment (*oder* environs)
Kranluke *f (Reaktorgebäude)*	crane hatch
Kreislauf *m*	loop; reactor loop; *Brit.* circuit
Brennstoff ~	fuel cycle
Direkt ~, direkter ~ *(SWR)*	direct cycle
geschlossener ~	closed circuit (*oder* loop *oder* cycle)
indirekter ~	indirect cycle

Kühlmittel ~	coolant loop (*oder* circuit)
Kreislaufaktivierung *f*	loop activation
Kreislaufentwässerungsleitung *f*	loop drain line
Kreislauffülleitung *f*	loop fill line
Kreislaufspülung *f*	*gasgek. Reaktor:* loop purging; *Wasserreaktor:* loop flushing
Kreislaufzelle *f* *(SNR-300-Reaktorgebäude)*	loop cell (*oder* compartment)
kreuzförmiger Absorber *m* *(SWR)*	cruciform absorber
Kreuzgegenstrom *m*	cross-counterflow
im ~ geschaltet *(FGR-Dampferzeugerheizfläche)*	arranged in cross-counterflow
Kriechen *n (Werkstoff)*	creep
primäres ~	initial *oder* primary creep
sekundäres ~	secondary *oder* second-stage creep
tertiäres ~	tertiary *oder* third-stage creep
Kriechverformungsweg *m*	creep deformation path
Kriechverhalten *n (Graphit)*	creep behaviour
Kristallgitter *n*	crystal lattice
Kristallstruktur *f*	crystal structure
Kritikalität *f* SYN. Kritizität	criticality
erste ~	first *oder* initial criticality
Kritikalitätssicherheit *f*	criticality safety
kritisch	critical
prompt ~	prompt critical
verzögert ~	delayed critical
kritisch machen *(Reaktor)*	to make a reactor critical; to bring a reactor to criticality
kritische Anlage *f (SFK)*	critical facility
kritische Anordnung *f*	critical assembly
kritische Gleichung *f*	critical equation
kritische Größe *f*	critical size
kritische Masse *f*	critical mass

kritische Wärmestromdichte *f* SYN. kritische Heizflächenbelastung, KHB	critical heat flux
kritischer Pfad *m* *(Netzwerkplanung)*	critical path
kritischer Zustand *m* SYN. Kritikalität, Kritizität	critical condition; criticality
kritisches Experiment *n*	critical experiment
Kritizität *f* SYN. Kritikalität	criticality
Krümmungsfaktor *m*	buckling factor
geometrischer ~	geometrical buckling factor
materieller ~	material buckling factor
Krustenbildung *f*	incrustation
Kryogenerator *m* *(HTR-Gasreinigungsanlage)*	cryogenerator
Krypton *n*, Kr	krypton, Kr
Kr-85-Transportbehälter *m* *(HTR Peach Bottom)*	Kr-85 shipping container
Kr-85-Zwischenspeicherbehälter *m*	Kr-85 hold-up tank
Kühler *m*	cooler; heat exchanger
~ des Reaktorwasserreinigungssystems SYN. Primärreinigungskühler *(SWR)*	clean-up system heat exchanger
~ für BE-Lagerbeckenwasser SYN. BE-Lagerbeckenkühler *(SWR)*	fuel storage pool heat exchanger
~ für die Reinigungsrate *(Schwerwasserreaktor)*	purification rate cooler
Kühlfalle *f*	cold trap; cooling trap
Kühlgas *n* *(gasgekühlter Reaktor)*	coolant gas
aktives ~	active coolant gas
Kühlgasaktivität *f*	coolant gas activity
Kühlgasaufheizung *f*	coolant gas heat-up
Kühlgasauslaßöffnung *f* *(FGR-BE)*	gas outlet port
Kühlgasdurchsatz *m*	coolant gas flow rate

kühlgasführende Nebenanlage *f (HTR)*	coolant-gas-carrying ancillary system
Kühlgasgebläse *n*	coolant gas circulator (*oder* blower)
integriertes ~	integrated coolant gas circulator
Kühlgaskanal *m (im Reaktor)*	coolant gas channel
Kühlgaskreislauf *m*	coolant gas circuit (*oder* loop)
Kühlgasmassenstrom *m*	coolant gas mass flow
Kühlgasstagnation *f (FGR)*	coolant gas stagnation
Kühlgasstrom *m*	coolant gas stream
Kühlgasüberwachung *f (FGR)*	coolant gas monitoring
Kühlgasverunreinigungen *fpl*	coolant gas impurities
Kühlgebläsesperrgas *n (Kugelhaufen-HTR)*	coolant circulator (*oder* blower) seal gas
Kühlkanal *m (in Reaktor)*	coolant channel (*oder* tube)
Kühlkanalaustritt *m*	coolant channel outlet
Kühlkanalblockade *f*, lokale	local coolant channel blockage
Kühlkanalgeometrie *f*	coolant channel geometry
Kühlkanalkopf *m*	coolant channel closure (*oder* plug) unit
Kühlkanalposition *f*	coolant channel position
Kühlkanalverschluß *m*	coolant channel (end) closure; coolant tube end closure; closure plug
Kühlkreis *m* SYN. Kühlmittelkreislauf	coolant loop (*oder* circuit)
~ der Spaltzone, Kernkühlkreis	core coolant loop
Sekundär ~	secondary coolant loop (*oder* circuit)
Zwischen ~	intermediate coolant circuit
Kühlkreislaufaktivität *f*	coolant loop (*oder* circuit) activity
Kühlluftschacht *m (DWR-DB)*	air cooling duct (for control rod drive mechanisms)
Kühlmantel *m*	cooling jacket
Kühlmittel *n*	coolant
Primär ~	primary coolant
Sekundär ~	secondary coolant
Kühlmittelaufbereitung *f (DWR)* und -lagerung *f*	coolant treatment (plant) and storage (system)

Kühlmittelaufbereitungsanlage *f (DWR)*	coolant treatment system
Borsäuremeßpumpe *f*	boric-acid metering pump
Entgaseranlage *f*	gas stripper plant
Entgaserheizkörper *m*	gas stripper heating element
Entgaserkolonne *f*	gas stripper column
Gaskühler *m* **für Entgaser**	gas-stripper gas cooler
Kondensatpumpe *f*	condensate pump
Rücklaufkondensator *m*	reflux condenser
Verdampferanlage *f*	evaporator plant
Verdampferkolonne *f*	evaporator column
Verdampferspeisepumpe *f*	evaporator feed pump
Waschkolonne *f*	washing column
Zusatzwasservorwärmer *m*	make-up water preheater
Kühlmittelaufheizung *f*	coolant heat-up
Kühlmittelaußendruck *m (außerh. LWR-Brennst.)*	external coolant pressure
Kühlmittelaustausch *m*	coolant change
Kühlmittelbypass-Strömung *f*	coolant bypass flow
Kühlmittelbypass-Strom *m (SNR 300)*	coolant bypass flow
Kühlmitteldichte *f*	coolant density
Kühlmitteldichtekoeffizient *m*	coolant density coefficient
Kühlmitteldichteverminderung *f*	coolant density reduction
Kühlmitteldruckregelung *f (DWR-Leistungsregelung)*	coolant pressure control loop
Kühlmitteldrucksignal *n*	coolant pressure signal
Kühlmitteldurchsatz *m*	coolant flow rate
~ durch den Kern	core coolant flow (rate); coolant flow through the core
Kühlmittelentgaser *m (DWR)*	coolant gas stripper
Kühlmittelgeschwindigkeit *f*	coolant velocity
Kühlmittelkreislauf *m* SYN. **Kühlmittelkreis**	coolant loop (*oder* circuit *oder* cycle)
Kühlmittellagerung *f (DWR)*	coolant storage system
Kühlmittelspeicher *m*	primary water storage tank
Kühlmittelleckage *f*	coolant leakage

Kühlmittelpumpe *f*	reactor coolant pump
Kühlmittelreinigung *f*	reactor coolant clean-up (*oder* purification) (system)
Kühlmittelreinigungsanlage *f* *(DWR)*	coolant clean-up (*oder* purification) system
Entgaser *m*	degasifier; gas stripper
Entgaserabziehpumpe *f*	degasifier *oder* gas-stripper extraction pump
Entgaserheizkörper *m*	gas stripper heating element
Entgaserkolonne *f*	gas stripper column
Gaskühler *m*	gas cooler
Harzabfallbehälter *m*	spent resin tank
Harzfänger *m*	resin catcher
Harzspülpumpe *f*	resin sluice (*oder* sluicing) pump
Ionentauscher *m*	ion exchanger
Kondensator *m*	condenser
Nachkühler *m*	aftercooler
Vorwärmer *m*	preheater
Überlaufbehälter *m*	overflow tank
Kühlmittelspeicher *m* *(DWR-Kühlmittellagerung)*	primary water storage tank
Kühlmittelstrang *m*	coolant (system) leg
Kühlmittelströmung *f*	coolant flow
Kühlmittelstrom *m*	coolant flow
Kühlmittelstutzen *m (RDB)*	(reactor *oder* primary) coolant nozzle
Kühlmitteltemperatur *f*	coolant temperature
~ am Druckbehälteraustritt bei Vollast	coolant temperature leaving reactor vessel at full power
~ am Druckbehältereintritt bei Vollast	coolant temperature entering reactor vessel at full power
Kühlmitteltemperaturregelung *f* *(DWR)*	coolant temperature control loop
Kühlmittelumlauf *m*	coolant (re)circulation
Kühlmittelnaturumlauf	natural coolant circulation
Kühlmittelzwangsumlauf	forced coolant circulation
Kühlmittelumwälzmenge *f*	coolant recirculation flow

Kühlmittelumwälzpumpe *f*	coolant (re)circulation pump
Kühlmittelumwälzschleife *f* *(SWR)*	coolant recirculation loop
Kühlmittelumwälzsystem *n* *(SWR)*	coolant recirculation system
Kühlmittelumwälzung *f*	coolant recirculation
~ externe	external coolant recirculation
~ interne	internal coolant recirculation
Kühlmittelverdampferanlage *f* *(DWR)*	coolant evaporator plant
Kühlmittelverlust *m*	loss of coolant
Kühlmittelverluststörfall *m*	loss-of-coolant accident, LOCA
Kühlmittelverunreinigung *f*	coolant impurity
Kühlmittelvolum(en) *n*	coolant volume
Kühlmittelvolumenregelung *f* *(DWR)*	coolant volume control
Kühlrohr *n (Schwerwasserreaktor-BE-Transportsystem)*	cooling tube
Kühl- und Reinigungskreislauf *m* für das Wasser des Brennelementbeckens *(SWR Mühleberg)* SYN. Lagerbecken-Kühl- und Reinigungssystem	fuel storage pool cooling (and clean-up) system
Kühlung *f* im Naturumlauf	natural circulation cooling
Kühlwasserdurchfluß *m* *(im Reaktor)*	coolant (through-)flow
Kühlwasserdurchsatz *m*, gesamter	overall *oder* total coolant flow rate
Kühlwasserzwischenkühler *m* (Reaktorbereich) *(SWR)*	closed cooling water system heat exchanger (nuclear plant)
Kümpelteil *m (Behälterboden)*	dished section
Kugelabzugsrohr *n* *(Kugelhaufen-HTR-Beschickungsanlage)*	sphere discharge tube
Kugelbahnkurve *f* *(Kugelhaufen-HTR)*	sphere path curve
Kugelelement *n* *(Kugelhaufen-HTR)*	spherical (fuel) element

kugelförmig angesenkt *(Brennstofftablette)*	dished
kugelförmige Sicherheitshülle *f*	spherical containment; containment sphere
Kugelfolgefrequenz *f (Kugelhaufen-HTR-Abbrandmessung)*	sphere sequence frequency
Kugelhaufen *m*	pebble bed
Kugelhaufencore *n*	pebble-bed core
Kugelhaufenfließverhalten *n*	pebble-bed rheological behaviour
Kugelhaufen-Hochtemperaturreaktor *m*	pebble-bed high-temperature reactor
Kugelhaufenmechanik *f*	pebble-bed mechanics
Kugelhaufenoberfläche *f*	pebble-bed surface
Kugelhaufenreaktor *m*	pebble-bed reactor
Kugelmeßraum *m (DWR)*	Aeroball measuring room
Kugelmeßsonde *f (DWR)*	Aeroball measuring probe
Kugelmeßsystem *n*	Aeroball (flux) measuring system
Abquetschwerkzeug *n* für Kugelröhrchen	Aeroball tube squeeze-off tool
Halbleiterdetektor *m*	semiconductor detector
Koaxialrelais *n*	coaxial relay
Kugelanschlag *m*	ball stop
ladungsempfindlicher Verstärker *m*	charge-sensitive amplifier
Meßbalken *m*	sensor-mounting beam
Meßelektronik *f*	measuring electronics
Meßposition *f* im Kern	in-core instrument (*oder* detector) position
Programmsteuerung *f*	program(me) *oder* sequence control system
Signalaufbereitung *f*	signal conditioning
Kugelmessung *f (DWR)*	Aeroball measurement
Kugelschüttung *f (Kugelhaufen-HTR)*	pebble bed
Kugelzuführrohr *n (Kugelhaufen-HTR)*, Kugelzuführungsrohr	fuel feed (*oder* supply) tube; sphere feed (*oder* supply) tube

kumulierte Höchstdosis *f* *(Strahlenschutz)* SYN. höchstzulässige kumulierte Dosis	maximum permissible accumulated (*oder* cumulative *oder* integrated) dose
Kupferoxid *n (Oxydator)*	copper oxide
Kupferoxidkatalysation *f* *(HTR-Gasreinigung)*	copper oxide catalyzation
Kupplungsstück *n* *(SWR-Steuerstab)*	(control rod) coupling socket
kurzfristige Bestrahlung *f* SYN. kurzfristige Strahlenexponierung *f* *(Strahlenschutz)*	acute exposure
Kurzschlußläufermotor *m*	squirrel-cage induction motor
Kurzzeitdynamik *f (Reaktor)*	short-term dynamics

L

Labor *n* (= Laboratorium)	laboratory
heißes ~	hot laboratory
kaltes ~	cold laboratory
Laborabfälle *mpl*	laboratory wastes
Laborabwasser *n*	laboratory drains
Laborbehälter *m* *(für SWR-Laborabwässer)*	laboratory drains tank
Laborwasserpumpe *f* *(SWR-Abwasseraufber.)*	laboratory drains pump
Labyrinthschild *m*, oberer/unterer *(FGR)*	top *oder* bottom stepped shielding ring
Labyrinthwellendichtung *f*	labyrinth type shaft seal
Ladefläche *f (FGR)*	*Brit.* charge face (*oder* floor); pile cap
Lademaschine *f (DWR)*	refuelling machine
Doppelgreifer *m*	double grab (*oder* grapple(r) *oder* gripper)
Einfachgreifer *m*	single grab (*oder* grapple(r) *oder* gripper)

Hilfsbrücke *f*, handbediente	hand-operated auxiliary bridge
Kupplungswerkzeug *n* für Antriebsstangen	control rod drive shaft unlatching tool
Werkzeug *n* zur Handhabung der Instrumentierungslanzen	flux thimble insertion and removal tool
Lademaschine *f (HTR)*	charge *oder* (re)fuel(l)ing machine
Lademaschinenabsperrventil *n*	charge *oder* refuel(l)ing machine isolation valve
Lademaschinenentlüftungsventil *n*	charge *oder* refuel(l)ing machine vent valve
Lademaschinengreifer *m*	charge *oder* refuel(l)ing machine grab (*oder* grapple(r) *oder* gripper)
Lademaschinenkühl- und -spülsystem *n*	refuel(l)ing machine cooling and purge system
Lademaschinenreparaturraum *m (DWR)*	refuelling machine repair compartment
Lademaschinenwartungsraum *m (DWR)*	refuelling machine maintenance compartment
Lademethode *f* SYN. Ladeverfahren	loading method
laden *(Reaktor) v.t.*	to charge; to fuel; to load
Ladeplan *m*	refuel(l)ing plan (*oder* scheme)
Laderohr *n (FGR)*	guide tube
Ladung *f (Reaktor)*	charge; load
Ladungszahl *f* SYN. Kernladungszahl, Ordnungszahl	atomic number
Längenleistung *f (BE)* SYN. lineare (Stab)Leistung	linear power rating; linear rod (*oder* pin) power
Längsspannglied *n (Spannbetonbehälter)*	longitudinal tendon
Lager *n*	store; storage facility
~ für Bitumen und Natronlauge	bitumen and caustic soda store
~ für den Brennstoffabfall *(FGR)*	graphite sleeve disposal void
~ für feste Abfälle	solid waste store
~ für flüssige Abfälle	liquid waste store

~ für hochaktive Abfälle *(SNR 300)*	high-level waste store
~ für neue Brennelemente (*oder* Brennstoffelemente)	*SWR:* new fuel storage vault; *DWR:* new fuel store, new fuel storage area
(BE-)Lagergestell *n*	(fuel) storage rack; new fuel storage rack
BE-Transportbehälter *m*	*für Versand:* shipping container; *betriebsintern:* transfer cask
Greifwerkzeug *n* für Brennelemente	fuel assembly gripping tool
Greifwerkzeug *n* für Steuerelemente	rod cluster control handling and changing fixture
~ für neue und bestrahlte Elemente *(SNR 300)*	new and irradiated fuel (subassembly) store
~ für radioaktive Abfälle	radioactive waste store; radwaste store
~ für radioaktive Feststoffe	solid radioactive waste (*oder* radwaste) store
~ für schwach aktive Teile *(SWR)*	weakly active (*oder* low-activity) components store; storage compartment for weakly active (*oder* low-activity) components
~ für stark aktive Teile *(SWR)*	strongly active (*oder* high-activity) components store; storage compartment for strongly active (*oder* high-activity) components
~ für unbestrahlte Brennelemente	unirradiated fuel store
~ für verbrauchte Brennelemente	spent *oder* depleted *oder* irradiated fuel store
~ für verbrauchte Ionentauscherharze	spent (ion exchange) resin store
Lagerbecken *n* für abgebrannte Brennelemente SYN. Brennelementbecken, BE-Becken	*DWR:* spent fuel pit; *SWR:* fuel storage pool; *FGR:* (spent fuel) cooling pond
Lagerbecken *n* für Abscheider *(SWR)*	dryer and separator storage pool

Lagerbecken *n* für Reaktoreinbauten *(SWR Mühleberg)*	dryer and separator storage pool; reactor internals storage pool
Lagerbecken *n* für verbrauchte Brennelemente *(SWR)* SYN. Lagerbecken für abgebrannte Brennelemente, BE-Becken, Brennelement(lager)becken, Elementbecken	fuel storage pool
Lagerbeckenfilter *n, m (SWR)*	fuel storage pool filter
Lagerbeckenkühler *m (SWR)*	fuel storage pool heat exchanger
Lagerbeckenkühlsystem *n (SWR)*	fuel storage pool cooling system
Lagerbeckenkühl- und -reinigungssystem *n (SWR)*	fuel storage pool cooling and clean-up system
Lagerbeckenpumpe *f (SWR)*	fuel storage pool pump
Lagerbeckenschleuse *f (SWR)*	refuel(l)ing slot gate
Lagerbunker *m (FGR-Abfallbeseitigung)*	storage vault
Lagerdruckhaltepumpe *f (SWR)*	bearing (water) pressure booster pump
Lagerdruckwasserbehälter *m (interne SWR-Axialpumpe)*	(pressurized) bearing water tank
Lagerdruckwasserleitung *f (SWR)*	(pressurized) bearing water line
Lagerdruckwasserpumpe *f (SWR)*	(pressurized) bearing water pump
Lagerdruckwasserstrang *m (SWR)*	(pressurized) bearing water train
Lagerdruckwasserversorgungsleitung *f (SWR)*	(pressurized) bearing water supply line
Lagergestell *n (für abgebrannte und neue BE)*	(fuel) storage rack
~ für Brennelemente	fuel storage rack
Lagerinstabilität *f (Gaslager)*	bearing instability
Lagerkapazität *f*	storage capacity
Lagerposition *f (SNR-300-Absorberlager)*	storage position
Lagerraum *m* für neue Elemente *(SWR)* SYN. Lager für neue Brennelemente	new fuel storage vault
Lagerregal *n* SYN. Lagergestell	storage rack

Lagerregal für neue Brennelemente	new fuel storage rack
Lagerring *m (SNR-300-Reaktordeckel)*	bearing ring
Lagerschwingungsmeßgerät *n (FGR-Gebläse)*	bearing vibration measuring instrument (*oder* unit)
Lagerung *f* abgebrannter Brennelemente	spent fuel (assembly *oder* element) storage
Lagerung *f* neuer Brennelemente	new fuel (assembly *oder* element) storage
laminare Beschichtung *f (HTR-BE)*	laminar coating
laminare Filmkondensation *f*	laminar film condensation
laminare Grenzschicht *f*	laminar boundary layer
laminare Strömung *f* Laminarströmung	laminar flow
Langhubkolben *m (HTR-Abschaltstabantrieb)*	long-stroke piston
Langzeitdynamik *f (Reaktor)*	long-term dynamics
Langzeiterosion *f*	long-term erosion
Langzeitverformungsvorgang *m*	long-term deformation process
Langzeitversuch *m*	long-term test
Lanthan *n,* La	lanthanum, La
Lanthanintensitätsverteilung *f*	lanthanum intensity distribution
Lastabwurf *m* auf Eigenbedarf *(DWR)*	load rejection to auxiliary load (*oder* station service requirements)
Laständerung *f*	load change
rampenförmige ~	ramp load change
sprungförmige ~	step load change
Laständerungsgeschwindigkeit *f*	rate of load change
Lastaufnahme *f* des Reaktors	reactor load acceptance
sprunghafte ~	step load acceptance (*oder* pick-up)
Lastfaktor *m*	load factor
Lastfolgebetrieb *m (KKW)*	load-following (mode of) operation
Lastfolger *m (Reaktor)*	load follower
Lastfolgeverhalten *n*	load-following behaviour (*oder* ability *oder* performance)

Lastreduzierung *f*	load reduction
Lastsignal *n (FGR)*	load signal
Lastsprung *m*	step load change; step(-wise) change in power
Lastwechsel *m*	load change
Lastwechselverhalten *n*	*BE-Hüllrohre:* load-cycling behaviour; *Reaktor, KKW:* load change behaviour
Lastzyklusbetrieb *m*	load cycle operation
Laterne *f (SNR-300-Stellstabdurchführung)*	thimble
Laugenwäscher *m*	caustic scrubber
Lebensdauer *f*, mittlere *(Radioaktivität)*	mean life
Leckabsaug(e)system *n (DWR)*	leakoff system
Gaspumpe *f*	gas pump
Hochleistungsschwebstoffilter *n*	high-efficiency aerosol filter
Regelbehälter *m*	control tank
Ringflüssigkeitsbehälter *m*	ring liquid tank
Ringflüssigkeitskühler *m*	ring liquid cooler (*oder* heat exchanger)
Ringflüssigkeitssieb *n*	ring liquid strainer
Leckabsaugung *f (Armatur)*	valve stem leakoff
Leckabzug *m (SNR 300)*	leakage extraction
Leckagefeststellungssystem *n (SWR-BE-Lagerbecken)*	leakage detection system
Leckageüberwachung *f*	leakage monitoring
Leckageüberwachungssystem *n (Kugelhaufen-HTR)*	leakage monitoring system
Leckanfälligkeit *f*	leak susceptibility
Leckanzeigegerät *n*	leak indicator
Leckauffangbehälter *m (SNR 300)*	guard vessel; leakage interception vessel
Leckauffangsystem *n (SNR 300)*	guard vessel system; leakage interception system
primäres ~	primary guard vessel system; primary leakage intercepting (*oder* receiving) system

Leckgasmenge *f*	leakage gas flow
Leckgasrückführleitung *f (MZFR)*	leakage gas return line; gas leakage return line
Lecknachweisgerät *n*, induktives *(SNR 300)*	inductive leak detector unit
Lecknachweissystem *n (SNR 300)*	leak detection system
Lecknatriumbehälter *m (SNR-300-Leckauffangsystem)*	leakage sodium tank; sodium leakage tank
Leckquerschnitt *m (bei LWR-GaU)*	leak cross-section
Leckrate *f (Sicherheitshülle)*	leak(age) rate
Leckratenbestimmung *f*	leak rate determination (test)
Leckratenprüfung *f (Sicherheitshülle)*	leak rate test
Gesamt ~	total leak rate test
integrale ~ *(SNR 300)*	integral leak rate test
Leckstrahlung *f*	leakage
Lecksuche *f* an Brennelementen	*Brit.* burst cartridge (*oder* slug) detection; can failure detection; *Am.* failed-fuel (element) location
Lecktest *m*	leak test
He- ~	He *oder* helium leak test
Nekal ~	Nekal leak test
Leckwasser *n* von Armaturen und Pumpen	leakage through valve stems and pump seals
Leckwasserkühler *m (DWR)*	leak(age) water heat exchanger
Leerhebern *n* des Reaktortanks *(SNR 300)*	siphoning drainage of the reactor vessel
Leerlaufkühlanlage *f (SWR)* SYN. Leerlaufkühlsystem, Nachkühlsystem	residual heat removal system, RHR system; reactor shutdown cooling system
Leerlaufkühler *m* SYN. Nachkühler	residual heat exchanger; RHR system heat exchanger; shutdown cooler
Leerlaufkühlerpumpe *f (SWR)*	residual heat removal pump; RHR pump; shutdown cooling pump
Leerlaufkühlsystem *n (SWR)* SYN. Leerlaufkühlanlage, Nachkühlsystem	residual heat removal system, RHR system; reactor shutdown cooling system

Leerlaufkühlung *f (SWR)*	residual heat removal (system); shutdown cooling
Leerlaufpumpe *f (SWR)* SYN. Leerlaufkühlerpumpe, Nachkühlpumpe	residual heat removal pump; RHR (system) pump
Leerlaufregelung *f (Luftverdichter)*	no-load operation control
Leerstelle *f (im Kristallgitter)*	vacancy
Leervolumenanteil *m*	void fraction
Leichtwasser *n,* leichtes Wasser	light water
Leichtwassereinbruch *m (in Schwerwasser)*	ingress of light water; light-water inleakage
leichtwassergekühlt	light-water-cooled
leichtwassergekühlter Reaktor *m*	light-water-cooled reactor
leichtwassermoderierter Reaktor *m*	light-water-moderated reactor
Leichtwasserreaktor *m,* LWR	light-water reactor, LWR
Leistung *f,* spezifische	specific power
Leistungsabflachung *f*	power flattening
Leistungsabsenkung *f*	power reduction; power setback; (reactor) rundown
Leistungsänderung *f*	power change; change in power
rampenförmige ~	ramp power change
sprungförmige ~	step power change
Leistungsänderungsgeschwindigkeit *f*	rate of power change
Leistungsausbeute *f*	power yield
Leistungsausbruch *m*	power excursion
Leistungsbank *f (DWR-Steuerstäbe)* SYN. L-Bank	power bank
Leistungsbereich *m (Neutronenflußmessung)*	power range
Leistungsbrüter *m,* schneller	fast power breeder
Leistungsbrutreaktor *m*	power breeder (reactor)
Leistungsdichte *f (Reaktor)*	power density
mittlere ~	average power density
~ im Reaktorkern	(reactor) core power density

Leistungsdichteverteilung *f*	power density distribution
radiale ~	radial power density distribution
Leistungseichung *f (Neutronenflußmeßger.)*	power calibration
Leistungseinbruch *m (Reaktor)*	power dip
Leistungseinheit *f*	power unit
Leistungsentbindung *f (SNR 300)*	power release
Leistungserhöhung *f*	output *oder* power increase
Leistungsexkursion *f* SYN. Reaktorexkursion	power *oder* reactor excursion
Leistungsformfaktor *m*	power form (*oder* peaking) factor
Leistungsfrequenzregelkreis *m (HTR)*	power frequency control loop
Leistungsfrequenzregler *m (HTR)*	power frequency controller
Leistungskanal *m (Neutronenflußmessung)* SYN. Leistungsbereichskanal	power range channel
Leistungskoeffizient *m*	power coefficient
~ der Reaktivität	reactivity power coefficient
Leistungsoszillation *f*, ungedämpfte	non-attenuated power oscillation
Leistungspegel *m*	power level
Leistungsprofil *n*	power profile
Leistungsprüfung *f*	power test
Leistungsreduktion *f*	power reduction, reduction in output
Leistungsregeleinrichtung *f* des Reaktors	reactor power control system
Leistungsregelsprung *m*	power control step change
Leistungsregelung *f (Netz)*	power control
Leistungsrückstellung *f*	power setback, reduction in power
Leistungsschwingungen *fpl*	power oscillations
lokale ~	local power oscillations
ungedämpfte ~	non-attenuated power oscillations
Leistungsspitze *f*	power peak
lokale ~ *f*	local power peak

Leistungsstoß *m*	power surge
Leistungsüberhöhung *f*	power peaking
lokale ~ *f*	local power peak
Leistungsüberhöhungsfaktor *m*	power peaking factor; overpower factor
Leistungsüberschlag *m*	power overshoot
Leistungsverteilung *f* im Reaktorkern	reactor core power distribution
räumliche ~	spatial power distribution
Leitblech *n*	baffle (plate)
Leitrohr *n* SYN. Brennelementleitrohr *(DWR)*	control rod shroud tube
Leitstandsfahrer *m*	control room operator
Lethargie *f*	lethargy
Lieferbehälter *m (für BE)*	shipping container
lineare Energieübertragung *f*, LET	linear energy transfer, LET
lineare Extrapolationslänge *f*	linear extrapolation length
linearer Gleichstrommeßstrang *m (SNR-300-Neutronenflußmessung)*	linear DC instrument lane
lineares Bremsvermögen *n*	linear stopping power
lineare Stableistung *f (BE)* SYN. Längenleistung	linear rod power; linear power rating
Linearverstärker *m*	linear amplifier
Liner *m (Stahlhaut in Spannbetonbehälter)*	liner
Linerkühlsystem *n (Kugelhaufen-HTR)*	liner cooling system
Lithium *n*, Li	lithium, Li
Lithiumhydroxid *n*	lithium hydroxide
mit ~ inhibiert *(Kühlkreislauf für FGR-Spannbetonbehälter)*	lithium-hydroxide-inhibited, lithiated
Lithiumkonzentration *f (im Speisewasser)*	lithium concentration
LKW-Schleuse *f (Abfallager)*	truck-out station
Lochblende *f (SNR-300-Sekundärkreis)*	perforated orifice plate

logarithmischer Gleichstrommeßstrang *m (SNR-300-Zwischenbereich-Flußmessung)*	logarithmic DC instrument lane
logarithmischer Meßstrang *m (Neutronenflußmessung)*	logarithmic instrumentation lane
log. Mittelwertmesser *m*	log(arithmic) count rate meter
Lohnanreicherung *f*	toll enrichment
lokale Flußerhöhung *f*	local flux increase
Loopkonstruktion *f (SNR 300)*	loop design
Loop-System *n (schneller Brüter)*	loop system (*oder* concept)
Loschmidtsche Zahl *f*	Avogadro constant (*oder* number)
Lüftungsdurchbruch *m (Sicherheitshülle)*	ventilation penetration
Lüftungsleitung *f*	ventilation duct (*oder* line)
Luftabzugsventilator *m*	air exhauster; air exhaust fan
Luftaktivitätsmeßraum *m*	air activity measuring room
Luftdosis *f*	air dose
Luftdruckprobe *f* SYN. Luftdruckprüfung, Luftprüfung *(Sicherheitshülle)*	air test; pneumatic pressure test
Luftführungssystem *n (HTR)*	air routing system
luftgetragen *(Partikel)*	airborne
Luftkühler *m (SNR-300-Notkühlsystem)*	air cooler
Luft(druck)prüfung *f* SYN. Luftdruckprobe *(Sicherheitshülle)*	air test; pneumatic pressure test
lufttechnische Anlage *f*	ventilation system
Luftüberwachung *f*	air monitoring
Luftüberwachungsgerät *n*	air (activity) monitor
Luftverdampfer *m (SNR 300)*	air evaporator
Luftverflüssiger *m*	air liquifier
Luftwarngerät *n* SYN. Luftüberwachungsgerät	air monitor
Lunker *f*	blowhole; shrinkhole
Schwindungslunker	shrinkage cavity

M

Magnetanker *m* *(SNR-300-Stellstabantrieb)*	magnet armature
Magnetohydrodynamik *f*	magnetohydrodynamics
magnetohydrodynamische Energiewandlung *f*	magnetohydrodynamic energy conversion
Magnetpulver-Fluoreszenzprüfung *f*	magnetic particle fluorescent test
Magnetspule *f* *(Vorsteuerventil)*	solenoid
makroskopisch *(Reaktorgitter)*	macroscopic
makroskopischer Wirkungsquerschnitt *m*	macroscopic cross-section
Manipulator *m*	manipulator
Servo ~	master-slave manipulator
Tele ~ SYN. Fernbedienungswerkzeug	remote handling device
Manipulator-Teleskopmast *m* *(SWR-BE-Wechselbühne)*	telescoping manipulator mast
Manipulatorzug *m* *(SWR)*	manipulating *oder* manipulator hoist
Manipulierbrücke *f* *(DWR)*	(spent) fuel pit bridge
Manipuliergreifer *m*	manipulating grab (*oder* grapple(r) *oder* gripper)
Manipulierkran *m*	manipulating crane
Mantelheizschale *f* *(SWR-Abfallaufber.)*	heating jacket
Mantelheizung *f* *(SWR-Abfallendlagerfaß)*	jacket heating system
Masse *f*	mass
kritische ~	critical mass
~ eines Atoms	mass of an atom
(Ruhe)~ eines Elektrons *oder* Neutrons *oder* Protons	(rest)mass of an electron *oder* neutron *oder* proton
~ eines Nuklids SYN. Nuklidmasse	nuclide mass, mass of a nuclide
Massenabsorptionskoeffizient *m*	mass absorption coefficient

Massenaustausch *m*	mass transfer
Massenbilanz *f*	mass balance
Massenbremsvermögen *n*	mass stopping power
Massendefekt *m*	mass defect
Massendichte *f*	mass density
Massenenergieabsorptions-koeffizient *m*	mass energy-absorption coefficient
Massenenergieumwandlungs-koeffizient *m*	mass energy-transfer coefficient
Massenkoeffizient *m* der Reaktivität	mass coefficient of reactivity
Massenschwächungskoeffizient *m*	mass attenuation coefficient
Massenstrom *m*	mass flow
Massenstromdichte *f*, M *(LWR)*	mass flow density
Massenstromverteilung *f*	mass flow distribution
Massenzahl *f*	mass *oder* nucleon number
Material *n*	material
abgereichertes ~ SYN. verarmtes Material	depleted material
angereichertes ~	enriched material
brütbares ~	fertile material
verarmtes ~ SYN. abgereichertes Material	depleted material
Materialausnutzung *f*	material economy
Materialbilanzbericht *m (SFK)*	material balance report
Materialbilanzierung *f (SFK)*	material balance accountancy
Materialbilanzzone *f (SFK)* SYN. Mengenbilanzzone	material balance area, MBA
Materialbuchhaltung *f (SFK)*	material accountancy
Materialidentifikation *f (SFK)*	material identification
Materialpaarung *f*	material couple
Materialschleuse *f (Sicherheitshülle)*	equipment hatch; equipment transfer airlock *(FFTF)*
Materialtransportöffnung *f*	equipment opening
matrixhärtend	matrix-hardening
Mauerrohr *n (in Betonsicherheitshülle)*	wall tube

Maximalwertauswahl *f* SYN. Höchstwertauswahl *(Reaktorschutzsystem)*	auctioneering
Maximalwertauswahlschaltung *f* SYN. Höchstwertauswahlschaltung *(Reaktorschutzs.)*	auctioneering circuit
Medientemperatur *f*	fluid temperature
Medium *n*, multiplizierendes	multiplying medium
medizinische Strahlenbelastung *f*	medical exposure
Mehrfachauslegung *f*	redundant design
Mehrfachbeschichtung *f* *(HTR-BE)*	multiple coating
Mehrfachverdampfer *m*	multiple-effect evaporator
Mehrfingerlanze *f* *(f. Kerninstrumentierg.)*	multiple lance
Mehrgruppenmodell *n*	multigroup model
Mehrkanalschreiber *m*	multi-channel recorder
Mehrkanalüberwachungsanlage *f*	multi-channel monitoring system
Mehrlagenbehälter *m*	multilayer vessel
Mehrschichtteilchen *n* *(HTR-Brennstoff)*	multilayer particle
Mehrzonenkonfiguration *f*	multi-zone configuration
Mehrzonenreaktor *m*	multiregion reactor
Mehrzweckkernkraftwerk *n*	multipurpose nuclear power station
Membrandruckmeßsystem *n* *(SNR-300-Na-Druckmessung)*	diaphragm type pressure measuring system
Membrane *f* SYN. Stahlblechauskleidung *(FGR)*	liner; membrane
Membrankompressor *m*	diaphragm compressor
Membran(e)kühlrohrnetz *n* *(FGR)*	liner cooling pipe system
Mengenbilanz *f* *(SFK)*	material balance accounting
Mengenbilanzzone *f*, MBA *(SFK)* SYN. Materialbilanzzone	material balance area, MBA
Meßfühler *m*	sensor; detector; measuring probe

Meßgenauigkeit *f*	accuracy of measurement; measuring accuracy
Meßkolonne *f (Neutronenflußdichtemessg.)*	measuring *oder* instrumentation column
Meßlanze *f*	instrument(ation) lance
Meßreaktor *m (Kugelhaufen-HTR-Abbrandmessung)*	measuring reactor
Meßschacht *m*	instrument well
Meßstickstoff *m (HTR Peach Bottom)*	instrument nitrogen
Meßstickstoffbehälter *m (HTR Peach Bottom)*	instrument nitrogen tank (*oder* receiver)
Meßstickstoffkompressor *m (HTR Peach Bottom)*	instrument nitrogen compressor
Meßstickstoffnachkühler *m (HTR Peach Bottom)*	instrument nitrogen aftercooler
Meßstickstofftrockner *m (HTR Peach Bottom)*	instrument nitrogen dryer (and filter)
Meßstickstoffversorgung *f (HTR Peach Bottom)*	instrument nitrogen supply (system)
Meßumformerraum *m*	transducer room
Meß- und Wägeraum *m*	measuring and weighing room
Meßverstärker *m*	measuring amplifier
Metallkeramik *f*	cermet; ceramet
Metallumhüllung *f (BE)*	metal can (*oder* cladding)
Metall-Wasser-Reaktion *f (LWR)*	metal-water reaction
Methan *n (FGR-Korrosionsinhibitor)*	methane
Methanaufspaltung *f (FGR)*	radiolysis of methane
Methanlager *n (FGR)*	methane store
Methanpegel *m (FGR)*	methane level
Methyljodid *n*	methyl iodide
MgO-Füllkörper *m (BE für gasgek. Schwerwasserreaktor)*	granular magnesium oxide barrier; magnesium oxide radiation barrier
MHD-Generator *m*	MHD generator
Migration *f* des Brennstoffs *(HTR)*	fuel migration

Mikroionikharz *n (Anschwemmfilter)*	micro-ionic resin
mikroskopisch *(Reaktorgitter)*	microscopic *(lattice theory)*
Mindestkühlmittelstrom *m*	minimum coolant flow
Mindestlast *f (Dampferzeuger)*	minimum load
Mindestspiegel *m (Na im SNR-300-Reaktortank)*	minimum level
Mindestwarmstreckgrenze *f (RDB-Stahl)*	minimum yield point at elevated temperature
mineralisolierte Mantelleitung *f (Kerninstrumentierung)*	mineral-insulated plastic-sheathed cable
mineralisolierte Starkstromleitung *f*	mineral-insulated power cable
Miniaturdetektor *m*, verfahrbarer *(SWR)*	traveling in-core (miniature) probe
Miniaturionisationskammer *f*	miniaturized ionization chamber
Miniaturspaltkammer *f*	miniature fission chamber
minimaler Sicherheitsfaktor *m* gegen kritische Heizflächenbelastung *f*	(minimum) critical heat flux ratio, MCHF ratio, CHF ratio
Mischbettfilter *n, m (Wasserreinigung)*	mixed-bed filter
Mischbettfilterstrang *m*	mixed-bed filter train; string of mixed-bed filters
Mischkristall *m (Pu-O, U-O)*	mixed crystal
Mischungsbeiwert *m*	mixing coefficient
Mitfällung *f*	coprecipitation
Mitfällungsmethode *f (Dekontaminierung)*	coprecipitation method
Mitführung *f* SYN. Mitschleppen, Überreißen, Mitreißen	entrainment; carry(-)over
~ von Spaltprodukten *(FGR)*	fission product carry-over
mitgerissene Wassertröpfchen *npl (im Frischdampf zur Turbine)*	entrained water droplets
mittelaktiv *(SNR-300-Abwasser)*	medium-activity
Mitteldruckverdichter *m (HTR-Gasturbine)*	intermediate-pressure (*oder* IP) compressor
mittellebig *(Aktivität)*	medium-lived

mittelschnelle Neutronen *npl*	intermediate neutrons
mittelschneller Reaktor *m*	intermediate (spectrum) reactor
Mittelwertbildung *f (Reaktorschutzsyst.)*	averaging
Mittenschmelzen *n (Kernbrennstoff im BE)*	center fuel melting; central melting
Mittentemperatur *f (im Brennstoffstab)* SYN. Zentraltemperatur	(fuel) central *oder* centre temperature
mittlere Coredurchlaufzeit *f (BE-Kugeln im Kugelhaufen-HTR)*	average core transit time
mittlere freie Weglänge *f (Gasmolekül)*	mean free path
mittlere Koordinationszahl *f (Anzahl der Kontaktstellen von Kugel-BE untereinander)*	average coordination number
mittlere Lebensdauer *f (Neutronen)*	mean life
mittlere lineare Reichweite *f*	mean linear range
mittlere Massenreichweite *f*	mean mass range
mittlere Zone *f* des Kerns *(SWR)*	central core zone
mittlerer Füllfaktor *m (Kugel-BE in Behälter)*	mean filling factor
mittleres logarithmisches Energiedekrement *n*	average logarithmic energy decrement
Moderationseffekt *m*	moderation effect
Moderationsverhältnis *n*	moderating *oder* moderation ratio
Moderator *m*	moderator
Moderatorablaßtank *m (Schwerwasserreaktor)*	moderator dump tank
Moderatorbehälter *m (Schwerwasserreaktor)* SYN. Kalandriagefäß	moderator tank; calandria (vessel)
Moderatorblock *m (SNR 300)*	moderator block
Moderator/Brennstoff-Verhältnis *n*	moderator to fuel ratio
Moderatordichtekoeffizient *m*	moderator density coefficient

Moderatorgraphitblock *m* *(FGR)*	moderator brick
Moderatorkessel *m* SYN. Moderatorbehälter, Kalandriagefäß	moderator tank; calandria (vessel)
Moderatorkreislauf *m*	moderator loop (*oder Brit.* circuit)
Moderatorkühler *m*	moderator cooler
Moderatorkühlgasstrom *m* *(FGR)*	moderator coolant gas stream
Moderatorkühlsystem *n*	moderator cooling system
Moderatormaterial *n*	moderator material
Moderatorpumpe *f*	moderator pump
Moderatorregelung *f* SYN. Moderatortrimmung	moderator control
Moderatorspiegelregelsystem *n*	moderator level control system
Moderatorspiegelregelung *f*	moderator level control
Moderatortank *m* SYN. Moderatorbehälter, Kalandriagefäß	moderator tank; calandria (vessel)
Moderatortemperaturabsenkung *f*	moderator temperature lowering (*oder* reduction)
Moderatortemperaturkoeffizient *m* der Reaktivität	moderator temperature coefficient of reactivity
Moderatortrimmung *f* SYN. Moderatorregelung	moderator control
Moderatorvergiftung *f (mit* $CdSO_4$*)*	moderator poisoning
Moderatorwasser *n*	moderator water
Moderatorzuführung *f*	moderator inlet
Moderierung *f*	moderation
Modulbauweise *f (SNR-300-Dampferzeuger)*	modular construction
möglicherweise aktiv *(Abwasser)*	potentially active
molare Geschwindigkeit *f* *(kinet. Gastheorie)*	molar velocity
Molekulargewicht *n*	molecular weight
Molekularsieb *n*	molecular sieve
Molybdändisulfid *n (HTR-Gaslagerschmiermittel)*	molybdenum disulphide

Monazit *n*	monazite
Monitor *m* SYN. Überwachungsgerät	monitor
Ausfluß ~	effluent monitor
Flächen ~ SYN. Raumüberwachungsgerät	area monitor
Hintergrund ~	background monitor
Monokarbid *n*	monocarbide
Montagebrücke *f*	erection bridge
Montagedeckel *m (SWR-SB)*	erection hatch cover
Montagegerüst *n*	erection frame (*oder* structure)
Montagerüstung *f (Sicherheitshülle)*	erection scaffolding
molybdänverfestigte Nickelbasislegierung *f*	molybdenum-reinforced nickel-base alloy
Montageöffnung *f (Sicherheitshülle)*	*SWR:* equipment hatch; *DWR:* temporary construction opening
Montageschacht *m (Reaktorgebäude)*	erection well
Montagetor *n (Sicherheitshülle)*	erection opening (*oder* hatch)
Montage- und Bedienungsflur *m (SWR)*	assembly and operating corridor
Motorarmatur *f* SYN. Motorventil	motorized valve
Motoraußenkühler *m (HTR-Gasgebläse)*	outer *oder* external motor cooler
Motorgehäuse *n (HTR-Kühlgasgebläse)*	motor casing
Motorregenerierventil *n*	motorized regenerant valve
Multiplikation *f (Neutronen)*	multiplication
unendliche ~	infinite multiplication
Multiplikationsfaktor *m* SYN. Vermehrungsfaktor	multiplication factor (*oder* constant)
effektiver ~	effective multiplication factor
unendlicher ~	infinite multiplication factor
multiplizierend	multiplying
Mutterkern *m*	precursor
~ verzögerter Neutronen	delayed neutron precursor

Mutternuklid *n*	precursor
Muttersubstanz *f*	parent (substance)
MZFR = Mehrzweck-Forschungsreaktor *(Karlsruhe)*	Multi-purpose Research Reactor

N

N_2-Aufladesystem *n (SWR Gundremmingen)*	N_2 charging system
N_2-Pufferbehälter *m (SWR-Schnellabschaltsystem)*	N_2 buffer (*oder* surge) tank
N_2-Reservebehälter *m (SWR-Schnellabschaltsystem)*	N_2 standby tank
N_2-Sammelbehälter *m (SWR-Schnellabschaltsystem)*	N_2 hold-up tank
N_2-Dichthemd *n*	N_2 blanket
N_2-Polster *n (Kugelhaufen-HTR-Rohrleitungssysteme)*	N_2 cushion
N_2 zum Ausdrücken	purging N_2
N_2-Zwischenspeicher *m*	N_2 hold-up tank
N_{16}-Aktivität *f*	N_{16} activity
NaBR = natriumgekühlter schneller Brüter	sodium-cooled fast breeder
Nachbestrahlung *f (Kugelhaufen-HTR-Abbrandmessung)*	after-irradiation
Nachbestrahlungsuntersuchung *f*	post-irradiation examination
Nachfolger *m (DWR)*	(rod) follower
Nachkühleinrichtung *f (SNR 300)*	residual heat removal facility (*oder* equipment)
Nachkühler *m*	*Nachkühlsystem:* residual heat exchanger; RHR system heat exchanger; shutdown cooler; *Kompressor:* aftercooler
Nachkühlkette *f*	residual heat removal chain

Nachkühlkondensator *m (FGR)*	residual heat removal condenser
Nachkühlkreislauf *m*	residual heat removal loop (*oder* system); RHR system
Nachkühlphase *f*, erste *(FGR)*	initial residual heat removal phase
Nachkühlpumpe *f*	residual heat removal pump, RHR pump
Nachkühlreduzierstation *f (FGR)*	residual heat removal reducing station
Nachkühlregelung *f (FGR)*	residual heat removal control
Nachkühlregelventil *n (FGR)*	residual heat removal control valve
Nachkühlspeisewasserpumpe *f (FGR)*	residual heat removal feedwater pump
Nachkühlstrang *m*	residual heat removal loop (*oder* leg)
Nachkühlsystem *n*	residual heat removal system, RHR system
Nachkühlsystemleitung *f*	residual heat removal system line; RHR system line
Nachkühlvorgang *m*	decay *oder* residual heat removal process
Nachlademenge *f (BE)*	reload batch
Nachladen *n*	reloading (operation)
Nachladeposition *f*	reload position
Nachladevorgang *m*	reloading procedure
Nachladung *f*	*BE:* reload; *Vorgang:* reloading
Nachladungsmenge *f*	refueling replacement batch
Nachleistung *f*	after-power
Nachprüfung *f (SFK)*	verification
nachrüsten, nachträglich ausrüsten	to retrofit; to backfit
Nachrüsten *n*, nachträgliches Ausrüsten	retrofitting; backfitting
Nachsieden *n* des Kühlmittels	re-boiling of the coolant
Nachspannschlüssel *m (Lademaschine)*	re-tensioning wrench
Nachspeisepumpe *f*	make-up feed pump; *MZFR:* emergency feed(water) pump; *SWR:* RCIC pump

Nachspeisesystem *n (SWR)*	reactor core isolation cooling system; RCIC system
Nachspeisung *f*	make-up feed; *SWR:* reactor core isolation cooling
Nachwärme *f*	afterheat; decay *oder* residual shutdown heat
Nachwärmeabfuhr *f*	afterheat removal; residual heat removal
Nachwärmeabfuhrkette *f (SNR 300)*	afterheat removal chain; residual heat removal (*oder* dissipation) chain
Nachwärmekondensator *m (SNR 300)*	afterheat *oder* residual heat condenser
Nachwärmekühler *m*	residual heat exchanger, RHR system heat exchanger; shutdown cooler
Nachwärmeleistung *f*	afterheat *oder* residual *oder* shutdown heat output
Nachweis *m* beschädigter Brennelemente	*Brit.* burst can (*oder* cartridge *oder* slug) detection; failed-fuel detection
Nachweis *m* von Hüllrohrschäden *(SNR 300)*	*Brit.* burst can detection, can failure detection; *FFTF:* fuel failure detection
Nachzerfallswärme *f*	decay heat
Nachzerfallswärmeabfuhr *f*	decay heat removal
Na-Gefrieren *n (SNR 300)*	Na freezing (*oder* freeze-up)
Na-H_2O-Reaktion *f (Na-gek. Brüter)* SYN. Natrium-Wasser-Reaktion	Na-H_2O reaction; sodium-water reaction
Nahrungskette *f (Strahlenschutz)*	food chain
Nase *f (Ausbuchtung des AVR-Seitenreflektors)*	nose
naßchemisches Trennverfahren *n (BE-Wiederaufarbeitung)*	wet chemical separation process
Naßdampfturbine *f (LWR-KKW)*	wet steam turbine
Natrium *n*, Na	sodium, Na

Primär ~ *(SNR 300)*	primary sodium
Sekundär ~ *(SNR 300)*	secondary sodium
Natriumablagerungen *fpl (SNR 300)*	sodium deposits; sodium deposition
Natriumabscheidevorrichtung *f (SNR 300)*	sodium separation device
natriumbenetzt	sodium-wetted
Natriumbetriebsspiegel *m (SNR 300)*	sodium process level; process sodium level
Natrium-Bonding *n (SNR-300-Absorber)*	sodium bonding
Natriumbrand *m (SNR 300)*	sodium fire
Natriumdampffalle *f (SNR-300-Schutzgasgammaaktivitätsmessung)*	sodium vapour trap
Natriumdurchsatzmessung *f (SNR 300)*	sodium flow (rate) measurement; sodium flowmetering
Natriumeintrittsleitung *f (SNR 300)*	sodium inlet pipe
natriumführender Anlagenteil *m (SNR 300)*	sodium-carrying *oder* sodium-containing plant component
natriumführendes System *n (SNR 300)*	sodium-carrying *oder* sodium-containing system
natriumgefüllte Büchse *f (SNR-300-Wechselmaschine)*	sodium-filled transfer pot
Natriumhöhenstandsmessung *f*	sodium level measurement; *Anlage:* sodium level instrumentation
Natriumhöhenstandssonde *f (SNR 300)*	sodium level ga(u)ge (*oder* probe)
Natriumlager *n (SNR 300)*	sodium store
Natriumleckdetektor *m (SNR 300)*	sodium leak detector
Natriumleckstrom *m (SNR 300)*	sodium leakage flow
Natriummetaborat *n*	sodium metaborate
Natriumpentaboratlösung *f (SWR-Vergiftungssystem)*	sodium pentaborate solution
Natriumprimärkreis *m*	primary sodium loop

Natriumpumpe *f (SNR 300)* SYN. Na-Pumpe	sodium pump
Drehzahlregelkreis *m*	speed control loop
Gleichrichterthyristor *m*	rectifier thyristor
Hauptabschirmung *f*	main shield(ing)
Hohlwelle *f*	hollow shaft
hydrostatisches Natriumlager *n*	hydrostatic sodium bearing; sodium lubricated hydrostatic bearing
Lagerschild *m*	bearing shield
Leckölbehälter *m (Dichtung)*	leak oil tank
natriumgeschmiertes hydrostatisches Loslager *n*	sodium-lubricated hydrostatic floating (*oder* non-locating) bearing
obere Zusatzabschirmung *f*	upper supplementary (*oder* additional) shield(ing)
Primärabdichtungseinheit *f*	primary seal unit (*oder* assembly)
Strömungsstörer *m*	anti-vortex baffle
Stromrichtermotor *m*	thyristor motor
untere Hauptabschirmung *f*	lower main shield(ing)
Wärmedämmscheibe *f*	thermal insulating disc
Natriumreinigungssystem *n (SNR 300)*	sodium clean-up (*oder* purification) system
Natriumsekundärkreislauf *m (SNR 300)*	secondary sodium loop
Natriumstickstoffwärmetauscher *m (SNR-300-Na-Lagerkühlung)*	sodium-to-nitrogen heat exchanger
Natriumtiefbehälter *m (SNR 300)*	low-level sodium tank
Natriumverlustreaktivität *f*	lost sodium reactivity
Natrium-Verunreinigung *f* des Wassers	Na contamination of (the) water
Natriumwärmeübertragungssystem *n (SNR 300)*	sodium heat transfer system
Natriumwaschabwässer *npl (SNR 300)*	sodium washing effluents
Natriumwaschanlage *f (SNR 300)*	sodium wash plant (*oder* system)

Natrium-Wasser-Reaktion *f* SYN. Na-H_2O-Reaktion	sodium-water reaction; Na-H_2O reaction
Natronlaugedosierpumpe *f* *(DWR-Kühlmittelaufbereitung)*	caustic soda proportioning (*oder* dosing) pump
natürliche Dampfabscheidung *f*	natural steam separation
Naturabscheidungsgrenze *f*	natural separation limit
Naturgraphit *m*	natural graphite
Naturkonvektion *f (FGR)*	natural convection
Naturumlauf *m*	natural circulation
Naturumlaufbetrieb *m*	natural-circulation operation
Naturumwälzleistung *f*	natural-circulation capacity
Naturzugluftkühler *m* *(SNR-300-Notkühlsystem)*	natural-draught (*oder Am.* draft) air cooler
ND-Sicherheitseinspeisung *f* *(DWR)*	low-pressure *oder* LP safety injection (system)
Nebelabscheider *m*	mist eliminator
Nebelkühlung *f*	fog cooling
Nebenanlagengebäude *n* SYN. Kraftwerksnebenanlagengebäude	service(s) building
Nebenkondensatpumpe *f* *(hinter Wasserabscheider)*	moisture separator drain pump
Nebenkühler *m*	ancillary *oder* sidestream cooler (*oder* heat exchanger)
Nebenkühlwasserkreis *m*	secondary cooling water loop (*oder Brit.* circuit)
Nebenschleuse *f* SYN. Notschleuse *(Sicherheitshülle)*	emergency (air)lock
Nebenstrom *m*	by-pass flow; side flow
Nebenstromreinigungsanlage *f (DWR)*	bypass purification (*oder* clean-up) system
negativer Dampfblasenreaktivitätskoeffizient *m*	negative void reactivity coefficient
Nenndurchsatz *m* *(DWR-Hauptkühlmittelpumpe)*	design flow rate
Nennleistung *f (Reaktor)*	rated power
Neptunium-239-Konzentration *f*	neptunium-239 concentration

Nettowärmeverbrauch *m*, spezifischer	net heat rate
Neubeladung *f (Reaktor)*	reload(ing); recharging
Neubeschicken *n* des Reaktorkerns	reactor core refuel(l)ing; reloading of the reactor core
Neubeschickung *f*	refuel(l)ing
Neubrennelementlager *n (SWR)*	new *oder* unirradiated fuel store
Neutralisationsbecken *n*	neutralization pond; neutralizing tank
Neutralisationsbehälter *m (Abfallaufber.)*	neutralization tank
Neutralisationsgrube *f*	neutralization pit
Neutralisationsmittel *n*	neutralizing agent
Neutralisierbehälter *m* SYN. Neutralisationsbehälter	neutralization tank
Neutralisierpumpe *f (Abfallaufbereitung)*	neutralization tank drain pump
Neutronen *fpl*	neutrons
Epicadmium ~	epicadmium neutrons
epithermische ~	epithermal neutrons
hochenergetische ~	high-energy neutrons
langsame ~	slow neutrons
mittelschnelle ~	intermediate neutrons
Multiplikations ~	multiplication neutrons
niederenergetische ~	low-energy neutrons
Photo ~	photoneutrons
prompte ~	prompt neutrons
schnelle ~	fast neutrons
Spalt ~	fission neutrons
spaltungsauslösende ~	fission-initiating neutrons
Subcadmium ~	subcadmium neutrons
thermalisierte ~	thermalized neutrons
thermische ~	thermal neutrons
verzögerte ~	delayed neutrons
Neutronenabschirmung *f (SNR 300)*	neutron shielding
Neutronenabsorber *m*	neutron absorber (object)

neutronenabsorbierend	neutron-absorbing
neutronenabsorbierende Flüssigkeit *f*	neutron-absorbing liquid
neutronenabsorbierendes Material *n*	neutron-absorbing material
Neutronenabsorption *f*	neutron absorption
parasitäre Neutronenabsorption	parasitic neutron absorption
Neutronenabsorptionsquerschnitt *m*	neutron absorption cross section
Neutronenabsorptionsrate *f*	neutron absorption rate
Neutronenabsorptionsverlust *m*	neutron absorption loss
Neutronenaktivierung *f*	neutron activation
Neutronenausbeute *f*	neutron yield
~ je Absorption	neutron yield per absorption
~ je Spaltung	neutron yield per fission
Neutronenausfluß *m* *(Reaktortheorie)*	leakage
Neutronenbestand *m* *(im Reaktor)*	neutron inventory
Neutronenbestrahlung *f*	neutron irradiation
Neutronenbeugung *f*	neutron diffraction
Neutronenbilanz *f*	neutron balance
Neutronenbilanzgleichung *f*	neutron balance equation
Neutronendetektor *m*, ortsfester	stationary neutron detector (*oder* sensor *oder* monitor)
Neutronendetektor *m*, sich selbst mit Energie versorgender SYN. Kollektron	self-powered neutron detector; collectron
Neutronendetektorsystem *n* *(DWR)*	neutron detector system
Anzeigerelektronik *f*	electronic indicating equipment; indicating electronics
Mantelthermoelement *n*	sheathed thermocouple
Neutronendetektor *m* im Kern	in-core neutron detector
Verstärkerelektronik *f*	electronic amplifier equipment; electronic amplification system; amplifier electronics

Neutronendichte *f*	neutron density
Neutronendiffusion *f*	neutron diffusion
Neutronendiffusionsgleichung *f*	neutron diffusion equation
Neutronendosisleistung *f*	neutron dose rate
Neutroneneinfang *m*	neutron capture
neutronenempfindliches Differenzthermoelement *n*	neutron-sensitive differential thermocouple
Neutronenenergiegruppe *f*	neutron energy group
Neutronenergiebigkeit *f*	neutron yield
Neutronenfluenz *f* SYN. Teilchenfluenz	neutron *oder* particle fluence
Neutronenfluenzgradient *m*	neutron fluence gradient
Neutronenfluß *m*	neutron flux
Neutronenflußdichte *f*	neutron flux density
Neutronenflußdichtestandard *m*	standard pile
Neutronenflußinstrumentierung *f*	neutron flux instrumentation
Neutronenflußkernaußenmessung *f*	out-of-core neutron (flux) monitoring
Neutronenflußmeßkanal *m*	neutron flux measuring channel; neutron monitoring channel
Neutronenflußmessung *f*	neutron flux measurement; *SWR:* neutron flux monitoring
~ außerhalb des Kerns *(DWR)*	out-of-core neutron flux measurement; out-of-core neutron flux instrumentation; ex-core flux instrumentation
Bildung *f* gleitender Grenzwerte	sliding *oder* variable limit forming (unit)
Impulskanal *m*	source range channel
Leistungsbereichskanal *m*	power range channel
Mittelbereichskanal *m*	intermediate range channel
thermische Nachführung *f*	thermal follow-up unit
Neutronenflußspitze *f*	neutron flux peak
Neutronenflußüberwachung *f*	neutron flux monitoring
Neutronenflußüberwachungssystem *n (SWR)*	neutron flux monitoring system
Neutronenflußverteilung *f*	neutron flux distribution

Neutronenflußverteilungsmessung *f* (*Kugelhaufen-HTR*)	1. *Funktion:* neutron flux distribution measurement; *Anlage:* neutron flux distribution instrumentation
Neutronenfreisetzung *f*	neutron release
Neutronenfreisetzungsrate *f*	neutron release rate
Neutronengift *n* SYN. Reaktorgift	neutron *oder* nuclear poison
chemisches ~	chemical neutron poison
lösliches ~	soluble neutron poison
Neutronenhärtung *f* SYN. Härtung des Neutronenspektrums	neutron hardening
Neutronenhaushalt *m* SYN. Neutronenökonomie	neutron economy
Neutronenkinetik *f*	neutron kinetics
Neutronenkonverter *m*	neutron converter
Neutronenlebensdauer *f*	neutron lifetime
effektive Neutronenlebensdauer	effective neutron lifetime
Neutronenmoderation *f*	neutron moderation
Neutronenmultiplikation *f* SYN. Neutronenvermehrung	neutron multiplication
Neutronenökonomie *f* SYN. Neutronenhaushalt	neutron economy
Neutronen-Protonen-Verhältnis *n*	neutron-proton ratio
Neutronenquelldichte *f*, totale	total neutron source density
Neutronenquelle *f*	neutron source
Americium-Beryllium-~	americium-beryllium neutron source
Antimon-Beryllium-~	antimony-beryllium neutron source
Primär ~	primary neutron source
Neutronenquellstärke *f*	neutron source strength
Neutronenrauschen *n*	neutron noise
Neutronenresonanzabsorption *f*	resonance absorption of neutrons
Neutronenresonanzeinfang *m*	resonance capture of neutrons

Neutronenschild *m* *(Schwerwasserreaktor)*	neutron shield
oberer/unterer Neutronenschild	top/bottom neutron shield
Neutronenspektrum *n*	neutron spectrum
Neutronenspektrumsmessung *f*	neutron spectrum measurement
Neutronenstrahlung *f*	neutron radiation
Neutronenstrahlungseinfang *m* SYN. Neutroneneinfang	neutron capture
Neutronenstromdichte *f*	neutron current density
Neutronentemperatur *f*	neutron temperature
Neutronenthermalisierung *f*	neutron thermalization
Neutronentransportgleichung *f*	neutron transport equation
Neutronenüberschuß *m*	neutron excess; isotopic number
Neutronenverbleibwahrscheinlichkeit *f*	neutron nonleakage probability
Neutronenverlust *m*	neutron loss
Neutronverlustrate *f*	neutron loss rate
Neutronenvermehrung *f* SYN. Neutronenmultiplikation	neutron multiplication
Neutronenvermehrungsfaktor *m*	neutron multiplication factor
Neutronenversprödung *f* *(RDB-Werkstoff)*	neutron(-induced) embrittlement
Neutronenzählrate *f*	neutron count rate
Neutronenzahl *f*	neutron number
Neutronenzahldichte *f*	neutron number density
Neutronenzyklus *m*	neutron cycle
nicht erfaßbares Material *n* *(SFK)*	material unaccounted for, MUF
nichtgebundenes Wasser *n*	free water
nichtintegrierte Bauweise *f* *(HTR mit Gasturbine)*	non-integrated concept (*oder* layout)
nicht kondensierbare Gase *npl*	incondensable *oder* non-condensible gases
nicht kontrollierter Bereich *m* *(im KKW)*	uncontrolled area
Nichtlinearität *f* *(Strahlungsmeßgerät)*	nonlinearity

nicht radioaktiver Bereich *m* SYN. aktivitätsfreier Raum, kaltes Gebiet	cold area
nicht radioaktiver Natriumkreis *m (Na-gek. schn. Brüter)*	non-radioactive sodium loop
Niederdruckeinspeisesystem *n*	low-head *oder* low-pressure safety injection system
Niederdruckkühler *m (DWR)*	letdown heat exchanger
Niederdrucksammelleitung *f (DWR)*	low-pressure header
Niederdrucksammelraum *m (SNR-300-Reaktortank)*	low-pressure plenum
Niederdruckverdichter *m (HTR-Gasturbine)*	low-pressure *oder* LP compressor
Niederhaltefeder *f (DWR-BE)*	hold-down spring
Niederschlag *m*, radioaktiver	(radio)active deposit
Niederschlagsammler *m*	precipitation unit; wire machine
Niedertemperaturverzögerungsbett *n (HTR Peach Bottom)*	low-temperature delay bed
niedrig permeabler Graphit *m (HTR)*	low-permeability graphite
Nile *n*	nile
Niob(ium) *n*, Nb	niobium, Nb
mit Niob stabilisiert *(Stahl)*	niobium-stabilized
Niobstabilisierung *f (Stahl)*	niobium stabilization
nitrierter Stahl *m (HTR-Gaslagerwerkstoff)*	nitrided steel
Niveaubreite *f* SYN. Halbwertsbreite der Resonanzlinie	half-value width of the resonance level; level width
normaler Wassergehalt *m*	equilibrium water
Notabfahren *n (SNR 300)*	emergency shutdown
Notabluftanlage *f* SYN. Notabluftsystem *(SWR Mühleberg)*	standby gas treatment system
Notabschaltsystem *n*	emergency shutdown system; *SWR:* standby liquid control system
Notabschaltung *f*	emergency shutdown; scram
Noteinschießen *n* der Steuerstäbe	rapid emergency insertion of (the) control rods

Noteinspeisepumpe *f*	emergency feed pump; *SWR:* high-pressure coolant injection pump, HPCI pump
Noteinspeiseregelanlage *f (DWR)*	emergency feed control system
Noteinspeisesystem *n (SWR)*	high-pressure coolant injection system, HPCI system
Noteinspeiseturbine *f (SWR)*	high-pressure coolant injection turbine, HPCI turbine
Noteinspeisung *f (SWR)*	high-pressure coolant injection, HPCI
Notflutung *(DWR)*	emergency flooding
Notkondensation *f (SWR)*	emergency condensation
Notkondensationsanlage *f (SWR)* SYN. Notkondensationssystem	emergency *oder* isolating condenser system; reactor core inventory control system, RCIC system
Notkondensationspumpe *f (SWR)*	RCIC pump
Notkondensationssystem *n (SWR)* SYN. Notkondensationsanlage	emergency *oder* isolating condenser system; reactor core inventory control system, RCIC system
Notkondensationsturbine *f (SWR)*	RCIC turbine
Notkondensator *m (SWR)*	emergency *oder* isolating *oder* RCIC condenser
Notkondensatorentlüftung *f*	emergency *oder* isolation *oder* RCIC condenser vent
Notkühlanlage *f*	*gen.:* emergency cooling system; *Reaktorkern:* post-incident cooling system
Notkühleinrichtung *f (HTR)*	emergency cooling loop
Notkühler *m*	emergency cooler, emergency heat exchanger
Notkühlsystem *n* SYN. Notkühlanlage	emergency cooling system
Niederdrucknotkühlsystem *(SWR)*	low-pressure emergency cooling system
Notkühlung *f*	emergency cooling

Notkühlwärmetauscher *m* *(SWR Gundremmingen)*	emergency *oder* post-incident (cooling) heat exchanger
Notkühlwasser *n*	emergency cooling water
Notkühlwasserbehälter *m* für Spaltproduktfallen *(HTR Peach Bottom)*	trapping system emergency cooling H_2O tank
Notnachkühlbetrieb *m*	emergency residual heat removal operation
Notnachkühlung *f*	emergency residual heat removal; emergency shutdown cooling (system)
Notschleuse *f (Sicherheitshülle)*	emergency (personnel) air lock
Notspeiseleitung *f* *(SNR-300-Dampferz.)*	emergency feed pipe (*oder* line)
Notspeisepumpe *f (DWR, SNR-300-Dampferz.)*	emergency feed(water) pump
Notspeisewasserversorgung *f* *(DWR)*	emergency feedwater supply system
Notspeisewasservorwärmer *m* *(SNR 300)*	emergency feed(water) heater
Notspiegel *m (SNR-300-Reaktortank)*	emergency (sodium) level
Notstandsäquivalentdosis *f* *(Strahlenschutz)*	emergency dose
Notstromdieselgebäude *n* *(SWR-KKW)*	emergency diesel building; diesel generator building
Notstromdieselstation *f* *(SNR 300)*	emergency diesel station
Not- und Nachkühlsystem *n* *(DWR)*	emergency cooling and residual heat removal system
Druckspeicher *m*	accumulator tank
Flutbehälter *m*	refuel(l)ing water storage tank
Nachkühlpumpe *f*	residual heat removal pump, RHR pump
Sicherheitseinspeisepumpe *f*	safety injection pump
Nachwärmekühler *m*	residual heat exchanger
Reaktorraumfüllpumpe *f*	refuel(l)ing cavity fill pump
Sperrwasserdruckerhöhungspumpe *f*	seal water booster pump

NSS-Pumpe *f* = Nachspeisesystempumpe *(SWR)*	RCIC pump
NSS-Turbine *f* = Nachspeisesystemturbine *(SWR)*	RCIC (pump) turbine
nukleare Dampferzeugungsanlage *f* SYN. nukleares Dampferzeugungssystem, NDS	nuclear steam supply system, NSSS
nukleare Dampfüberhitzung *f*	nuclear steam superheat(ing)
nukleare Kaltwasseranlage *f* *(SNR 300)*	nuclear chilled-water system (*oder* plant)
nukleare Lüftungsanlagen *fpl* *(DWR)*	controlled-area ventilation systems
Axialventilator *m*	axial-flow fan
Dampfbefeuchter *m*	steam humidifier
Dampf-Luftbefeuchtungseinrichtung *f*	steam air humidification system
dichtschließende Absperrklappe *f*	tight-closing isolating damper
Feinluftfilter *n, m*	fine air filter
Filtereinheit *f* (Aerosol- u. Aktivkohlefilter)	(combined aerosol and activated-charcoal) filter unit
Jalousieklappe *f*	louvre damper
Kanalsystem *n*	duct system
Lufterhitzer *m*	air heater
Luftkühler *m*	air cooler
Luftmengenregulierklappe *f*	air flow regulating damper
Luftnacherhitzer *m*	air afterheater
Luftvorerhitzer *m*	air preheater
Radialventilator *m*	radial-flow fan
Ringraumabsaugung *f* für GaU	annulus exhaust air handling system for MCA
Schildkühlung *f*	shield cooling system
schnellschließende Absperrklappe *f*	quick-closing isolating damper
Schnellschlußklappe *f*	quick-closing damper
Spülluft *f* Sicherheitshülle	containment purge system
Trockenschichtbandfilter *n, m*	dry-layer type roll filter
Umluftanlage *f*	air recirculation system

~ Anlagenräume	air recirculation system for plant compartments, plant compartment air recirculation system
~ (für) bedingt begehbare Räume	air recirculation system for spaces of restricted accessibility; restricted-accessibility space air recirculation system
~ Betriebsräume	operating-compartment air recirculation system
Unterdruckhaltung *f* Sicherheitshülle	containment subatmospheric pressure (maintenance *oder* holding) system
Zuluftanlage *f*	(controlled-area) supply air system
nukleare Exkursion *f*	nuclear excursion
nukleare Nebenkühlwasserpumpe *f (DWR)*	component cooling loop pump
nukleare Prozeßwärme *f*	nuclear process heat
nukleare Tätigkeit *f (SFK)*	nuclear activity
nukleare Überhitzung *f*	nuclear superheat
nukleare Überwachung *f* des Reaktors	nuclear reactor monitoring
nukleare Zwischenkühlkreispumpe *f (DWR)*	component cooling pump
nuklearer Zwischenkühler *m (DWR)*	component cooling heat exchanger
nukleares Betriebsgebäude *n (SWR-KKW)*	nuclear *oder* reactor service building
nukleares Dampferzeugungssystem *n*, NDS SYN. nukleare Dampferzeugungsanlage	nuclear steam supply system, NSSS
nukleares Zwischenkühlsystem *n (DWR)*	component cooling loop (*oder* system)
Ausgleichsbehälter *m*	surge tank
Dosierbehälter *m*	proportioning *oder* dosing tank
Zwischenkühler *m*	component cooling heat exchanger
Zwischenkühlkreisfilter *n, m*	component cooling filter
Zwischenkühlpumpe *f*	component cooling pump

Nukleon *n*	nucleon
Nukleonenzahl *f*	nucleon number
Nuklid *n*	nuclide
filterbares ~	filtratable nuclide
kurzlebiges edelgasförmiges ~	short-lived noble-gas nuclide
nicht edelgasförmiges ~	non-noble-gas nuclide
natürlich radioaktives ~	natural radioactive nuclide, natural radionuclide
Radio ~	radionuclide
Nuklidmasse *f* SYN. Masse eines Nuklids	nuclide mass, mass of a nuclide
Nullabgabe *f (v. Radioaktivität an Umgebg.)*	zero release
Nullaufnahme *f (vor d. Wiederholungsprüfung)*	*Brit.* fingerprinting, *Am.* baseline *oder* reference inspection
Nulleffekt *m* SYN. Rauschen, Störpegel	background (noise)
Nullenergieanlage *f*, Nullenergieanordnung *f*	zero energy assembly
Nullenergieexperiment *n*	zero energy experiment
Nulleistungsexperiment *n*	zero power experiment
Nulleistungsmessung *f*	zero power measurement
Nulleistungsphase *f*	zero power phase
Nulleistungsprüfung *f*	zero power test
Nullpunktverschiebung *f (Kugelhaufen-HTR - Abbrandmessung)*	zero displacement
Nusseltzahl *f*, Nußeltzahl	Nusselt number
Nut-Paßfeder-System *n (FGR-Graphit)*	keyway/feather system, keyway and feather system
nutzbare Kernenergie *f*	nuclear power
Nutzfaktor *m*, thermischer	thermal utilization factor
Nutzleistung *f*	effective energy
Nutzung *f* des Brennstoffes SYN. Brennstoffnutzung	fuel utilization
Nutzung *f*, thermische	thermal utilization (factor)
Nutzungszeitraum *m* der Anlage	plant utilization period

O

obere Glocke *f (FGR)*	(circulator) pressure closure; withdrawal closure dome
oberflächenaktivierte Anlagenteile *npl*	surface-activated plant components
Oberflächenaktivität *f*	surface activity
Oberflächenaufrauhung *f* .*(FGR-BE-Hüllrohr)*	surface roughening
Oberflächenkontamination *f*	surface contamination
Oberflächenrauhigkeit *f*	surface roughness
Oberflächenreinheit *f*	surface cleanliness
Oberflächenrißprüfung *f (Schweißnaht)*	surface crack test
Objektschutz *m (SFK)*	physical protection
Ölablaßleitung *f (interne SWR-Axialpumpe)*	oil drain line
Ölmotor *m (HTR-Abschaltstabantrieb)*	fluid *oder* oil-hydraulic motor
Ölrücklaufleitung *f (SWR-Kühlmittelumwälzpumpe)*	oil return line
Ölversorgung *f (Kühlmittelpumpe)*	oil supply system
Ölvorlaufleitung *f (Kühlmittelpumpe)*	oil flow line
Ölvorlaufverteilerleitung *f (Kühlmittelpumpe)*	oil flow manifold
offener Kreislauf *m (HTR-Gasturbine)*	open cycle
offener radioaktiver Stoff *m*	unsealed source
Offshore-Kernkraftwerk *n*	offshore nuclear power plant
„Operationssaal"-Bedingungen *fpl*	clean conditions
optische Beobachtungseinrichtung *f (für BE)*	viewing device
Ordnungszahl *f* SYN. Kernladungszahl, Protonenzahl	atomic *oder* charge *oder* proton number
organisch gekühlter Reaktor *m*	organic cooled reactor

O-Ring-Dichtung *f*	O-ring seal
Ortsdosis *f (Strahlenschutz)*	local dose
Ortsdosisleistung *f*	local dose rate
Ortsdosisleistungsmessung *f*	local dose rate measurement
ortsfester Reaktor *m*	stationary reactor
ovale Lagerbüchse *f (Gaslager)*	oval bearing bush
Overcoating *n (beschichtete HTR-Brennstoffteilchen)*	overcoating
oxidische Partikel *f (HTR-Brennstoff)*	oxidic particle
Oxydation *f*, strahlungsinduzierte, des Graphits	radiation-induced oxidation of the graphite
Oxydationsbett *n (HTR Peach Bottom)*	oxidation bed
Oxydationsverhalten *n*	oxidation behaviour
oxydative chemische Zersetzung *f* des Graphits *(BE-Wiederaufarbeitung)*	oxidative chemical decomposition of graphite
Oxydator *m*	oxidizer

P

Paarbildung *f* SYN. Paarerzeugung	pair production
Paarbildungskoeffizient *m*	pair production coefficient
Palladium *n*, Pd	palladium, Pd
Palladiumkatalysator *m*	palladium catalyst
Pallring *m (Füllkörper)*	Pall ring
Panzerrohr *n (in Spannbetonbehälterdurchführungen)*	penetration liner (tube)
Parallelplattenschieber *m (SNR-300-Sekundärkreis)*	parallel slide valve
Parallelstrom *m*	parallel flow
Partikelfilter *n, m*	particulate filter
Partikelkern *m (HTR-Brennstoffkugel)*	particle kernel

Pécletzahl *f*	Péclet number
Pendelstütze *f* *(RDB-Aufhängung)*	sway brace
Perforationstemperatur *f* der Zr-Hüllen	Zr cladding pinhole formation temperature
Periode *f* SYN. Reaktorperiode, Reaktorzeitkonstante	reactor period, reactor time constant
Periodenbereich *m* SYN. Zeitkonstantenbereich	period range, time constant range
permanentmagnetischer Durchflußmesser *m (SNR-300-Na-Durchsatzmessung)*	permanent-magnet flowmeter
Peroxidverbindung *f* *(BE-Wiederaufarbeitung)*	peroxide compound
Personendekontaminierung *f*	personnel decontamination
Personendosis *f*, gesamte höchstzulässige	total maximum permissible individual dose
Personenkontrollstelle *f* *(am Eingang zum Kontrollbereich)*	personnel checkpoint
Personenschleuse *f (SB)*	personnel air lock (*oder* airlock)
Personenüberwachung *f* SYN. Strahlenüberwachung des Betriebspersonals	personal *oder* personnel monitoring
pH-Wert-Steuerung *f*	pH (value) control
Phasenänderung *f*	phase change
Phasentrennung *f*	phase segregation (*oder* separation)
Phenolharzbinder *m* *(HTR-BE-Fertigung)*	phenolic resin binder
Phosphat-Glasdosimeter *n* *(Strahlendosisüberwachung)*	phosphate glass dosemeter
Photoabsorptionskoeffizient *m*	photoelectric absorption coefficient
Photoneutron *n*	photoneutron
Plancksche Konstante *f*	Planck's constant
planmäßige Revisionsstillegung *f (KKW)*	planned *oder* scheduled outage (*oder* shutdown) for inspection; scheduled inspection outage
plastisches Beulen *n*	plastic buckling
Plattierung *f (RDB)*	cladding; hardfacing

Platzmembran *f* SYN. Reißscheibe	bursting diaphragm (*oder* disc)
Pluggingmeter *n* *(Na-Temperaturmessung)*	plugging meter
Plutonium *n*, Pu	plutonium, Pu
spaltbares ~	fissionable *oder* fissile plutonium
Plutoniuminventar *n (HeBR)*	plutonium inventory
Plutoniumproduktionsrate *f*	plutonium production rate
Plutoniumrückführung *f* *(in Reaktoren)*	plutonium recycle
Plutoniumrückführ(ungs)-reaktor *m*	plutonium recycle reactor
pneumatische Bremse *f* *(Kugelhaufen-HTR-Beschickungsanlage)*	pneumatic brake
pneumatischer Doppelkolben-linearantrieb *m* *(HTR-Stellstabantrieb)*	pneumatic dual-piston linear drive
pneumatischer Stellantrieb *m* *(Armatur)*	pneumatic actuator (*oder* positioner)
Pod-boiler *m (FGR)*	pod boiler (unit)
Poissonsche Zahl *f*	Poisson's ratio
Poller *m* *(an Druckbehältern)*	(support and lifting) trunnion
Polonium-Beryllium-Neutronen-quellstab *m*	polonium-beryllium neutron source rod
polykristallines UO_2 *n*	polycrystalline UO_2
Poolkonzept *n* *(schneller Brüter)*	pool concept
Porenwanderung *f*	pore migration
Positionierung *f* der Steuerstäbe	control rod positioning
Positionsverschluß *m* *(Brennstoffkanal)*	coolant channel end closure; reactor grid position end closure
positive Energiebilanz *f*	positive energy balance
Präzipitatorkammer *f* *(FGR-Brennstabschadens-suche)*	precipitator chamber
Prallplatte *f* SYN. Leitblech	baffle (plate)

Prandtlzahl *f*	Prandtl number
Presse *f (für feste Abfälle)*	baler
Preßling *m (HTR-Brennstoff)*	compact
Primärabschirmung *f*	primary shielding
Primärabwässer *npl*	primary (plant) liquid waste
Primäranlage *f*	primary plant
Primärargonsystem *n (SNR 300)*	primary argon system
Primärdampf *m (SWR)*	primary steam
Primärdampfdurchsatz *m*	primary steam flow
Primärdampfkreislauf *m*	primary steam circuit
Primärdampfleitung *f*	primary steam line
Primärdampfschieber *m*	primary steam isolation valve
Primärdampfsicherheitsventil *n*	primary system steam safety valve
Primärdampfumleitstation *f (SWR)*	primary steam bypass system (*oder* station)
Primärdaten *npl (SFK)*	source data
Primärdurchflußmenge *f*	primary flow rate
Primärgas *n (HTR)*	primary gas
Primärgasfüllung *f*	primary-gas filling
Primärgasströmung *f* (in den Dampferzeugern)	primary gas flow (in the steam generators)
Primärgebläse *n (HTR)*	primary circulator (*oder* blower)
Primärkondensat *n (SWR)*	primary condensate
Primärkreis *m*	primary loop (*oder Brit.* circuit)
Primärkreisabschlämmung *f (Wasserreaktor)*	primary system blowdown
Primärkreiskomponente *f*	primary system component
Primärkreislauf *m*	primary loop (*oder Brit.* circuit); *Primärsystem:* primary system
Primärkreislauf-Kühlmittelaustrittstemperatur *f*	primary system coolant outlet temperature
Primärkühlkreislauf *m*	primary coolant loop (*oder Brit.* circuit); *Gesamtsystem:* primary coolant system
Primärkühlwasser *n (DWR)*	primary coolant water
Primärnatrium *n (SNR 300)*	primary sodium
primärnatriumführende Rohrleitung *f (SNR 300)*	primary-sodium-carrying pipe

Primärnatriumnebenanlage *f (SNR 300)*	primary sodium ancillary system
Primärpumpe *f*	primary pump; reactor coolant pump
Primärreinigung *f (SWR)*	reactor water clean-up(system)
Primärreinigungsanlage *f* SYN. Reaktorwasserreinigungssystem	(reactor water) clean-up system
Primärreinigungskühler *m (SWR)*	clean-up system heat exchanger
Primärreinigungsmischbettfilter *n, m*	clean-up demineralizer
Primärreinigungspumpe *f*	*SWR:* clean-up demineralizer pump; (primary) coolant purification pump, coolant purification booster pump
Primärreinigungssystem *n (SWR)* SYN. Primärreinigungsanlage	clean-up (demineralizer) system
Primärrohrleitungsbruch *m (SWR)*	primary pipe rupture
Primärschild *m*	primary shield(ing)
Primärschildkühlsystem *n (DWR)*	primary shield cooling system
Primärschildkühlung *f*	primary shield cooling
Primärspeiseleitung *f*	*DWR:* charging line; *gen.* main coolant charge line
Primärsystem *n*	primary system
Primärteil *m (eines KKW)*	primary plant (*oder* portion *oder* system), nuclear island
Primärumwälzpumpe *f*	primary (re)circulation pump
Primärwärmeübertragungskreislauf *m (SNR 300)*	primary heat transfer loop
Primärwärmeübertragungssystem *n (SNR 300)*	primary heat transfer system
Primärwasser *n*	primary water; reactor coolant water
Primärwasserpumpe *f*	primary water pump; reactor coolant pump
Primärwasserreinigungsanlage *f* SYN. Primärreinigungsanlage, Reaktorwasserreinigungssystem	primary water purification plant; *SWR:* (reactor coolant) clean-up system

Primärwasserreinigungssystem *n*	primary water purification plant; *SWR:* (reactor coolant) clean-up system
Primärzuluftanlage *f (SNR 300)*	primary supply air system
Probeentnahme *f*	*Funktion:* sampling; *Anlage:* sampler, sampling point (*oder* system)
Probeentnahmeanlage *f* SYN. Probe(ent)nahmesystem	sampling system
Probeentnahmekühler *m* SYN. Probenkühler	sample heat exchanger
Probeentnahmeleitung *f*	sampling line
Probeentnahmeschrank *m*	sampling cabinet
Probe(ent)nahmesystem *n* SYN. Probeentnahmeanlage	sampling system
Probemontage *f*	check *oder* trial fit-up
Probenahmewasser *n* *(als Abwasser)*	sampling waste
Probeeinflußfunktion *f (Kugelhaufen-Abbrand-messung)*	sample importance function
Probenentnahmebehälter *m (DWR)*	(volume control tank) sample bomb
Probenkühler *m (DWR)*	sample heat exchanger
Probenleitung *f*	sample line
Probenplättchen *n* *(Werkstoff im Reaktor)*	sample coupon
Probensammelbecken *n* *(DWR)*	sample sink
Produktionsabfälle *mpl (SFK)*	scrap
Profilschlitten *m (für Unter-wasserleuchte im SWR-BE-Becken)*	adjustable sectional-steel frame *(for underwater light)*
Programmsteuerung *f*	program(me) *oder* sequence control
prompte Neutronen *npl*	prompt neutrons
prompter Temperaturkoeffizient *m*	prompt temperature coefficient
prompt-kritisch	prompt critical

Propanspeicherbehälter *m*	propane storage tank
Proportionalregler *m*	proportional controller
Proportionalzähler *m* Proportionalzählrohr *n*	proportional counter (tube)
Propylen *n (für pyrolyt. Kohlenstoffbeschichtung von HTR-BE)*	propylene
Protaktinium *n,* Pa	protactinium, Pa
Protaktiniumadsorption *f*	protactinium adsorption
Protaktiniumvergiftung *f (HTR)*	protactinium poisoning
Proton *n*	proton
Protonenzahl *f* SYN. Ordnungszahl, Kernladungszahl	proton *oder* atomic *oder* charge number
Prototypreaktor *m*	prototype reactor
prozentuale Tiefendosis *f (Strahlenschutz)*	percentage depth dose
Prozeßinventar *n (SFK)*	in-process inventory
Prozeßwärme *f*	process heat
Prozeßwärmereaktor *m*	process heat reactor
Prüfbehälter *m (für Abwasser)*	monitor(ing) tank
Prüfliste *f*	check-off list
Prüfstrahler *m (Dosisleistungsmesser-Funktionskontrolle)*	test source
Prüftaster *m*	test(ing) pushbutton
Prüf- und Speicherbehälter *m (Abwasser)*	monitoring and hold-up tank
Prüfung *f*	examination; test; inspection; check
Eignungs~	suitability test
Primär~	primary test
Sekundär~	secondary test
Verfahrens~	procedural *oder* procedure test
Vorab~	preliminary test
zerstörungsfreie (Werkstoff)~	non destructive (materials) test(ing)
Pr-Zahl *f* = Prandtlzahl	Prandtl number

Pu-Brenner *m* SYN. Pu-Voll-Core	Pu burner
Pufferbehälter *m*	buffer *oder* surge tank
Pufferlager *n (FGR)*	buffer store
Pufferschicht *f* *(HTR-BE-Beschichtung)*	buffer layer
Pufferstrecke *f* *(Kugelhaufen-HTR-BE-Beschickungsanlage)*	buffer section
Pulverharz *n* *(für Ionenaustauscher)*	powdered resin; Powdex (ion exchange) resin
Pulverharzanschwemmfilter *n, m*	powdered resin precoat filter
pulvermetallurgisches Granulierverfahren *n (Fertigung von beschichteten Teilchen)*	powder-metallurgical granulation process
Pumpe *f* **für kontrolliertes Ablassen von Abwässern** *(HTR Peach Bottom)*	liquid waste controlled discharge pump
Pumpe *f* **mit Wellen(ab)dichtung** *(LWR)*	shaft-seal(ed) pump; controlled- *oder* limited-leakage pump
Pumpenausfall *m*	pump failure
Pumpenmotor *m*, **trägheitsarmer** *(Karbidbrüter)*	low-inertia pump motor
Pumpenschutzfilter *n, m*	pump protection filter
Pumpenschutzsieb *n*	pump protection strainer
Pumpleistung *f* *(Kühlmittelumwälzer)*	pumping capacity
Pu-Rückführung *f (in thermische Reaktoren)*	Pu recycle *(to thermal reactors)*
(Pu-U)O_2-Mischoxid *n* *(SNR 300)*	mixed Pu-UO_2 oxide
Pu-Voll-Core *n* SYN. Pu-Brenner	full Pu core
Pyrexglasröhrchen *n* *(DWR-Quellstab)*	Pyrex glass tube
Pyrokohlenstoff *m*, **PyC**	pyrocarbon, PyC, pyrolytic carbon
Pyrokohlenstoffabscheidung *f* **auf Leitrohren** *(gasgek. Schwerwasserreaktor)*	pyrocarbon deposition on guide tubes

pyrokohlenstoffbeschichtetes Teilchen *n (HTR-Brennstoff)*	pyrocarbon-coated particle
Pyrokohlenstoffbeschichtung *f*	pyrocarbon coating, pyrolytic carbon coating
pyrolytische Kohlenstoffschicht *f (HTR)*	pyrolytic *oder* pyrocarbon layer
pyrolytischer Graphit *m*	pyrolytic graphite
pyrolytischer Kohlenstoff *m*, PyC SYN. Pyrokohlenstoff	pyrolytic *oder* pyrocarbon, PyC
Pyrosulfat *n (HTR-BE-Wiederaufarbeitung)*	*Am.* pyrosulfate, *Brit.* pyrosulphate

Q

Quadratgitter *n*, quadratisches Gitter *(Brennstabanordnung im LWR-BE)*	square lattice
qualitative Überwachungsmethoden *fpl (SFK)*	qualitative safeguards methods
quantitative Wahrscheinlichkeitsanalyse *f*	quantitative probability analysis
quasihomogene Verteilung *f* des Brennstoffs im Graphit *(HTR)*	quasi-homogeneous distribution of fuel in graphite
quasistatisches Core *n (Kugelhaufen-HTR)*	quasi-static core
Quellbereich *m* SYN. Quellenbereich *(Neutronenflußmessung)*	source range
Quelldichte *f*	source density
spektrale ~	spectral source density
Quellelement *n (Schwerwasserreaktor)*	booster element
Quellenbereich *m* SYN. Quellbereich, Anfahrbereich, Impulsbereich	source range
Quellmaterial *n*	source material
Quellniveau *n (Neutronenflußmessung)*	source level

Quellstab *m (DWR)*	source rod
Primär~	primary source rod
Sekundär~	secondary source rod
Quellstabhüllrohr *n*	source rod clad(ding) tube
Quellstärke *f*	source strength; *Emissionsrate:* emission rate
Queraustausch *m* *(v. Reaktorkühlmittel)*	transverse exchange
Querkontraktionszahl *f* *(Werkstoff)*	lateral deformation coefficient

R

R-12-Entspannungsbehälter *m* *(HTR Peach Bottom)*	R 12 expansion tank
R-12-Kältesystem *n* *(HTR Peach Bottom)*	R 12 refrigeration system
R-12-Speicherbehälter *m* *(HTR Peach Bottom)*	R 12 storage receiver
rad, rd *(Einheit der Energiedosis)*	rad, rd
Radialrad *n (Kreiselpumpe)*	radial-flow impeller
Radialtraglager *n* *(Gasumwälzgebläse von HTR DRAGON)*	radial journal bearing
Radialverdichter *m* *(FGR-Kühlgasgebläse)*	radial-flow compressor
radioaktiv	radioactive
hochgradig ~ SYN. „heiß“	highly radioactive, hot
radioaktive Abfälle *mpl* SYN. radioaktive Abfallstoffe	radioactive effluent(s); radioactive waste(s)
radioaktive Aerosole *npl*	radioactive aerosols
radioaktive Flüssigkeit *f*	liquid radioactive waste (*oder* effluent)
radioaktive Korrosionsprodukte *npl*	radioactive corrosion products
radioaktive Strahlung *f*	nuclear radiation
radioaktive Tochterprodukte *npl*	radioactive daughter products

radioaktive Verdampfungskonzentrate *npl* *(Abfallaufbereitung)*	radioactive evaporation concentrates; radioactive evaporator bottoms
radioaktive Verseuchung *f*	radioactive contamination
radioaktiver Stoff *m*	radioactive material
radioaktives Gas *n*	radioactive gas
radioaktiver Zerfall *m*	radioactive decay (*oder* disintegration)
radioaktives Schmutzwasser *n* *(Abwasseraufbereitung)*	radioactive dirty water
radioaktivierte Korrosionsprodukte *npl*	activated corrosion products
Radioaktivität *f*	radioactivity
~ in den Fluß ablassen	to release *oder* discharge radioactivity to the river
flüssige ~	liquid radioactivity
gasförmige ~	gaseous radioactivity
induzierte ~	induced radioactivity
kurzlebige ~	short-lived radioactivity
langlebige ~	long-lived radioactivity
natürliche ~	natural radioactivity
Radioaktivitätsgehalt *m*	radioactivity content
Radioaktivitätsmeßstelle *f*	radioactivity measuring point
Radioaktivitätspegel *m*	radioactivity level
Radiochemie *f*	radiochemistry
radiochemisches Labor *n*	radiochemical laboratory
Absaugeschrank *m*	fume cupboard
Abschirmkabine *f*	shielding cabin
Analysenwaage *f*	analytic balance
Beta-Meßplatz *m*	beta measuring station
Bezugslösung *f*	standard solution
Bleiburg *f*	lead castle
Destillierapparat *m*	still; distillation apparatus
Eintauchrefraktometer *n*	dipping refractometer
Elektrophotometer *n*	electrophotometer
Flammenansatz *m*	flame attachment
Gasabzug *m*	exhaust *oder* fume hood

Gaschromatograph *m*	gas chromatograph
Gasspürgerät *n*	gas detector
Gerät *n* zur kontinuierlichen Borbestimmung	continuous boron analyzer
Gerät *n* zur kontinuierlichen Sauerstoffbestimmung	continuous oxygen analyzer
Halbleitersonde *f*	semiconductor probe
Heizplatte *f*	hotplate
Isotopenabzugsschrank *m*	isotope exhaust cabinet
Karusselltresor *m*	merry-go-round type bunker
Kryostat *m*	cryostat
kunststoffummantelt	plastic-sheathed
Labormonitor *m*	laboratory monitor
Leitfähigkeitsmeßgerät *n*	conductivity meter
Magnetrührer *m*, Magnetrührwerk *n*	magnetic agitator (*oder* stirrer)
Membranfilterfiltriergerät *n*	diaphragm filtration unit
Meßerde *f*	instrument earth(ing) (*oder Am.* ground)
Meßpräparat *n*	counting preparation
Meßraum *m*	counting room
Methandurchflußzähler *m*	methane flow-rate counter, methane flowrater
Mikroskop *n* mit Fotoeinrichtung	microscope with photography attachment
Fotoaufsatz *m*	photography attachment
Objektiv *n*	lens
Okular *n*	eye-piece
Revolver *m*	lens turret
Stereomikroskop	stereo microscope
Muffelofen *m*	muffle furnace
NaJ-Bohrlochszintillationszähler *m*	NaJ well-type scintillation counter
pH(-Wert)-Meßgerät *n*	pH meter
pH-Meßgerät mit Einstabmeßketten	pH meter with single-rod measuring chains
Präzisionswaage *f*	precision scales
Präzisionsschnellwaage	precision express scales

Probeentnahmestation *f*	sampling station
Probenwechsler *m*	sample changer
Schüttelmaschine *f*	shaking *oder* vibrating machine
Spektralphotometer *n*	spectrophotometer
Strahlungsmeßgerät *n*	radiation detection instrument
Thermostat *m*	thermostat
Ultra～	ultra thermostat
Trockenschrank *m*	drying cabinet
Vakuumpumpe *f*	vacuum pump
Vielkanal-Impulshöhenanalysator *m*	multi-channel pulse height analyzer
Wägebereich *m*	weighing range
Wasserbad *n*	water bath
Wasserheizbad *n*	water heating bath
Zentrifuge *f*	centrifuge
Radioelement *n*	radioelement
Radiogramm *n*	radiograph
Radioisotop *n*	radioisotope
radiologische Gefährdung *f* der Umgebung	radiological hazard to the environment
Radiolyse *f*	radiolysis
Radiolysegas *n*	radiolysis gas
radiolytische Zersetzung *f* des CO_2 *(FGR)*	radiolytic decomposition of CO_2
radiolytische Zersetzungsrate *f*	radiolytic dissociation rate
Radionuklid *n*	radionuclide
kurzlebiges/langlebiges ～	short/long-lived radionuclide
Radiotoxizität *f*	radiotoxicity
räumliche Instabilität *f*	spatial instability
Randbeschickungsstelle *f* *(Kugelhaufen-HTR)*	peripheral refuel(l)ing location
Randleiste *f* *(LWR-BE)*	rubbing strip
Randschüttkegel *m* *(Kugelhaufen-HTR)*	peripheral charging cone
Randzone *f* des Kerns	core edge zone
raschigringgefüllt *(Abscheider d. Abfallaufbereitungsanlage)*	Raschig-ring-filled, filled with Raschig rings

Rasseln *n* der Brennelemente *(FGR)*	fuel ratchetting
Rauchmelder *m* *(Na-Lecknachweis, SNR 300)*	smoke alarm
Rauchmeldesystem *n (SNR 300)*	smoke alarm system
Raum *m* für die Zerkleinerung der Führungsstange *(FGR)*	tie rod disposal facility
Raumüberwachung *f*	*Funktion:* area monitoring; *Anlage:* area monitoring system
Raumüberwachungsgerät *n* SYN. Flächenmonitor	area monitor
Rauschleistung *f*	noise power
Rauschquelle *f*	noise source
Rauschsperre *f*	noise barrier (*oder* eliminator)
RBW = relative biologische Wirksamkeit *f*	RBE, relative biological effectiveness
R/B-Wert *m* SYN. Freisetzungsrate	release/birth rate
Reaktionsenergie *f*	reaction energy
Reaktionsfreudigkeit *f* des Natriums mit Luft	propensity of sodium to react with air
Reaktionsrate *f*	reaction rate
Reaktionswärme *f*	heat of reaction
Reaktivität *f*	reactivity
~ zuführen	to insert reactivity
Reaktivitätsabnahme *f*	reactivity decrease
Reaktivitätsänderung *f*	reactivity change, change in reactivity
Reaktivitätsänderungsgeschwindigkeit *f*	rate of reactivity change
Reaktivitätsäquivalent *n*	reactivity equivalent
~ des Steuerstabes	control rod worth, control rod reactivity equivalent
Reaktivitätsausbruch *m*	reactivity excursion
Reaktivitätsbeitrag *m*	reactivity contribution
Reaktivitätsbilanz *f*	reactivity balance
Reaktivitätsbindung *f*	reactivity binding
Reaktivitätserhöhung *f*	insertion of reactivity

rampenförmige ~	ramp insertion of reactivity
stufenförmige ~	step insertion of reactivity
Reaktivitätsfreigabe *f*	reactivity release
Reaktivitätsfreisetzung *f*	reactivity release
Reaktivitätsgewinn *m*	reactivity gain
Reaktivitätshub *m*	excess reactivity
Reaktivitätskoeffizient *m*	reactivity coefficient
~ der Brennstofftemperatur	reactivity coefficient of the fuel temperature
~ der Kühlmitteltemperatur	reactivity coefficient of the coolant temperature
Reaktivitätskompensation *f*	reactivity compensation
Reaktivitätskontrolle *f*	reactivity control
chemische ~	chemical reactivity control
Reaktivitätskontrollsystem *n* *(SWR)*	reactivity control system
Reaktivitätsrampe *f* *(FGR)*	reactivity ramp
Reaktivitätsrate *f*	reactivity rate
Reaktivitätsregelsystem *n*	reactivity control system
chemisches ~	chemical reactivity control system
Reaktivitätsregelung *f*	reactivity control
Reaktivitätsreserve *f*	reactivity reserve
Reaktivitätsrückführung *f*	reactivity feedback
Reaktivitätsrückgang *m*	reactivity decrease
Reaktivitätsrückkopplung *f*	reactivity feedback
Reaktivitätsschwankung *f*	reactivity fluctuation (*oder* variation)
Reaktivitätssprung *m*	step change in reactivity
Reaktivitätsstörfall *m*	reactivity accident
~ durch Wassereinbruch	reactivity accident due to water inleakage
Reaktivitätsstörung *f* *(SNR 300)*	reactivity perturbation
Reaktivitätsstoß *m*	reactivity surge
Reaktivitätsüberschuß *m*	excess reactivity
Reaktivitätsverhalten *n*	reactivity behaviour

Reaktivitätswert *m*	*HeBR-Heliumfüllung:* reactivity worth; *Absorberelemente:* rod worth
Reaktivitätswirksamkeit *f*	reactivity effectiveness (*oder* efficacy)
Reaktivitätszuwachs *m*	reactivity gain
Reaktor *m* SYN. Kernreaktor	(nuclear) reactor
Brüter ~	breeder reactor
Brut ~	breeder reactor
heliumgekühlter Brut ~, HeBR	helium-cooled breeder reactor
natriumgekühlter Brut ~, NaBR	sodium-cooled breeder reactor
CO_2-gekühlter Natururan ~	CO_2-cooled natural-uranium (-fuelled) reactor
D_2O-Druckkessel ~	D_2O pressure-vessel reactor
D_2O-Druckröhren ~	D_2O pressure-tube reactor
D_2O-Siedewasser ~	boiling D_2O reactor
Dampferzeugungs ~	steam-generating reactor
Druckkessel ~ mit D_2O-Kühlung	D_2O-cooled pressure-vessel reactor
Druckröhren ~	pressure-tube reactor
Druckröhren ~ mit CO_2-Kühlung	CO_2-cooled pressure-tube reactor
Druckwasser ~, DWR	pressurized-water reactor, PWR
Druckwasser ~ mit Zwangsumlauf	forced-circulation pressurized-water reactor
fortgeschrittener gasgekühlter Reaktor, FGR	advanced gas-cooled reactor, AGR
gasgekühlter Hochtemperatur ~	high-temperature gas-cooled reactor, HTGR
gasgekühlter feststoffmoderierter Hochtemperatur ~	gas-cooled solid-moderated high-temperature reactor
gasgekühlter graphitmoderierter Hochtemperatur ~	gas-cooled graphite-moderated high-temperature reactor
gasgekühlter Hochtemperatur-Kugelhaufen ~	high-temperature gas-cooled pebble-bed reactor
gasgekühlter ~	gas-cooled reactor
gasgekühlter Brut ~	gas-cooled breeder reactor

gasgekühlter thermischer ~	gas-cooled thermal reactor
Gas-Graphit ~	gas-graphite reactor
Graphit-Gas ~	graphite-gas reactor, graphite-moderated gas-cooled reactor
Graphit ~	graphite(-moderated) reactor
H_2O-Druckwasser ~	pressurized H_2O (*oder* light-water) reactor
H_2O-Siedewasser ~	boiling H_2O (*oder* light-water) reactor
Heißdampf ~ SYN. Überhitzerreaktor	(nuclear) superheat reactor
heliumgekühlter ~	helium-cooled reactor
heterogener ~	heterogeneous reactor
Hochtemperatur ~, HTR	high-temperature reactor, HTR
graphitmoderierter heliumgekühlter Hochtemperatur ~	graphite-moderated helium-cooled high-temperature reactor
Kugelhaufen-Hochtemperatur ~	pebble-bed high-temperature reactor
Hochtemperatur ~ mit Heliumturbine	high-temperature gas-cooled reactor with helium turbine
Hochtemperatur ~ zur Eisenerzverhüttung	high-temperature reactor for iron-ore smelting
Thoriumhochtemperatur ~, THTR	thorium high-temperature reactor, THTR
homogener ~	homogeneous reactor
kalter kritischer ~	clean, cold, critical reactor
Kompakt ~	compact *oder* package type reactor
Konverter ~	converter reactor
Kraftwerks ~	power plant reactor
kritischer ~	critical reactor
Kugelhaufen-Hochtemperatur ~	high-temperature pebble-bed reactor
Land ~	land-based reactor
leichtwassergekühlter ~, Leichtwasser ~, LWR	light-water(-cooled) reactor, LWR
leichtwassermoderierter ~	light-water-moderated reactor
Leichtwasser ~, LWR	light-water reactor, LWR

Leichtwassersiede~	boiling light-water reactor
Magnox ~	Magnox reactor
Mehrzonen ~	multiregion *oder* multizone reactor
Mehrzweck ~	multi-purpose reactor
~ mit externer Kühlmittelumwälzung *(SWR)*	reactor with external coolant recirculation
mittelschneller ~	intermediate (spectrum) reactor
~ mit Naßdampfnebelkühlung	wet-steam fog-cooled reactor
natriumgekühlter schneller ~	sodium-cooled fast reactor
natriumgekühlter thermischer ~	sodium-cooled thermal reactor
Natrium-Graphit ~	sodium-graphite reactor
Naturumlauf ~	natural-circulation (boiling water) reactor
Natururan ~	natural-uranium fuel(led) reactor
Natururandruckwasser ~	natural-uranium (fuelled) pressurized-water reactor
Natururan-Gas-Graphit ~	natural-uranium fuel(led) gas-graphite reactor
Natururanschwerwasser ~	natural-uranium (fuelled) heavy-water reactor
organisch gekühlter ~	organic-cooled reactor
organisch gekühlter schwerwassermoderierter ~	heavy water organic cooled reactor, HWOCR
Prototyp ~	prototype reactor
Prozeßwärme ~	process heat reactor
rechnergesteuerter ~	computer-controlled reactor
Salzschmelzenbrut ~ SYN. Salzschmelzenbrüter	molten-salt breeder (reactor)
Salzschmelzen ~, Salzschmelz~	molten-salt reactor
schneller Brut ~ SYN. schneller Brüter	fast breeder (reactor)
dampfgekühlter schneller Brut ~	steam-cooled fast breeder reactor
gasgekühlter schneller Brut ~	gas-cooled fast breeder reactor

natriumgekühlter schneller Brut~	sodium-cooled fast breeder reactor
schneller ~	fast (neutron) reactor
gasgekühlter schneller ~	gas-cooled fast reactor
schneller natriumgekühlter ~	sodium-cooled fast reactor
Schwerwasserdruckkessel~	heavy-water pressure-vessel reactor
Schwerwasserdruckröhren~	heavy-water pressure-tube reactor
schwerwassermoderierter ~	heavy-water-moderated reactor
schwerwassermoderierter Natururan~	heavy-water-moderated natural-uranium(-fuelled) reactor
Schwerwasser~	heavy-water reactor
Siedewasser~, SWR	boiling-water reactor, BWR
Doppelkreissiedewasser~ SYN. Zweikreissiedewasser~	dual-cycle boiling water reactor
Einkreissiedewasser~ mit Naturumlauf	single-cycle natural-circulation boiling-water reactor
Einkreissiedewasser~ mit teilintegriertem Zwangsumlauf	single-cycle boiling-water reactor with partially integrated forced circulation
Einkreissiedewasser~ mit Zwangsumlaufkühlung	single-cycle forced-circulation boiling-water reactor
H_2O-Siedewasser~	boiling H_2O (*oder* light-water) reactor
integrierter Siedeüberhitzer ~	integral boiling-water nuclear superheat(ing) reactor
integrierter Siedewasserüberhitzer~	integral superheat boiling water reactor
Siedewasser~ mit direktem Kreislauf	direct-cycle boiling-water reactor
Siedewasser~ mit indirektem Kreislauf SYN. indirekter Siedewasser~	indirect-cycle boiling-water reactor
Schwerwassersiede(wasser)~, Siedeschwerwasser~	boiling heavy water reactor
Siedewasserüberhitzer~, Siedewasser~ mit Überhitzung	(integral) superheat boiling-water reactor, superheating boiling reactor

Zweikreissiedewasser~ SYN. Doppelkreissiedewasser~	dual-cycle boiling-water reactor
Zweikreissiedewasser~ mit Zwangsumlauf	dual-cycle forced-circulation boiling-water reactor
thermischer ~	thermal reactor
Thoriumkonversions~	thorium conversion reactor; thorium converter
Thoriumkugelhaufen~	thorium(-fuelled) pebble-bed reactor
Überhitzer~ SYN. Heißdampfreaktor	(nuclear) superheat reactor
Uran-Thorium~	uranium-thorium reactor
Wärmeerzeugungs~	heat production reactor
Zwangsumlauf~	forced-circulation reactor
Zweikreis~	dual-cycle reactor
Reaktorabfahrkühler *m* *(SWR Mühleberg)* SYN. Leerlaufkühler	residual heat removal (system) heat exchanger, RHR (system) heat exchanger
Reaktorabschaltkühlsystem *n* *(SWR Mühleberg)* SYN. Leerlaufkühlanlage, Leerlaufkühlsystem	reactor residual heat removal system; reactor RHR system; reactor shutdown cooling system
Reaktorabschaltung *f*	reactor shutdown
ungewollte ~	unintentional reactor shutdown
Reaktorabschirmung *f*	reactor shielding
Reaktoranlage *f*	reactor plant
Reaktoraufwärmspanne *f*	reactor enthalpy rise
Reaktoraustrittsdruck *m*	reactor outlet pressure
Reaktoraustrittstemperatur *f*	reactor outlet temperature
Reaktoraustrittsventil *n*	reactor outlet valve
Reaktorbaulinie *f*	reactor system
Reaktorbecken *n*	*DWR:* refuel(l)ing cavity; *SWR:* reactor well
Reaktorbeckenabziehpumpe *f*	refueling cavity drain pump; reactor well drain pump
Reaktorbeckenflutung *f*	refueling cavity flooding; reactor well flooding

Reaktorbeckenfülleitung *f*	refueling cavity fill line; reactor well fill line
Reaktorbeckenwasser *n*	refueling water; reactor well water
Reaktorbedienungsbühne *f*, Reaktorbedienungsflur *m* SYN. Reaktorbühne	reactor operating (*oder* refueling *oder* service) floor (*oder* deck); *Brit.* pile cap
Reaktorbehälter *m* SYN. Reaktordruckbehälter, RDB	reactor (pressure) vessel
Reaktorbetrieb *m*	reactor operation
stationärer ~	steady-state reactor operation
Reaktorbetriebstemperatur *f*	reactor operating temperature
Reaktorbrennstoff *m*	reactor fuel
Reaktorbühne *f* SYN. Reaktorbedienungsflur	reactor operating (*oder* refueling *oder* service) floor (*oder* deck); *Brit.* pile cap
Reaktordecke *f*	reactor roof; *Brit.* pile cap
Reaktordichthaut *f* *(Spannbeton-RDB)*	reactor pressure vessel steel liner
Reaktordrehdeckel *m* *(SNR 300)*	rotating reactor (shield) plug
Reaktordrehdeckelpositionierung *f* *(SNR 300)*	reactor (shield) plug positioning
Reaktordruckbehälter *m*, RDB SYN. Reaktordruckgefäß, Reaktordruckkessel	reactor pressure vessel
Abdichthülse *f* für Stiftschraube	closure stud sealing sleeve
Ablagegestell *n* für O-Ringe	O-ring storage rack
Abstellkonsole *f* für Stiftschraubenmuttern und zugehörige Scheiben	closure nut and washer carrier rack
Abstellvorrichtung *f* für Druckbehälterdeckel	(reactor) vessel head storage stand (*oder* ring)
Al-Spritzschicht *f*	sprayed-on Al layer (*oder* coating)
Anschlußring *m* der Isolierungsumfassung SYN. Anschlußring für den Mantel der festen Deckelisolierung	(fixed) thermal insulation canning connection ring
Anschlußring *m* für die Dichtmembrane	refueling seal ledge

Außenanstrich *m*	external paint
Austrittsstutzen *m*	(coolant) outlet nozzle
Behälterauflagepratze *f*	reactor vessel support lug
Behälterboden *m*	vessel bottom head
Bestrahlungsprobe *f*	irradiation sample (*oder* specimen); irradiation coupon
Bestrahlungsprobenhalter *m*	(irradiation) sample holder
Bodenkalotte *f*	bottom head centre (*oder* center) disc
DB-Unterteilflanschring *m*	reactor vessel bolting flange
Deckel *m*	closure *oder* top head
Deckelführungsbolzen *m*, Deckelführungsstange *f* *(DWR-DB)*	vessel head installation guide stud
Deckelisolierung *f*	reactor vessel head external thermal insulation
Deckelkalotte *f*	reactor vessel head centre (*oder* center) disc
Deckelschraube *f*	(vessel) closure stud
Deckelstandrohr *n*	vessel (closure) head standpipe
Dichtflächenbereich *m*	sealing surface area
Dichtmembrane *f* (Gebäudeanschluß); Dichtmembran *f* zwischen RDB und Reaktorraumboden	R.V. to cavity seal ring, reactor vessel to refueling cavity seal
Druckbehälterdeckel *m*	pressure vessel (closure *oder* top) head
Druckbehälterdeckelisolierhaube *f*, bewegliche	removable unit of insulation and canning
Druckbehältereintritt *m*	pressure vessel inlet
Durchgangsbohrung *f* für Stiftschraube	through hole for closure stud
Eindrehung *f* für Dichtring	closure gasket groove
Einhängeflansch *m*	support flange
Eintrittsstutzen *m*	(coolant) inlet nozzle
Entlüftungsrohrleitung *f*	vent pipe
Entlüftungssystem *n* für Reaktordruckbehälter	reactor pressure vessel venting system

fest angebaute Deckelisolierung *f*	fixed reactor vessel (closure) head insulation
Flanschring *m*	flange ring
Führungsbolzen *m* *(für Einbauten)*	internals alignment pin
Führungsbuchse *f* am Deckel *(für Montage)*	vessel head installation guide sleeve
Führungsklotz *m* zur Zentrierung des Kernbehälters auf der Tragleiste *(DWR)*	core barrel cent(e)ring pad on internals support ledge
Führungsleiste *f*	keyway
Führungsrohr *n* für Antriebsstange *(DWR)*	(control rod) drive shaft guide tube
Führungsstange *f*	guide rod (*oder* stud)
Gewindebohrung *f*	threaded (bolt) hole
Hauptkühlmittelaustrittsstutzen *m*	reactor coolant outlet nozzle
Hauptkühlmitteleintrittsstutzen *m*	reactor coolant inlet nozzle
Hebetraverse *f* für Deckel, Schraubenspannvorrichtung und Mutternpaletten	(reactor) vessel head, stud tensioner and closure nut pallet lifting beam
hydraulische Schraubenspannvorrichtung *f*	hydraulic stud tensioner
Isolierhaube *f*, bewegliche *(DWR)*	removable unit of insulation and canning
Kabelbühne *f* *(DWR)*	cable platform
Kapselmutter *f*	closure nut
kardanische Aufhängung *f* *(Hebetraverse)*	gimbal type suspension
Kerninstrumentierungsstutzen *m*	instrument(ation) nozzle
Kesseldeckel *m* SYN. Druckbehälterdeckel	(reactor) pressure vessel (closure *oder* top) head
Kesselschraube *f* SYN. Deckelschraube	(vessel) closure stud
Konsole *f* für Kernbehälterschemel *(DWR)*	lower core support pad
Konsole *f* für radiale Kernbehälterabstützung *(DWR)*	radial support pad

Konsole *f* zur Abstützung des Kernbehälterschemels *(DWR)*	core support structure pad
Konsole *f* zur GaU-Abstützung des Kernbehälters (*oder* KB) *(DWR)*	core barrel emergency support pad for MCA
Kühlluftmantel *m* für die Steuerstabantriebe *(DWR)*	control rod drive mechanism cooling shroud, CRDM cooling shroud
Kühlmittelaustrittsstutzen *m*	coolant outlet nozzle
Kühlmitteleintrittsstutzen *m*	coolant inlet nozzle
Kugelkalotte *f (in DB-Deckel oder Boden)*, Kugelkappe *f*	spherical centre (*oder* center) disc
Kugelpfanne *f (DWR)*	spherical-faced pan
Kugelzonenring *m (DWR)* SYN. Zonenring	transition ring
Kugelscheibe *f (DWR)*	spherically faced closure washer
Lecküberwachung *f* für Steuerstabantriebsstutzen *(DWR)*	control rod drive mechanism nozzle leakage monitoring system, CRDM nozzle leakage monitoring system
Mantel *m* für feste Deckel-isolierung *(DWR)*	fixed vessel (*oder* closure) head insulation canning; thermal insulation canning for closure head centre disc
Mantelflanschring *m*	reactor vessel bolting flange
Meßvorrichtung *f* für Stift-schraubenlängung *(DWR)*, Meßvorrichtung *f* zur Messung der Stiftschraubenlängung	stud elongation measuring tool
Montagebühne *f* (für DB-Deckel)	(vessel closure head) erection platform
Muttern(abstell)konsole *f* *(DWR)*	closure nut carrier rack
Mutternpalette *f (DWR)*	closure nut carrier rack
Niederhaltefeder *f (DWR)*	hold-down spring
O-Ring *m*	O-ring
radiale Kernbehälterabstützung *f (DWR)*	radial core barrel support
Schmiedering *m*	ring forging

Schutzdeckel *m* für Deckelstutzen	vessel head nozzle protection cover
Schutzdeckel *m* für Kühlmittelstutzen	coolant nozzle protective cap
Schutzdeckel *m* für Steuerantrieb *(DWR)*	control rod drive mechanism protective cover, CRDM protective cover
Schweißplattierung *f*	weld-deposited cladding (*oder* overlay), hardfacing
Standzarge *f* für oberes Kerngerüst *(DWR)*	upper core structure support skirt
Stiftschraubenlängung *f*	closure stud elongation
Stiftschraubenmutter *f (DWR)*	closure nut
Strömungsleiste *f (an zyl. DB-Wand) (DWR)*	flow guide baffle
Stutzenraum *m (DWR)*	nozzle area
Tragleiste *f* für Kernbehälter *(DWR)*	vessel core support ledge, internal ledge for supporting the core
Tragrahmen *m* für den Behälterdeckel	vessel head shipping skid (*oder* frame)
Tragrahmen *m* für Druckbehälterunterteil	reactor vessel shipping skid (*oder* frame)
Transportdeckel *m* für Behälterdeckel	vessel head shipping cover
Transportdeckel *m* für das Unterteil *(DWR)*	(reactor) vessel shipping cover
Transportpalette *f* für Abdichthülsen *(DWR)*	sealing sleeve handling pallet
Transportpalette *f* für Stiftschraubenmuttern *(DWR)*	closure nut carrier rack
Transportpoller *m (DWR)*	shipment *oder* shipping trunnion
Transportvorrichtung *f* für O-Ringe	O-ring handling fixture
Überwachungsbohrung *f (f. DWR-DB-Dichtring)*	monitoring tap
Verschlußschraube *f* SYN. Deckelschraube	closure stud
Wartungsbühne *f (DWR)*	maintenance platform
Zentrierleiste *f*	vessel flange/head keyway

Zwischenabsaugung *f* für RDB-Flanschdichtung *(DWR)*	flange leak-off system
Zwischenabsaugungsröhrchen *n* *(DWR)*	monitor(ing leak-off) tube
Reaktordruckgefäß *n* SYN. Reaktordruckbehälter, Reaktordruckkessel	reactor pressure vessel
Reaktordruckgefäß *n* mit Einbauten *(SWR)*	reactor pressure vessel with internals
Auflagerring *m* für den Kernmantel SYN. Kernmantelauflagerring	core shroud support ring
Blindstutzen *m* für Instrumentierung	spare instrument nozzle
Brennelementkasten *m*	fuel assembly channel
Dampfabscheider *m*	steam separator
Dampfabscheiderdeckel *m*	steam separator cover
Dampfaustrittsstutzen *m*	steam outlet (nozzle)
Dampftrockner *m*	steam dryer
Dampftrocknermantel *m*	dryer seal skirt
Dampf-Wasserabscheider *m*	steam separator
Deckelsprühleitung *f*	head spray line
Druckbehälterdeckel *m*	pressure vessel closure (*oder* top) head
Durchflußblende *f*	flow restrictor, flow-limiting venturi
Eintrittsverteiler *m*	inlet diffuser
Entlüftungsstutzen *m*	vent nozzle
Führungsschiene *f*	guide rail
Führungsstab *m* *(für Absorberblech)*	(guide) rod
Gehäuserohr *n* für Kernflußmessung	in-core flux instrumentation thimble
Gemischkasten *m*, Gemischsammelkasten	channel head
Gemischsammelraum *m*	steam plenum head
Instrumentierungsstutzen *m*	instrument nozzle
interne Axialpumpe *f*	reactor internal pump, RIP;

	internal (*oder* in-vessel) axial-flow pump
Kernaustrittsraum *m* SYN. Gemischsammelraum, Naßdampfkammer	steam plenum head
Kerndeckel *m*	core head
Kernflutsystem *n*	core reflooding (*oder* deluge) system
Kernführungsgitter *n*, oberes/unteres	upper/lower (support) grid
Kerngitter *n*	core grid (structure)
Kerngitterplatte *f*, obere/untere	top/bottom *oder* upper/lower core grid plate
Kernmantel *m*	inner *oder* core shroud
Kernmantelauflagerring *m* SYN. Auflagerring für den Kernmantel	core shroud support ring
Kernmantelauflagerung *f*	(core) shroud support(s)
Kernmanteldeckel *m*	shroud head
Kernmantelstabilisator *m*	shroud stabilizer
Kernnotkühlungseintritt *m* SYN. Kernnotkühlungszuführung	core spray inlet
Kernnotkühlungssprühring *m*	core spray sparger
Kernnotkühlungszuführung *f* SYN. Kernnotkühlungseintritt	core spray inlet
Kernsprühring *m*	(core) sparger ring
Kernsprühsystem *n*	core spray system
Kernstützplatte *f*	fuel support grid
Kondensatverteilerring *m*	condensate sparger (ring)
Konsole *f*	bracket; pad
Konsolring *m (für Kernmantel)*	annular ledge
mechanische Halterung *f*	mechanical restraint
Meßstutzen *m* SYN. Kerninstrumentierungsstutzen	instrument(ation) nozzle
Naßdampfkammer *f* SYN. Gemischsammelraum, Kernaustrittsraum	steam plenum head, steam outlet plenum
oberer Konsolring *m (für Kernmantel)*	upper annular ledge

Ringleitung *f* für Kernnotkühlung und Kernvergiftung	core spray and poison (injection) sparger (ring)
Ringraum *m* zwischen Reaktorkern und Druckbehälterwand	(downcomer) annulus between reactor core and vessel wall
Ringraumabdeckung *f*	downcomer bottom plate
Rückströmraum *m*	downcomer space (*oder* annulus)
Speisewassereintritt *m*	feedwater inlet
Speisewasserring *m*, Speisewasserverteiler *m*	feedwater sparger
Sprühring *m*	poison sparger
Steuerstabführung *f*	control rod guide
Steuerstabführungsrohr *n*	control rod guide tube
Steuerstabstutzen *m*	control rod nozzle
Stützgitter *m*, oberes SYN. obere Kerngitterplatte	top *oder* upper core grid plate
Stützkegel *m* für Kernmantel	shroud support
Stutzen *m* für die Kernnotkühlung	core spray nozzle
Tellerboden *m (RDB)*	dished head, ellipsoidal head
Traggitter *n*	support grid
Treibwasseraustrittsstutzen *m*	recirculation outlet (nozzle)
Treibwassereintrittsstutzen *m*	recirculation inlet (nozzle)
Umwälzaustrittsstutzen *m*	recirculation outlet (nozzle)
Umwälzeintrittsstutzen *m*	recirculation inlet (nozzle)
Verstärkungsring *m*	reinforcing ring
Verteiler *m* für Kernnotkühlung	core spray header
Verteilerring *m*	ring header (*oder* manifold)
Zwangsumlaufaustritt *m*	recirculation outlet
Zwangsumlaufeintritt *m*	recirculation inlet
Reaktorbetriebsgebäude *n (Kugelhaufen-HTR)*	reactor service building
Reaktordruckschale *f* SYN. Reaktorsicherheitsbehälter, Reaktorsicherheitshülle, Sicherheitsbehälter, Sicherheitshülle	(reactor) containment (building *oder* structure); *SWR:* reactor dry containment, drywell
~ für das gesamte Kraftwerk	total containment

~ mit niedrigem Auslegungsdruck	low-pressure containment
„trockene" ~	dry (type) containment vessel, drywell
Reaktordynamik *f*	reactor dynamics
Reaktorexkursion *f*	reactor *oder* power excursion
Reaktorfahrer *m* SYN. Reaktorführer	reactor operator
Reaktorfahrt *f* SYN. Reaktorbetrieb	reactor operation (*oder* run)
Reaktorfüllstand *m*	reactor liquid level
Reaktorgebäude *n*	reactor building; containment
begehbares ~	accessible reactor building
nicht begehbares ~	inaccessible *oder* non-accessible reactor building
~ mit Druckunterdrückung	pressure suppression containment
prismatisches ~ *(SNR 300)*	prismatic reactor building
Reaktorgebäudeausrüstungsteile *npl (DWR)*	reactor building equipment components
Abdeckriegel *m* für BE-Becken	(spent) fuel pit top shield(ing) slab
Dichtwand *f* um Materialschleuse	sealing wall around equipment hatch
Sondertür *f (für DE-Räume)*	special (design) door
Stahlauskleidung *f* (C-Stahl) für Reaktorgrube	(carbon) steel refueling cavity liner
Übergangsschleuse *f* Hilfsanlagengebäude-Ringraum	primary auxiliary building to annulus transfer (air)lock
Überströmklappe *f*	pressure relief damper
Reaktorgebäudeentwässerungstank *m (SWR)*	reactor building drain tank
Reaktorgebäudegleis *n*	reactor building (railway) track
Reaktorgebäudekran *m*	reactor building crane; containment crane
Reaktorgebäudekühlwasserpumpe *f (HTR Peach Bottom)*	containment equipment cooling water pump
Reaktorgebäude-Kühlwasserrücklaufbehälter *m (HTR Peach Bottom)*	containment equipment cooling water return tank

Reaktorgebäude-Kühlwasserwärmetauscher *m* *(HTR Peach Bottom)*	reactor containment equipment cooling water heat exchanger
Reaktorgebäudenotabgassystem *n (HTR Peach Bottom)*	containment emergency off-gas system
Reaktorgebäudesprühanlage *f* *(SWR)*	reactor building spray system; containment spray system
Reaktorgebäudesumpf *m*	reactor building sump; containment sump
Reaktorgebäudesumpfpumpe *f*	containment sump pump
Reaktorgift *n* SYN. Neutronengift	nuclear poison
abbrennbares ~	burnable poison
Reaktorgitter *n*	reactor lattice
Reaktorgrube *f (DWR, SNR 300)*	reactor cavity
Reaktorgrubendeckel *m* *(SNR 300)*	reactor cavity roof (*oder* cover)
Reaktorhalle *f (HTR)*	reactor hall
Reaktorhilfsanlagen *fpl*	reactor auxiliaries; reactor auxiliary systems
Reaktorhilfsanlagengebäude *n* *(DWR)*	reactor *oder* primary auxiliary building
Reaktorhilfsgebäude *n* *(Kugelhaufen-HTR-Reaktorgebäudeteil)*	reactor auxiliary building
Reaktorhilfssystem *n*	reactor auxiliary system
Reaktorhochfahren *n*	reactor power raising, raising to power
Reaktorinneneinbauten *mpl* *(DWR)*	reactor internals
Gitterplatte *f*, obere/untere	upper/lower core plate
Kernbehälter *m*, KB	core barrel
Kernbehälterschemel *m*	core support structure
Kernumfassung *f*	core baffle
Mantelteil *m (KB)*	shell portion (*oder* section)
zylindrischer Mantelteil	cylindrical shell section
Stütze *f (unter oberer Tragplatte)*	support column

Stützflansch *m* *(Kernumfassung)*	baffle support flange
Stutzenteil *m (KB)*	nozzle section (*oder* portion)
Tragmantel *m (d. unteren Tragplatte)*	core barrel shell
Tragplatte *f*, obere/untere	upper/lower support plate
Reaktorkammer *f*	*HTR-Spannbetondruckbehälter:* main (vessel) void; *DWR:* reactor compartment; *SWR:* drywell, reactor well
Reaktorkern *m* SYN. Spaltzone	reactor core
Reaktorkernauslegung *f*	reactor core design
Reaktorkernbehälter *m (DWR)*	reactor core barrel
Reaktorkerneinbauten *mpl*	reactor core internals
Reaktorkerngerüst *n (DWR)*	reactor core structure
Reaktorkerntragkonstruktion *f*	reactor core support structure
Reaktorkernumfassung *f (DWR)*	(reactor) core baffle
Reaktorkinetik *f*	reactor kinetics
Reaktorkomponente *f*	reactor component
Reaktorkonzept *n*	reactor concept (*oder* system)
Reaktorkreislauf *m*	*insgesamt:* reactor system; *einzeln:* reactor loop
Reaktorkühlgas *n (FGR, HTR)*	reactor coolant (*oder* cooling) gas
Reaktorkühlkreislauf *m*	*als Gesamtbegriff:* reactor coolant system; *einzeln:* reactor coolant loop
Reaktorkühlmittel *n* SYN. Hauptkühlmittel, Primärkühlmittel	reactor *oder* primary coolant
Reaktorkühlmitteldruckregelung *f*	reactor coolant pressure control; reactor coolant pressure control system
Reaktorkühlmittelleckage *f*	reactor coolant leakage
Reaktorkühlmitteltemperatur *f*	reactor coolant temperature
Reaktorkühlmitteltemperaturregelung *f*	reactor coolant temperature control; reactor coolant temperature control system
Reaktorkühlmittelzwangsumlauf *m*	forced reactor coolant circulation

Reaktorkühlsystem *n* SYN. Reaktorkühlkreis(lauf)	reactor coolant (*oder* cooling) system
Reaktorkühlsysteminstrumentierung *f (DWR)*	reactor coolant system instrumentation
Differenzdruckmessung *f*	differential-pressure instrumentation
Druckmessung *f*	pressure instrumentation
Leckagemessung *f*	leakage measuring instrumentation, leakage metering system
Wasserstandsmessung *f*	water level instrumentation
Reaktorkühl- und Druckhaltesystem *n* (DWR)	reactor coolant and pressurizer system
Reaktorkühlwasser *n (LWR)*	reactor coolant water
Reaktorkuppel *f*	containment building (*oder* structure) dome
Reaktorlastaufnahme *f*	reactor load acceptance (*oder* pick-up)
Reaktorleistung *f*	reactor power (*oder* output)
~ aus dem Reaktor abführen	to extract power from the reactor
die ~ absenken	to lower the reactor power
die ~ erhöhen	to increase *oder* raise the reactor power
thermische ~	thermal reactor power
Reaktorleistungsregelung *f (DWR)*	reactor power control system
D-Bank *f* (= *Dopplerbank der Steuerstäbe)*	D-bank; Doppler bank; Doppler group of control rods
D-Bank-Stellungsregelung *f*	D-bank position control loop
Dampferzeugerwasserstandsregelung *f*	steam generator water level control loop
Deionat/Borsäure-Verhältnisregelung *f*	demineralized water/boric acid ratio control loop
L-Bank *f* (= *Lastbank*)	L-bank; load bank
L-Bank-Stellungsregelung *f*	L-bank position control loop
Leistungsverteilungsregelung *f*	power distribution control system
Neutronenflußbegrenzung *f*	neutron flux limiter (*oder* limit circuit)

Neutronenflußregelung *f* (Anfahrbetrieb)	neutron flux control system (start-up operation)
Reaktorleistungsbegrenzung *f*	reactor power limiter (*oder* limit(ing) circuit)
Steuerstabbankstellungsregelung *f*	control rod bank position control system
T-Bank-Stellungsregelung *f*	T-bank position control loop
Volumenausgleichsbehälter-Wasserstandsregelung *f*	volume control surge tank water level control loop
X-Bank *f (= Xenonbank)*	X-bank, xenon bank
X-Bank-Stellungsregelung *f*	X-bank *oder* xenon bank position control loop
Reaktormitteltemperatur *f*	average reactor temperature, T_{av}, T_{avg}
Reaktormultiplikation *f*	reactor multiplication
Reaktornebenanlagen *fpl*	reactor ancillary systems
Reaktornebenanlagengebäude *n*	reactor service building
Reaktornebengebäude *n* *(SNR 300)*	reactor auxiliary equipment building
Reaktornormalbetrieb *m*	normal reactor operation
Reaktornotabschaltsystem *n* *(SWR)* SYN. Notabschaltsystem	(reactor) standby liquid control system
Reaktorperiode *f* *(Neutronenflußmessung)* SYN. Reaktorzeitkonstante	reactor period (*oder* time constant)
Reaktorposition *f*	reactor fuel grid position
Reaktorprimärreinigungssystem *n (SWR Mühleberg)* SYN. Reaktorwasserreinigungssystem	(reactor) (water) clean-up system
Reaktorprototyp *m*	reactor prototype
Reaktorqualität *f* *(Speisewasser, D_2O)*	reactor grade
Reaktorraum *m*	*DWR:* reactor compartment; *Flutraum:* refueling cavity; *SWR:* reactor well, drywell
Reaktorraumbeschichtung *f* *(DWR)*	refueling cavity lining

Reaktorraumboden *m (DWR)*	refueling cavity floor
Reaktorrauschen *n*	reactor noise
Reaktorregelsystem *n*	reactor control system
Reaktorregelung *f*	reactor control; reactor control system
~ durch Änderung der Geometrie	configuration control
Umlaufregelung *(SWR)*	recirculation flow control
Reaktorringauflager *n*	reactor vessel torus (ring) support
Reaktorrohrbruchsicherung *f (SWR)*	reactor pipe rupture safeguard (device)
Reaktorschacht *m*	reactor cavity
Reaktorschaden *m*	reactor damage
Reaktorschnellabschalt-system *n (SWR)*	reactor scram system
Reaktorschnellabschaltung *f*, Reaktorschnellschluß *m*	reactor scram (*oder* trip); reactor emergency shutdown, rapid *oder* fast shutdown of the reactor
Reaktorschutz *m* SYN. Reaktorschutzsystem	reactor protection system
Abschlußglied *n*	termination link
Grenzwertmelder *m*	bistable
Logikteil *m*	logic module
Reaktorschutztafel *f*	reactor protection panel
Trennverstärker *m*	isolation amplifier
Vergleicher *m*	comparator
Reaktorschutzkanal *m*	reactor protection channel
Reaktorschutzsicherung *f*	reactor safety fuse
Reaktorschutzsystem *n* SYN. Reaktorschutz	reactor protection (*oder* protective) system
Reaktorschutztafel *f (SNR 300)*	reactor protection board
Reaktorsicherheit *f*	reactor safety
Reaktorsicherheitsdruckschale *f* SYN. Reaktorsicherheitsbehälter, Reaktorsicherheitshülle	reactor containment (shell)
Reaktorsicherheitseinschließung *f*, Reaktorsicherheitseinschluß *m (als Maßnahme)*	reactor containment

Reaktorsicherheitshülle *f* SYN. Reaktorsicherheitsbehälter, Reaktor(sicherheits)druckschale	reactor containment (building *oder* structure *oder* shell)
Reaktorsicherheitssystem *n* SYN. Reaktorschutz, Reaktorschutzsystem	reactor safety (*oder* protection *oder* protective) system
Reaktorspeisewasser *n*	reactor feedwater
Reaktorspeisewasserpumpe *f* *(SWR)*	reactor feedwater pump
Reaktorspeisewasserstrom *m*	reactor feedwater flow (*oder* stream)
Reaktorstabilität *f*	reactor stability
Reaktorsteuersystem *n*	reactor control system
Reaktorsteuerung *n*	reactor control
Reaktorstrahlungsfeld *n*	reactor radiation field
Reaktorsumpf *m*	containment sump
Reaktortank *m (SNR 300)*	reactor tank (*oder* vessel)
Reaktortankflansch *m* *(SNR 300)*	reactor tank (*oder* vessel) flange
Reaktorüberlast *f*	reactor overpower
Reaktorumschließung *f* SYN. Reaktorsicherheitsbehälter, Reaktorsicherheitshülle	reactor containment (building *oder* structure)
Reaktorumschließungsgebäude *n* SYN. Reaktorsicherheitsbehälter, Reaktorsicherheitshülle	reactor containment (building *oder* structure)
Reaktorumwälzmenge *f (SWR)*	recirculation flow rate
Reaktorumwälzpumpe *f* *(SWR Mühleberg)*	reactor recirculation pump
Reaktorversuchskreislauf *m*	reactor loop
Reaktorvollast *f*	full reactor power
Reaktorwärmeleistung *f*	reactor thermal power (*oder* output)
Reaktorwasserfilter *n, m (SWR)*	reactor coolant clean-up filter
Anschwemmpumpe *f* für Reaktorwasserfilter	reactor coolant clean-up filter precoat pump

Druckhaltepumpe *f* für Reaktorwasserfilter	reactor coolant clean-up filter holding pump
Reaktorwasserreinheit *f*	reactor water purity
Reaktorwasserreinigung *f (SWR)*, Reaktorwasserreinigungsanlage	reactor (water) clean(-)up system
Reaktorwasserreinigungsfilter *m, n*, RWR-Filter *(SWR)*	reactor water clean-up filter
Reaktorwasserreinigungskühler *m*, RWR-Kühler *(SWR)*	reactor water clean-up heat exchanger
Reaktorwasserreinigungspumpe *f (SWR)*, RWR-Pumpe	clean-up demineralizer pump
Reaktorwasserreinigungssystem *n (SWR)* SYN. Reaktorwasserreinigung(sanlage)	reactor (water) clean(-)up system
Reaktorwassertemperatur *f*	reactor water temperature
Reaktorwasserumwälzpumpe *f (SWR)*	reactor coolant recirculation pump
Reaktorwasserumwälzung *f*	reactor water (re)circulation, reactor coolant circulation
Reaktorzeitkonstante *f* SYN. Reaktorperiode	reactor time constant; reactor period
Reaktorzelle *f*	(reactor) cell; *als Teil des Reaktorgebäudes:* reactor compartment
Reaktorzwischenkühlsystem *n*, geschlossenes *(SWR Mühleberg)* SYN. nuklearer Zwischenkühlkreislauf	closed cooling water system
realer Bestand *m (SFK)*	physical inventory
Rechteckwechselspannung *f (Sicherheitssystem)*	square- *oder* rectangular-wave AC voltage
Reckvorrichtung *f*, hydraulische *(für RDB-Deckelschrauben)* SYN. Schraubenspanngerät	hydraulic (stud) tensioner
redundante Schaltung *f (Reaktorschutz)*	redundant circuit
Referenzzyklus *m (HTR)*	reference cycle

Reflektor *m*	reflector
oberer/unterer ~	top/bottom reflector
Seiten~	side reflector
Reflektorelement *n (SNR 300)*	reflector element
Reflektorersparnis *f*	reflector saving
Reflektormantel *m (SNR 300)*	reflector blanket
Reflektormaterial *n*	reflector material
Reflektorstab *m (Kugelhaufen-HTR)*	reflector rod
Reflektorsteuerung *f*	reflector control
Reflektorzone *f*	reflector region (*oder* zone)
Regelstab *m* SYN. Steuerstab, Stellstab	control rod
Finger~ *(DWR)*	rod cluster control assembly (*oder* element); RCC assembly (*oder* element)
von unten eingeführter ~ *(SWR)*	bottom-entry control rod
Regelstababfangstoß *m*	control rod snubbing impact
Regelstabantrieb *m (DWR)* SYN. Steuerstabantrieb	control rod drive mechanism, CRDM
elektromagnetischer Klinkenschrittheber *m*	(electro)magnetic jack type drive mechanism, magnetic jack type CRDM
magnetischer Schrittheber *m*	magnetic jack (type CRDM)
Regelstabantriebsschaft *m (DWR)*	control rod drive shaft
Regelstabantriebsspule *f (DWR)*	control rod drive mechanism coil
Regelstabantriebsstange *f (DWR)*	control rod drive shaft
Regelstabführungsbuchse *f (DWR)*	control rod guide bushing
Regelstabführungseinsatz *m (DWR)* SYN. Steuerstabführungseinsatz	control rod shroud tube
Regelstabführungsplatte *f*	control rod guide plate
Regelstabführungsrohr *n (für DWR-Regelstabfinger im BE)*	control rod guide thimble

Regelstabkreuz *n*	cruciform control blade
Regelstabkupplungshülse *f (DWR)*	control rod coupling socket
Regelstabstoßdämpfer *m*	control rod shock absorber
Regelstabverlängerung *f (DWR)*	control rod extension
Regel-Trimmstab *m (SNR 300)*	control/scram rod
Regelung *f*	closed-loop *oder* automatic control
Kurzzeit~ der Reaktorleistung	short-term reactor power control
Langzeit~ der Reaktorleistung	long-term reactor power control
~ mit flüssigen Giften	liquid poison control
Moderator~ SYN. Moderatortrimmung	moderator control
Selbst~ *(Reaktor)*	self-regulation
Regelventil *n*	control valve
Regenerationskreislauf *m (HTR-Helium)*	regeneration loop (*oder* section)
Regenerativvorwärmer *m (DWR-Kühlmittelreinigung)*, Regenerativwärmetauscher *m*	regenerative heat exchanger
regenerierbares Kerzenfilter *n (FGR)*	regenerable candle-type filter
Regenerierdosierpumpe *f (DWR)*	regenerant proportioning (*oder* dosing) pump
Regeneriermittel *n*	regenerant (chemical)
Regenerierpumpe *f (DWR-Abfallaufbereitung)*	regenerant pump
Regenerier- und Harzschleuse *f (HTR Peach Bottom)*	waste demineralizer spent resin tank
Reibkorrosionseffekt *m*	fretting corrosion effect
Reibkorrosionsfehler *m (BE)*	fretting corrosion defect
Reibungsbeiwert *m* SYN. Reibungskoeffizient	friction coefficient, coefficient of friction
Reichweite *f*, mittlere *(Teilchenstrahlung)*	mean range
reiner Naturumlaufbetrieb *m (SWR)*	straight *oder* pure natural-circulation operation

reinertisieren *(SNR 300)*	to re-inert, to re-blanket with inert gas
Reinertisierung *f*	re-inerting, inert-gas re-blanketing
Reingasanlage *f* *(Kugelhaufen-HTR)*	purified-gas (*oder* -helium) system
Reingaskompressor *m (HTR)*	purified-gas (*oder* -helium) compressor
Reingaslager *n (HTR)*	purified-gas (*oder* -helium) store
Reingaspuffer *m* *(Kugelhaufen-HTR)*, Reingaspufferbehälter *m*	purified-gas (*oder* -helium) buffer tank
Reingasversorgung *f* *(Kugelhaufen-HTR)*	purified-gas (*oder* -helium) supply; purified-gas supply system
Reinheit *f*, nukleare	nuclear grade
Reinheit *f*, radioaktive SYN. radiochemische Reinheit	radioactive purity
Reinheliumbehälter *m* *(HTR)*	purified helium storage tank
Reinheliumkompressor *m* mit Zwischenkühler *(HTR Peach Bottom)*	purified helium compressor with integral intercooler
Reinheliumkühler *m (HTR)*	purified helium product cooler
Reinheliumnachkühler *m*	purified helium aftercooler
Reinheliumspeicherbehälter *m*	purified helium storage tank
Reinigungsanlage *f*	clean-up *oder* purification plant (*oder* system)
Reinigungsbypassaustritt *m* *(FGR)*	purification bypass outlet
Reinigungskreislauf *m (FGR)*	purification loop (*oder Brit.* circuit)
Reinigungsmischbettfilter *n, m*	clean-up (system) mixed-bed filter
Reinigungspumpe *f* *(SNR-300-Sekundärsystem)*	clean-up pump
Reinigungs- und Ablaßsystem *n* *(SNR 300)*	purification and letdown (*oder* drain) system
Reinigungsrate *f* *(DWR-Volumenregelung)*	purification rate; clean-up flow rate

Reinigungsstrom *m* *(Heliumreinigung)*	clean-up *oder* purification flow
Reinstheliumatmosphäre *f*	ultra-high-purity helium atmosphere
Reißen *n* einer Rohrleitung im Primärsystem	primary system pipe rupture (*oder* break)
Rekombination *f*	recombination
Rekombinationsanlage *f*	recombiner system
katalytische ~	catalytic recombiner system
Flammensperre *f*	flame trap
Rekombinationseinheit *f* *(FGR)*	recombiner *oder* recombination unit
Rekombinationskoeffizient *m*	recombination coefficient
Rekombinationskreislauf *m*	recombiner *oder* recombination loop
Rekombinationsrate *f*	recombination rate
Rekombinationsstrang *m*	recombiner *oder* recombination train
Rekombinationswirkungsgrad *m*	recombination efficiency
Rekombinator *m*	recombiner
Rektifikation *f*	rectification
Rektifizierkolonne *f* *(für Schwerwasser)* SYN. Rektifiziersäule	rectification column; fractionating column
Rektifiziervorgang *m*	rectification process
Rekuperativvorwärmer *m*	*gen.:* recuperative heater; *DWR-Abfallaufbereitung:* gas stripper preheater
Rekuperativwärmetauscher *m*	recuperative heat exchanger
Rekuperator *m* *(HTR mit Gasturbine)*	recuperator
relative biologische Wirksamkeit *f*, RBW	relative biological effectiveness, RBE
relative Teilchenmasse *f* SYN. relative Atommasse	relative atomic (*oder* particle) mass
Relaxationseffekt *m* *(Werkstoff)*	relaxation effect
Relaxationslänge *f*	relaxation length
Relaxationsvorgang *m*	relaxation process

rem *(Sonderbez. für rad bei Angabe von Äquivalentdosen)*	rem
Removal-Diffusionsmethode *f (zur Berechnung der Neutronenflußverteilung)*	removal diffusion method
reparaturfreundlich *(KKW-Anlagenteil)*	amenable to repair
Reservebrennelementbündel *n (SWR)*	spare fuel bundle
Reservebrennelementkasten *m (SWR)*	spare fuel channel
Reserveentlüftungsventil *n*	back-up *oder* standby vent valve
Resonanz *f*	resonance
Absorptions~	absorption resonance
Einfangquerschnitts~	capture cross-section resonance
Einfangs~	capture resonance
Spaltungsquerschnitts~	fission cross-section resonance
Resonanzabsorber *m*	resonance absorber
Resonanzabsorption *f*	resonance absorption
Resonanzenergie *f*	resonance energy
Resonanzentkommwahrscheinlichkeit *f* SYN. Bremsnutzung	resonance escape probability
Resonanzspitze *f*	resonance peak
Restaktivität	residual activity
restliche Kontamination *f*	residual contamination
Resttrocknung *f (von Naßdampf für Turbine)*	residual drying
Restverdampfer *m*	residual evaporator
Restwärme *f (im Reaktorsystem nach Abschaltung)*	residual heat
~ abführen	to remove residual heat
Restwärmeabfuhr *f*	residual heat removal
Reventingsystem *n (SNR 300)*	reventing system
Revisionsstillstand *m*	inspection outage (*oder* shutdown)
Reynoldszahl *f*, Re-Zahl	Reynolds number
Richtungskosinus *m*	direction cosine

Riefenbildung *f (an RDB und Einbauten)*	scoring
Ringdeckel *m (SNR-300-Grubenabdeckung)*	ring cover
ringförmiger Fallraum *m* zwischen Reaktorkern und Druckgefäß *(SWR)*	annular downcomer space (*oder* downcomer annulus) between reactor core and pressure vessel
Ringlager *n* für bestrahlte Brennelemente *(SNR 300)*	annular spent fuel decay storage module
Ringraum *m*	annulus
äußerer ~ *(SNR 300)*	outer annulus
zwischen Kernmantel und Druckgefäßwand gebildeter ~ *(SWR)*	annulus formed between core shroud and pressure vessel wall
Ringraumabsaugung *f (DWR-Doppelsicherheitshülle)* SYN. Ringspaltabsaugung	annulus exhaust air handling system
Ringraumbedienungsgang *m (SB)*	annulus servicing walkway
Ringraumentlüftung *f* SYN. Ringraumabsaugung, Ringspaltabsaugung	annulus exhaust air handling system
Ringspalt *m (DWR-DB)*	annular gap, annulus
Ringspaltabsaugung *f (DWR-SB)* SYN. Ringraumabsaugung	annulus exhaust air handling system
Ringspannglied *n (Spannbeton-RDB)*	circumferential prestressing tendon
Ringsprühleitung *f*	sparger ring
Ringvorspannung *(Spannbeton-RDB)*	circumferential prestress(ing)
Ringzone *f*	annular zone (*oder* region)
Ringzonenbeladung *f (Wasserreaktor)*	multi-region loading
Rippenrohr *n (BE)*	finned tube
Riß *m (BE)*	crack
Rißfortpflanzung *f* SYN. Rißwachstum	crack propagation

Rißhaltetemperatur *f* SYN. DTT-Temperatur *(RDB-Werkstoff)*	design transition temperature, DTT
Rißwachstum *n* SYN. Rißfortpflanzung	crack propagation
Röntgen *n*, R *(Einheit der Ionendosis)*	roentgen, R
Röntgenstrahlung *f*	X-radiation
Rohrboden *m*	piping chase (*oder* gallery *oder* race)
Rohrbündel *n (Wärmetauscher)*	tube bundle
querdurchströmtes ~	transverse-flow tube bundle
Rohrdurchführung *f* *(Sicherheitshülle)*	pipe *oder* piping penetration
luftgekühlte ~	air-cooled pipe penetration
Rohrkammer *f* *(in Reaktorgebäude)*	piping chamber
Rohrleitungsbruch *m*	pipe break, piping rupture
Rohrleitungsdurchdringung *f* SYN. Rohrleitungsdurchführung	pipe *oder* piping penetration
Rohrleitungsreaktionen *fpl*	piping reactions
Rohrreibungszahl *f*	(piping) friction coefficient
Rohrreißer *m* in einem Dampferzeuger	steam generator tube failure
Rohrschlangenzylinder *m* *(FGR-Dampferz.)*	tube coil cylinder
Rohrschwingungen *fpl* *(SNR-300-Zwischenwärmetauscher)*	tube vibration
Rohrstutzen *m*	pipe nozzle
Rohr- und Kabeldurchführungen *fpl*	piping and cable penetrations
Rollenbahn *f (für Abfallfässer)*	roller conveyor
Rollmattenfilter *n* *(Zuluftfilterung)*	Roll-O-Matic filter, roll (type) filter
Rossi-Alpha-Methode *f*	Rossi-alpha method
Rost *m* für Transportbehälter	shipping cask grid

rostbeständige Stahlwolle *f* *(in Brüdenabscheider)*	stainless-steel wool
Rotor *m (Spaltrohrpumpe)*	rotor
Rotorspaltrohr *n* *(Spaltrohrpumpe)*	rotor can
Rückdichtsitz *m (Ventil)*	backseat
Rückdrehen *n* der Pumpe	reverse rotation of the pump
Rückführung *f* des Plutoniums SYN. Pu-Rückführung	plutonium *oder* Pu recycle
rückgeführtes Material *n*	recycled material; recycle
Rückhalteeigenschaften *fpl*	retention characteristics (*oder* properties)
~ gegen Spaltprodukte	fission product retention (*oder* hold-up) properties
Rückhaltefaktor *m (für Jod in Sicherheitshülle)*	retention factor (for iodine in containment)
Rückhaltevermögen *n*	retention capability; hold-up capacity
~ für (*oder* gegen) (feste *oder* gasförmige) Spaltprodukte	(solid *oder* gaseous) fission product retention (*oder* hold-up) capacity (*oder* characteristics)
Rückkühler *m*	recirculation cooler
Rückkühlwasser *n*	recirculation cooling water
Rücklauf *m (= Weg)*	return path
Rücklauf *m* der Gasreinigungsanlage *(HTR)*	gas purification system reflux
Rücklaufkondensator *m* *(für Entgaser)*	gas stripper condenser; reflux condenser
Rücklaufpumpe *f* SYN. D_2O-Rücklaufpumpe	(D_2O) reflux pump
Rücklaufsperre *f (Pumpe)*	anti-reverse rotation device
Rückpumpsystem *n* *(DWR-Sicherheitshülle)*	pump-back system
Rückspeisepumpe *f* *(DWR-Chemikalieneinspeisesystem)*	recirculation pump
Rückspeisetemperatur *f* in das Reaktorkühlsystem	temperature of coolant returned to the reactor coolant system

Rückspülbehälter *m (SWR-Kondensataufber.)*	backwash tank
Rückspülwasser *n*	backwash water
Rückstände *mpl (SFK)*	residues
Rückstoßbewegung *f (d. freien Spaltprodukte)*	recoil motion
Rückstoßeffekt *m*	recoil effect
Rückstoßproton *n*	recoil proton
Rückstreufaktor *m*	backscatter factor
Rückstreuung *f*	backscatter; backscattered radiation; backward scattering
Rückströmung *f (Kühlgas)*	backflow
Rückstrom *m*	return flow; reflux
Rückverflüssigungsanlage *f (f. Kühlgas)*	recondenser plant
Rückwandlung *f* des UF_6 in sinterfähiges UO_2	reconversion of the UF_6 to sinterable UO_2
Rührwerk *n (in Konzentratlagerbehälter)*	agitator; mixer; stirrer
Rührwerksbehälter *m (FGR-Abfallaufber.)*	agitator *oder* stirrer tank
Ruhestromprinzip *n (DWR-Sicherheitssystem)*	failure to safety principle
Ruhestromschaltung *f (Reaktorsicherheitssystem)*	circuit-opening connection
Rundlauf *m (SWR-Reaktorgebäude)*	(circular) catwalk
Rundlaufbrückenkran *m (in Reaktorgebäude)*	polar bridge crane
Rundlaufkatzträger *m*	circular crab runway girder
Rundlaufkran *m (in Reaktorgebäude)*	polar crane; circular crane
Ruthenium *n,* Ru	ruthenium, Ru
RWR-Filter *n, m (SWR)* SYN. Reaktorwasserreinigungsfilter	reactor water clean-up filter
RWR-Kühler *m (SWR)* SYN. Reaktorwasserreinigungskühler	reactor water clean-up heat exchanger

S

Saatelement *n* SYN. Spickelement	spike; seed
Saatmaterial *n (MHD)*	seed material
Sättigungskonzentration *f*	saturation concentration
Samarium *n,* Sm	samarium, Sm
Samariumaufbau *m*	samarium build-up
Sammelbehälter *m (für Abwässer)*	collecting *oder* hold-up tank; waste hold-up tank
Sammeleinfahren *n* der Steuerstäbe *(SWR)*	control-rod bulk insertion
Sammelbehälterumwälzpumpe *f (DWR)*	waste hold-up tank recirculation pump
Sammelraum *m*	plenum
oberer Sammelraum *(SNR 300)*	upper plenum
unterer Sammelraum *(SNR 300)*	lower *oder* bottom plenum
Sammelraumabschirmung *f (gasgek. Schwerwasserreaktor)*	header space shield(ing)
Sammelraumisolierung *f (gasgek. Schwerwasserreaktor)*	header space insulation
SAS-Behälter *m (SWR)* SYN. Schnellabschaltbehälter	scram accumulator
Sattdampfzuführungsrohr *n (SWR)*	saturated-steam supply line
sauber *(Reaktortechnik)*	clean *(reactor)*
sauberer Vorbereitungsraum *m (FGR)*	new fuel facility; clean-conditions preparation room
Sauberkeitsbedingungen *fpl*	clean conditions
Sauerstoffeinbruch *m (SNR 300)*	oxygen inleakage (*oder* ingress)
Sauerstoffnachweis *m (SNR 300)*	oxygen detection; *Gerät:* oxygen detector (unit)
Schaden *m* mit Kühlmittelaustritt SYN. Kühlmittelverlustunfall, Störfall mit Kühlmittelaustritt	loss-of-coolant accident, LOCA

Schaden(s)fall *m* SYN. Störfall	accident
denkbar größter ~ SYN. größter anzunehmender Unfall, GaU, GAU	maximum credible accident, MCA
größtmöglicher ~ SYN. denkbar größter ~, größter anzunehmender Unfall, GaU, GAU	maximum credible accident, MCA
~ mit Kühlmittelverlust	loss-of-coolant accident, LOCA
Schadensfallinnendruck *m*	MCA internal pressure
Schadenspropagation *f* *(SNR 300)*	failure propagation
schadhaftes Brennelement *n*	defective *oder* faulty fuel assembly (*oder* element)
Schattenabschirmung *f*	shadow shield
Schichtenströmung *f*	laminar flow
Schiebegas *n (für Kühlmittel)*	motive gas
Schieber *m* mit Federspeicherantrieb *(SNR 300)*	gate valve with fast-acting spring actuator
Schieberüssel *m* *(Schwerwasserreaktorlademaschine)*	sliding snout
Schild *m* SYN. Abschirmung	shield(ing)
biologischer ~	biological shield
thermischer ~	thermal shield
Unfall~	accident shield
Schilddrüsendosis *f* *(Strahlenschutz)*	thyroid dose
Schildkühler *m*	shield cooler; shield cooling heat exchanger
Schildkühlgebläse *n*	shield cooling air fan
Schildkühlsystem *n*	shield cooling system
Schildkühlung *f*	shield cooling; shield cooling system
Schildkühlwasserpumpe *f*	shield cooling pump
Schildkühlwasserrücklaufbehälter *m (HTR Peach Bottom)*	shield cooling water return tank
Schildkühlwassersystem *n*	shield cooling water system

Schildkühlwasserwärme(aus)-tauscher *m (HTR Peach Bottom)* SYN. Schildkühler	shield cooling heat exchanger
Schildtank *m*	shield tank
schlaffe Bewehrung *f (Spannbeton-RDB)*	non-stressed *oder* untensioned bar reinforcement
Schlammbehälter *m*	sludge tank; *Konzentratbehälter:* evaporator bottoms storage tank
schlangenförmiger Rippenrohr-kühler *m (Kugelhaufen-HTR)*	coiled finned-tube type cooler (*oder* heat exchanger)
Schlangenrohrwärmetauscher *m*	tube coil type heat exchanger
Schlauchpumpe *f (SWR-Abfall-konzentratförderung)*	flexible tube pump, peristaltic pump
Schleuse *f*	*Sicherheitshülle:* airlock; *SWR-BE-Lagerbecken:* refueling slot
Schleusenschwenkkammer *f (MZFR)*	transfer canal tilting device; transfer canal upending frame
Schleusensystem *n (Kugelhaufen-HTR-Beschickungsanlage)*	airlock system
Schleusentrocknungsraum *m (MZFR)*	fuel transfer tube (*oder* canal) drying space
Schleusrohr *m (für BE) (DWR)*	fuel transfer tube
Schleuswagen *m (für BE) (DWR)*	conveyor car; transfer carriage
~ für Versandflasche	shipping flask transfer carriage
Schlüsselmeßpunkt *m (SFK)*	key measurement point
Schlüsselweite *f*	width across (the) flats
Schmelzen *n* der Brennstoff-hüllen	melting of the fuel cladding, clad melting
Schmelzofen *m (für Bitumen)*	bitumen heater; bitumen melting tank
Schmierspalt *m*	lubrication gap
Schmutzfänger *m*	dirt *oder* sludge trap
Schmutzwasserverdampferanlage *f*	sewage evaporator plant
Schnellablaß *m*	*Moderator-D_2O, Vorgang:* (moderator) dump (*oder* fast drain); *Ablauf zum SNR-300-Na-Leckauffangsystem:* dump *oder* fast drain

Schnellablaßventil *n* *(Moderator-D_2O)*	dump *oder* fast drain valve
Schnellabschaltanlage *f (SWR)*	scram system
Schnellabschaltanregung *f*	scram initiation
Schnellabschaltbefehl *m* *(Reaktorschutz)*	scram signal
Schnellabschaltbehälter *m* *(SWR)*	scram accumulator (tank)
Schnellabschaltbehälterabsperrventil *n (SWR)*	scram accumulator isolating valve
Schnellabschaltkriterium *n* *(DWR)*	scram criterion
Schnellabschaltsystem *n (SWR)*	scram system
Schnellabschalttank *m (SWR)* SYN. Schnellabschaltbehälter	scram accumulator (tank)
Schnellabschaltung *f*	scram; rapid (*oder* fast) shutdown; trip
~ von Hand	manual scram
Schnellbrüter *m* SYN. schneller Brüter	fast breeder
Schnellbrüterkernkraftwerk *n*	fast breeder (power) station
schnelle Anordnung *f*	fast assembly
schnelle Fluenz *f* SYN. schnelle Neutronenfluenz	fast neutron fluence
Schnelleinfahren *n* *(Absorberstab)*	rapid (control rod) insertion
schnelle Neutronenfluenz *f* SYN. schnelle Fluenz	fast neutron fluence
schneller Brüter *m* SYN. Schnellbrüter, schneller Brutreaktor	fast breeder
heliumgekühlter ~	helium-cooled fast breeder
natriumgekühlter ~	sodium-cooled fast breeder
schnelles Neutronenspektrum *n*	fast neutron spectrum
schnelles Wiederanfahren *n* nach einer Schnellabschaltung	quick restart(ing) after a scram
schnellschließendes Absperrventil *n*	quick-closing isolating valve

Schnellschluß *m (Reaktor)*	(reactor) scram; (reactor) fast shutdown
ungewollter ~	unintentional scram
Schnellschlußablaßbehälter *m (SWR)*	scram dump tank
Schnellschlußarmatur *f (Lüftungsanlage)*	quick-closing damper
Schnellschlußklappe *f (Lüftungsanlage)*	quick-closing damper
Schnellschlußklappen-steuerung *f*	quick-closing damper control
Schnellschlußkupplung *f (SNR-300-Stellstabantrieb)*	quick-acting coupling
Schnellschlußmechanismus *m (SNR 300)*	scram mechanism
Schnellschlußrückstellung *f (SWR)*	scram runback
Schnellschlußsignal *n (für Reaktor)*	scram signal
Schnellschlußstab *m*	scram rod
Schnellspaltfaktor *m*	fast fission factor
Schnellspaltung *f*	fast fission
Schnellspaltverhältnis *n*	fast-fission ratio
Schnellumschaltautomatik *f*	automatic quick-changeover unit
Schnellverschluß *m*, kraftschlüssiger *(für SWR-Beladedeckel)*	fast-acting force-closure seal
Schnüffelkontrolle *f (für schadhafte BE)*	sniffing check
Schnüffelleitung *f*	(gas) sampling line
Schockblech *n (SNR 300)*	shock plate
Schrägschleuse *f (für BE)*	fuel transfer chute
Schraubenspannvorrichtung *f*	stud tensioner
Schraubenvorspannung *f (Vorgang)*	stud pre-tensioning
Schrottsammelbehälter *m (Kugelhaufen-HTR)*	scrap collecting tank
Schubanker *m (Spannbeton-DB)*	shear cleat; PCRV liner anchor

Schubkraft *f* *(Absorberstabantrieb)*	pushing force; thrust (force)
Schubspannungshypothese *f*	shear strain hypothesis
Schützriegel *m (Beckenschütz)*	damgate slab
Schuß *m (Druckbehälterbau)*	course; *Brit.* strake
Schutzanzug *m*	protective suit
Schutzbehälter *m*	guard vessel; *Sicherheitshülle:* containment (vessel)
Schutzgas *n*	cover *oder* blanket gas
Schutzgasableitung *f* *(SNR 300)*	cover *oder* blanket gas discharge line
Schutzgasanalyse *f* *(SNR 300)*	blanket *oder* cover gas analysis
Schutzgaserzeuger *m*	blanket *oder* cover *oder* inert gas generator
Schutzgaskühler *m* *(HTR Peach Bottom)*	inert gas cooler (*oder* heat exchanger)
Schutzgasraum *m* *(Na-gek. Reaktor)*	blanket *oder* cover gas space
Schutzgasreinigungssystem *n* *(SNR 300)*	blanket *oder* cover gas clean-up (*oder* purification) system (*oder* plant)
Schutzgassystem *n*	blanket *oder* cover gas system; inert gas supply and blanketing system
Schutzgasversorgung *f* *(SNR 300)*	blanket *oder* cover gas supply (system)
Schutzhemd *n* *(DWR-Druckhalter)*	(protective) shroud
Schutzmantel *m (SNR 300)*	leak jacket
Schutzrohr *n* *(DWR-Steuerstabantrieb)*	protecting *oder* protective tube
schwach ionisiertes Gas *n*	weakly ionized gas
schwach radioaktiv	slightly radioactive
schwachaktiv *(Abwasser)*	slightly *oder* weakly active
Schwachlastbereich *m (KKW)*	*Brit.* light-load range; *Am.* low-load range
Schwächezone *f*	region of weakness
Schwächung *f*	attenuation

geometrische ~	geometric attenuation
materielle ~	attenuation
Schwächungsfaktor *m*, materieller	attenuation factor
Schwächungskoeffizient *m*	attenuation coefficient
atomarer ~	atomic attenuation coefficient
Schwächungsmechanismus *m*	attenuating *oder* attenuation mechanism
Schwankung *f* der Leistung	oscillatory power surge
Schwankung *f*, kurzzeitige *(Reaktordruck)*	excursion in reactor pressure
schwarz *(Reaktortechnik)*	black
Schwebstoff *m*	aerosol
Schweißeinflußzone *f*	weld affected zone
Schweißlippendichtung *f*	weldable seal membrane
Schweißplattierung *f*	weld deposit cladding; weld overlay
Schweißringlippendichtung *f* *(SNR-300-Na-Leitung)*	weldable seal membrane
Schwelldehnung *f*	swelling expansion
Schwelleffekt *m (Brennstoff)*	swelling effect
Schwellen *n* des Brennstoffs	fuel swelling; fuel growth
Schwellenenergie *f*	threshold energy
Schwellenwertdosis *f*	threshold dose
Schwellrate *f*	swelling rate
Schwenktüre *f* *(in Personenschleuse)*	swing door
gegeneinander verriegelte ~n	swing doors interlocked against each other
Schwenkvorrichtung *f* *(für DWR-BE-Schleuse)* SYN. Aufstellvorrichtung, Kippvorrichtung	tilting device; lifting *oder* upending frame
Schwerbeton *m* *(für Abschirmungen)*	heavy concrete
Schwerkraft *f*	gravity
unter dem Einfluß der ~ *(Steuerstabeinfall bei Schnellschluß)*	by gravity

Schwerwasser *n*, schweres Wasser, D_2O	heavy water, D_2O
abgereichertes ~	degraded *oder* downgraded heavy water
Schwingungen *fpl*	vibration(s)
strömungsinduzierte ~	flow-induced vibrations
Schwingungsdämpfer *m*	vibration damper
Schwingungssteifigkeit *f* SYN. Schwingungsfestigkeit	dynamic strength; resistance to vibration
sechseckiges Prisma *n* *(HTR-Spannbetonbehälter Fort St. Vrain)*	hexagonal prism
Sechskantsäule *f* *(HTR-Moderatorgraphit)*	hexagonal column
Sechskantstein *m* *(HTR-Moderatorgraphit)*	hexagonal brick
sedimentieren	to sedimentate; to form sediments
Seitenreflektor *m* *(gasgek. Reaktor)*	side reflector
Seitenschild *m (HTR, FGR)*	side shield
thermischer ~ *(HTR)*	side thermal shield
Sekundärabdichtungseinheit *f* *(SNR-300-Primär-Na-Pumpe)*	secondary seal(ing) unit
Sekundärabschirmung *f*	secondary shield; *DWR-Sicherheitshülle:* outer concrete shield
Sekundäranlage *f*	secondary plant
Sekundärcontainment *n*	secondary containment
Sekundärdampf *m*	secondary steam
Sekundärdampfdurchsatz *m*	secondary steam flow rate
Sekundärdampferzeuger *m* *(Zweikreis-SWR)*	secondary steam generator
Sekundärdampfleitung *f*	secondary steam pipe (*oder* line)
Sekundärdampfumformer *m* *(SWR)*	secondary steam-to-steam heat exchanger
Sekundärgaschromatograph *m* *(SNR 300)*	secondary gas chromatograph
Sekundärkreislauf *m*	secondary system; *einzeln:* secondary loop

Sekundärkühlkreis *m*	secondary coolant loop (*oder Brit.* circuit)
Sekundärnatrium *n (NaSB)*	secondary sodium
Sekundärnatriumpumpe *f (SNR 300)*	secondary sodium pump
Sekundärpumpe *f (SNR 300)*	secondary pump
Sekundärsystem *n*	secondary system
Sekundärteilchengleichgewicht *n*	charged particle equilibrium
Sekundärwasser *n*	secondary water
Selbstabschirmeffekt *m*	self-shielding effect
Selbstabschirmfaktor *m*	self-shielding factor
Selbstabschirmung *f*	self-shielding
Selbstabsorption *f*	self-absorption
selbstprüfendes Verhalten *n (Reaktorsicherheitsschaltung)*	self-checking behaviour
Selbstprüfung *f (Reaktorschutzsystem)*	self-check
selbstregelnd, Selbstregelungs-	self-regulating, self-regulation
selbstregelndes *oder* selbststabilisierendes Verhalten *n (Reaktor)*	autocontrol feature; self-regulating characteristic
Selbstregelung *f (Reaktor)*	self-regulation; autocontrol
selbststabilisierend	self-regulating
selbststabilisierendes Verhalten *n* SYN. selbstregelndes Verhalten	autocontrol feature; self-regulating characteristic
Selbstverschweißen *n* von Strukturwerkstoffen in flüssigem Natrium	self-welding of structural materials in liquid sodium
selektive Korrosion *f*	selective corrosion
Senkbewegung *f (Absorberelement)*	lowering motion
senkrechter Teleskopmast *m (SWR-BE-Manipulator)*	(vertical) telescoping mast
Servomechanismus *m*	servomechanism
Setzsteinwand *f*	equipment concrete blocks
Sicherheit *f* gegen Durchbrennen *(BE)* SYN. Durchbrennsicherheit	minimum critical heat flux ratio, MCHF ratio

Sicherheit *f* gegen Filmsieden (*oder* Filmverdampfung)	DNB ratio; departure from nucleate boiling ratio, DNBR
Sicherheit *f*, minimale, gegen kritische Heizflächenbelastung SYN. Sicherheit gegen Durchbrennen, Durchbrennsicherheit	minimum critical heat flux ratio, MCHF, minimum burnout ratio, DNB ratio, DNBR
Sicherheitsabblasesystem *n* *(FGR)*	CO_2 safety valve system
Sicherheitsabschaltsystem *n* *(SNR 300)*	safety shutdown system
Sicherheitsabsperrarmatur *f* *(Kugelhaufen-HTR)*	safety isolating valve
Sicherheitsabstand *m* gegen Filmsieden *(DWR)*	DNB (= departure from nucleate boiling) ratio, DNBR
Sicherheitsabstand *m* vom nächsten Siedlungszentrum	safety distance from the nearest centre of population
Sicherheitsbehälter *m* SYN. Sicherheitshülle, Containment	containment (building *oder* structure)
birnenförmiger ~ mit ringförmigem Kondensationsraum (unterhalb und außerhalb des eigentlichen ~s) *(SWR)*	light bulb and torus type containment
doppelwandiger ~	double containment
~ mit Druckabbausystem	pressure-suppression containment
stählerner kugelförmiger ~	spherical steel containment (building *oder* shell *oder* structure); steel containment sphere
trockener ~ SYN. trockene Druckschale	dry containment
Sicherheitsbehälterflutsystem *n* *(DWR)*	drywell spray system; containment cooling system; containment deluge *oder* flooding system
Sicherheitsbehälternotkühlanlage *f*	containment cooling system; containment spray system
Sicherheitsbehältersprühsystem *n* *(SWR)*	drywell spray cooling system; primary containment cooling system
Sicherheitsbeiwert *m*	factor of safety; safety factor
Sicherheitsbericht *m*	safety analysis report

endgültiger ~	final safety analysis report, FSAR
vorläufiger ~	preliminary safety analysis report, PSAR
Sicherheitseinrichtung *f* *(Reaktor)*	engineered safeguard; safety feature
passive Sicherheitseinrichtungen	passive safeguards
Sicherheitseinspeisepumpe *f* *(DWR)*	safety injection pump
HD-Sicherheitseinspeisepumpe	HP *oder* high-head safety injection pump
Sicherheitseinspeisesystem *n* *(DWR)*	safety injection system
Sicherheitseinspeisevorgang *m* *(DWR)*	safety injection process
Sicherheitseinspeisung *f* *(DWR)*	safety injection
Sicherheitselement *n*	safety member
Sicherheitserdbeben *n*	maximum potential earthquake
Sicherheitsfaktor *m* gegen Filmsieden *(DWR)*	DNB ratio, DNBR
Sicherheitsgebäude *n*	containment (building *oder* structure)
Sicherheitsgefahrenmeldesystem *n* *(SNR 300)*	safety alarm annunciating system
Sicherheitsharzfänger *m* *(DWR)*	safety resin catcher; safety resin trap
Sicherheitshülle *f* SYN. Sicherheitsbehälter, Sicherheitsdruckhülle	containment (building *oder* shell *oder* structure)
Doppel ~, doppelte ~	double (barrier) containment (building *oder* shell *oder* structure)
~ mit Druckunterdrückungsanlage	pressure suppression containment
kugelförmige ~ *(DWR)*	spherical containment; containment sphere
Mehrfach ~	multiple containment
mehrschalige ~	multiple containment
Stahl ~	containment steel shell; containment steel liner

Volldruck~ (mit Sekundärabschirmung) *(DWR)* SYN. Volldruckcontainment	full-pressure containment (with secondary shield)
Anlagenraum *m*	equipment *oder* plant compartment
Anschluß *m* an Sicherheitshülle für Kabeldurchführung	connection on containment shell for cable penetration
Dichtbalg *m*	sealing bellows
Doppelabdichtung *f*	double seal
Lüftungsstutzen *m*	ventilation nozzle
Rückpumpsystem *n*	pump-back system
Sicherheitsingenieur *m*	safety engineer
Sicherheitskanal *m* *(Reaktorschutzsystem)*	safety channel
Sicherheitskreis *m* *(Reaktorschutzsystem)*	safety loop; safety circuit
Sicherheitskugelbehälter *m*	spherical containment (vessel *oder* structure); containment sphere
Sicherheitslogikschaltung *f* *(SNR 300)*	safety logic circuit
Sicherheitsmaßnahmen *fpl*	safeguards
Sicherheitsmonitor *m* *(SNR 300)*	safety monitor
Sicherheitsschaltung *f*	safety circuit; safeguard circuit
Sicherheitsstab *m (FGR)*	safety rod
Sicherheitsstahlhülle *f* SYN. Stahlsicherheitsbehälter, Stahlsicherheitshülle	steel containment shell, containment steel shell
Sicherheitsstopfbüchse *f* *(SNR-300-Primärarmatur)*	safety gland
Sicherheitssystem *m* SYN. Reaktorschutzsystem	reactor protection system; reactor safety circuits
sicherheitstechnische Einrichtung *f*	engineered safeguard; safety feature
Sicherheitsumhüllung *f* SYN. Sicherheitsbehälter, Sicherheitshülle	containment (building *oder* structure *oder* vessel)
Sicherheitsumschließung *f* SYN. Sicherheitsbehälter, Sicherheitshülle	containment (building *oder* structure *oder* vessel)

Sicherheitsverriegelungs-system *n (SNR 300)*	safety interlock system
Sicherheitsvorkehrung *f*	(engineered) safeguard; safety system
Sicherung *f* gegen Aufschwimmen *(BE)*	(anti-)levitation safeguard
Sicherungsmaßnahme *f*, organisatorische	administrative safeguard
Sichtglas *n*	sight glass
Sichtstrecke *f (Kugelhaufen-HTR-Beschickungsanlage)*	viewing section
Siebgeflecht *n (im Ionentauscherbehälter)*	retention screen
Siedeabstand *m* SYN. Siedegrenzwert	minimum ratio between DNB heat flux and local heat flux; minimum DNBR; critical heat flux ratio
Siedeabstandsbegrenzung *f (DWR-Leistungsregelung)*	minimum DNBR limiter (*oder* limiting circuit); minimum DNB heat flux to local heat flux ratio limiter (*oder* limiting circuit)
Siedegrenzwert *m* SYN. Siedeabstand	minimum ratio between DNB heat flux and local heat flux; minimum DNBR; critical heat flux ratio
Sieden *n*	boiling
Behälter~	pool boiling
~ bei erzwungener Konvektion	forced convection boiling
Bläschen~	nucleate boiling
Film~	film boiling
Oberflächen~ in unterkühltem Wasser (*oder* in unterkühlten Flüssigkeiten)	subcooled *oder* surface boiling
Pool~ SYN. Behältersieden	pool boiling
Übergangs~	transition boiling
unterkühltes ~	subcooled boiling
Volumen~	bulk boiling
Siedetemperatur *f*	boiling temperature
Siedeüberhitzerelement *n (BE)*	boiling/superheat fuel assembly

kombiniertes ~	combined boiling/superheat fuel assembly (*oder* element)
Vielkanal~	multi-channel boiling/superheat assembly (*oder* element)
Siedeverzug *m (von Natrium)*	boiling delay
Signalbildung *f (Reaktorschutzsystem)*	signal forming
Signalbildungszeit *f*	signal forming (*oder* generating) time
Signallaufzeit *f*	signal running time
Silberauflage *f (auf Dichtungsring)*	silver cladding (*oder* plating)
silberbeschichtete Kohle *f* in granulierter Form *(HTR-Spaltproduktfalle)*	silver-coated charcoal (reagent material) in granular form
Silica-Gel *n,* Silikagel	silica gel
Siliziumkarbid *n*	silicon carbide
Sintermetallfeinstfilter *n, m*	sintered-metal ultrafine filter
Sipping-Test *m*	sipping test
Sitzdichtheit *f (Armatur)*	seat leaktightness
Sitzring *m*	seat(ing) ring
Sm-Tal *n*	Sm valley
SNEAK (= Schnelle Nullenergieanordnung Karlsruhe)	SNEAK, Karlsruhe fast zero-power assembly
Solekreislauf *m* SYN. Solesystem	brine loop (*oder Brit.* circuit)
Solekühlkreislauf *m (HTR Peach Bottom),* Solekühlsystem	brine cooling system
Solesystem *n (HTR Peach Bottom)* SYN. Solekreislauf	brine system (*oder* loop *oder Brit.* circuit
Solewärmetauscher *m*	brine heat exchanger
Sol-Gel-Prozeß *m* SYN. Sol-Gel-Verfahren *n (Fertigung beschichteter HTR-Partikel)*	sol-gel process (of fuel fabrication)
Solventextraktionsprozeß *m (BE-Wiederaufarbeitung)*	solvent extraction process

Solventextraktionszyklus *m*	solvent extraction cycle
Sonde *f*	probe
Hallsonde	Hall probe
Sonderbereich *m* *(im kontrollierten FGR-Bereich)*	special area
Sorptionsprozeß *m* *(HTR-BE-Wiederaufarbeitung)*	sorption process
später erreichbare Leistung *f*	stretch *oder* stretch-out (capacity *oder* capability *oder* rating)
Spaltausbeute *f*	fission yield
direkte ~	direct fission yield
Gesamt~	chain fission yield
kumulative ~	cumulative fission yield
primäre ~ SYN. Fragmentausbeute	primary fission yield
unabhängige ~	independent fission yield
spaltbar	fissionable
spaltbares Material *n*	fissionable *oder Brit.* fissile material
spaltbare Stoffe *mpl*, besondere	special nuclear materials
Spalt *m* Brennstoff-Hülle	cold gap; pellet to can radial gap
Spaltbruchstücke *npl*, Spaltfragmente *npl*	fission fragments
Spaltedelgas *n*	noble *oder* inert fission gas
Spalterwartung *f*, asymptotische	iterated fission expectation
Spaltfragmente *npl* SYN. Spaltbruchstücke	fission fragments
Spaltgas *n*	fission gas
radioaktives ~	radioactive fission gas
Spaltgasabgabe *f* SYN. Spaltgasfreisetzung	fission gas release
Spaltgasaustritt *m* SYN. Spaltgasabgabe, Spaltgasfreisetzung	fission gas release
Spaltgasbildung *f*	fission-gas formation
Spaltgasdruck *m*	fission gas pressure

spaltgasdruckentlasteter (Brenn)Stab *m*	fission-gas-pressure-relieved (fuel) rod
Spaltgasfreisetzung *f* SYN. Spaltgasabgabe, Spaltgasaustritt	fission (product) gas release
Spaltgasfreisetzungsrate *f*	fission gas release rate
Spaltgasinnendruck *m* *(im LWR-Brennstab)*	internal fission gas pressure
Spaltgasplenum *n* *(im Brennstab)*	fission gas plenum (*oder* space)
Spaltgassammelraum *m* *(im Brennstab)*	fission gas plenum (*oder* space)
Spaltgasspeicherraum *m* *(im Brennstab)*	fission gas plenum (*oder* space)
Spaltgift *n*	fission poison
Spaltkammer *f*	fission chamber
Spaltkern *m*	fission nucleus
Spaltneutronen *npl*	fission neutrons
Spaltneutronenausbeute *f*	fission neutron yield
Spaltneutronenquelle *f*	fission neutron source
Spaltprodukt *n*	fission product
flüchtiges ~	volatile fission product
freigesetztes ~	released fission product
gasförmiges ~	gaseous fission product
edelgasförmiges ~	noble-gas fission product
instabiles ~	unstable fission product
kurzlebiges ~	short-lived fission product
radioaktives ~	radioactive fission product
Vorläufer~	precursor fission product
Spaltproduktadsorption *f*	fission product adsorption
Spaltproduktadsorptionsfilter *n, m*	fission product adsorption filter
Spaltproduktaktivität *f*	fission product activity
Spaltproduktansammlung *f*	fission product accumulation (*oder* build-up)
Spaltproduktaufbau *m*	fission product build-up
Spaltproduktausstreuung *f*	fission product dispersion (*oder* dispersal)

Spaltproduktfalle *f*	fission product trap
Spaltproduktfreigabe *f* SYN. Spaltproduktfreisetzung	fission product release
Spaltproduktfreisetzung *f* SYN. Spaltproduktfreigabe	fission product release
Spaltproduktfreisetzungsrate *f*	fission product release rate
Spaltproduktisotop *n*	fission product isotope
Spaltproduktkatalyse *f*	fission product catalysis
Spaltproduktkette *f*	fission product chain
Spaltproduktkonzentration *f*	fission product concentration
Spaltproduktrückhalteeigenschaft *f*	fission product retention property
Spaltproduktrückhaltevermögen *n*	fission product retention capacity, capability to retain fission products
Spaltproduktrückhaltung *f*	fission product retention
Spaltproduktspektrum *n*	fission product spectrum
Spaltproduktvergiftung *f*	fission product poisoning
Spaltprozeß *m*	fission process
Spaltquerschnitt *m*	fission cross section
makroskopischer ~	macroscopic fission cross section
mikroskopischer ~	microscopic fission cross section
thermischer ~	thermal fission cross section
Spaltrohrmotor *m* *(Spaltrohrpumpe)*	canned motor
Spaltrohr(motor)pumpe *f*	canned motor pump
Spaltspektrum *n*	fission spectrum
Spaltspülsystem *n (SNR 300)*	gap purge system
Spaltspül- und Gasprobenentnahmesystem *n (SNR 300)*	gap purge and (gas) sampling system
Spaltstoff *m*	fissile material
Spaltstoffdurchsatz *m*	fissile material flow rate
Spaltstoffelement *n* SYN. Brenn(stoff)element	fuel assembly (*oder* element)
Spaltstoffelementlagerbecken *n* *(SWR)* SYN. BE-Becken	fuel storage pool
Spaltstofffluß *m*	fissile material flow
Spaltstoffflußkontrolle *f, SFK*	fissile materials safeguard system

Spaltstoffüllung *f*, **erste**	initial fuel charge
Spaltstoffinventar *n*	fissile (fuel) inventory
Spaltstoffmessung *f*	fissile material measurement
Spaltstoffstab *m (SWR)* SYN. Brennstab	fuel rod
Spaltung *f*	fission
Kern~	nuclear fission
Schnell~	fast fission
spontane ~, Spontan~	spontaneous fission
ternäre ~	ternary fission
thermische ~	thermal fission
Spaltungsquerschnitt *m*	fission cross section
Spaltungsreaktion *f*	fission reaction
Spaltungsreaktionsrate *f*	fission reaction rate
Spaltungsstörzone *f* *(Strahlenschaden)*	fission spike
Spalturananreicherung *f (SFK)*	enrichment
Spaltwärmeübergang *m* *(im Brennstab)*	gap heat transfer
Spaltwärmeübergangszahl *f*	gap heat transfer coefficient
Spaltzählrohr *n*	fission counter (tube)
Spaltzone *f* SYN. (Reaktor)Kern	(reactor) core
Spannbetonbehälter *m*	prestressed-concrete vessel
Spannbetonbehälterdeckel *m* *(HTR)*	prestressed-concrete vessel top slab
Spannbetonbehälterkühlung *f* *(FGR)*	prestressed-concrete vessel cooling system, PCRV cooling system
Spannbetonbehälterpanzerrohr *n (HTR-Kühlgasgebläse)*	prestressed-concrete pressure vessel liner tube
Spannbetondruckbehälter-kühlkreislauf *m*	PCRV *oder* prestressed-concrete pressure vessel cooling loop (*oder Brit.* circuit)
Spannbetonzylinder *m* *(Sicherheitshülle)*	prestressed-concrete cylinder
Spanner *m*, **hydraulischer** SYN. hydraulische Schrauben-spannvorrichtung	hydraulic (closure) stud tensioner

Spanngerät *n (für RDB-Stiftschrauben)* SYN. Schraubenspannvorrichtung	stud tensioner
Spannglied *n (Spannbetonbehälter)*	(prestressing) tendon
Spanngürtel *m (um Gasreaktor-Graphiteinbau)*	restraint garter
Spannkabel *n (Spannbetondruckbehälter)*	prestressing cable
Spannstahl *m (Spannbetonbehälter)* SYN. Spannglied	steel (prestressing) tendon
Spannsystem *n (Spannbeton-DB)*	(pre)stressing system
Spannung *f (im Werkstoff)*	stress
Primär~	primary stress
Sekundär~	secondary stress
spannungsarmglühen	to stress-relieve; to stress-relief-anneal
Spannungsintensitätsfaktor *m*	stress intensity factor
Spannvorrichtung *f*, ölhydraulische *(für RDB-Deckelschrauben)* SYN. hydraulischer Spanner, hydraulische Schrauben~	oil-hydraulic (stud) tensioner
übergestülpte ~	fitted-on closure stud tensioner
Speicherbehälter *m*	storage tank
~ für kontaminiertes Öl	contaminated oil storage tank
Speicherkapazität *f*	storage capacity
Speicherwärme *f*	stored heat, storage heat
Speisewasserdurchdringungsventil *n (SWR)*	feedwater penetration isolation valve
Speisewasserleitung *f*	feedwater pipe (*oder* line)
Speisewasserringleitung *f (DWR-Dampferzeuger)*	feedwater sparger ring; feedwater ring manifold
Speisewasserringrohr *n (DWR-Dampferz.)*	feedwater ring
Speisewasserverteiler *m*	feedwater manifold; feedwater distribution ring; *SWR-RDB:* feedwater sparger ring

Spektraldriftreaktor *m*	spectral shift (control) reactor
Spektraldriftsteuerung *f*	spectral shift control
spektraler Winkelquerschnitt *m*, ~ raumwinkelbezogener Wirkungsquerschnitt	spectro-angular cross section
Spektralsteuerung *f* SYN. Spektraldriftsteuerung	spectral shift control
Sperrbereich *m*	exclusion area
Sperrgas *n*	seal gas
~ für die Primärgasgebläse *(HTR)*	seal gas for the primary gas circulators
Sperrgasabsaugung *f* *(HTR-Kühlgasgebläse)*	seal gas extraction duct
sperrgasbeaufschlagte Dichtung *f (SNR 300)*	seal-gas-supplied seal
Sperrgasbeaufschlagung *f* *(SNR-300-Reaktordeckeldichtung)*	seal gas injection (*oder* supply)
Sperrgasdruck *m (Gebläselager)*	seal gas pressure
Sperrgasstrom *m*	seal gas flow
Sperrgassystem *n (HTR)*	seal gas system
Sperrgasversorgung *f* für die Kühlgasgebläse des Reaktors *(Kugelhaufen-HTR)*	reactor coolant gas circulator seal gas supply system
Sperrwasser *n*	seal water
Sperrwasserfilter *n, m*	seal water filter
Sperrwasserkühler *m*	seal water heat exchanger,
Sperrwasserleckagepumpe *f* *(SWR)*	seal water leakoff pump
Sperrwasserpumpe *f*	seal water pump
Sperrwassersystem *n (SWR)*	seal-water system
spezifische Aktivität *f*	specific activity
spezifische Enthalpie *f* des Dampfes	specific steam enthalpy
spezifische Gammastrahlenkonstante *f*	specific gamma-ray constant
spezifische Leistung *f*	fuel rating; specific power
spezifische Spaltstoffleistung *f*	specific nuclear fuel power (*oder* rating)

spezifischer Abbrand *m*	specific burn-up; irradiation level
Spickelement *n* SYN. Saatelement	spike; seed
Spicken *n*	spiking; seeding
Spiegelhaltebehälter *m* *(SNR 300)*	level hold(ing *oder* maintenance) tank
Spiegelhalteleitung *f (SNR 300)*	level holding pipe (*oder* line)
Spiegelhaltesystem *n (SNR 300)*	level holding (*oder* maintenance) system
Spiegelhaltung *f* *(SNR-300-Reaktortank)*	level holding (*oder* maintenance)
Spindeldurchführung *f*	valve steam (*oder* spindle) penetration
Splitterschutz *m*	missile shielding
Splitterschutzbeton *m*	missile shielding concrete
Splitterschutzsicherung *f*	missile protection
Splitterschutzzylinder *m*	cylindrical missile shield; missile shielding cylinder
Spontanspaltung *f*	spontaneous fission
Sprengplattieren *n* *(von Druckbehältern)*	explosive cladding
Sprödbruch *m* *(RDB- u. Behälterwerkstoff)*	brittle fracture (*oder* failure)
Sprödbruchfahrdiagramm *n* *(DWR-DB)*	brittle-fracture-oriented (*oder* -based) operating diagram
Sprödbruchsicherheit *f*	brittle fracture resistance
Sprödbruchübergangstemperatur *f*, NDTT, NDT-Temperatur	nil ductility transition temperature, NDT(T)
Sprühabscheider *m*	spray type separator
Sprühdüse *f*	spray nozzle (*oder* sparger)
Sprühdurchsatz *m*	spray flow rate
Sprühkranz *m* SYN. Sprühring *(SWR)*	sparger ring; ring sparger
Sprühkühler *m*	containment spray (system) heat exchanger
Sprühkühlung *f*	spray cooling; *Anlage:* spray cooling system
Sprühleitung *f*	spray pipe (*oder* line)

Sprühpumpe *f*	spray pump
Sprühring *m* SYN. Sprühkranz *(SWR)*	sparger ring; spray ring
Sprühsystem *n*	*allgemein:* post-incident cooling system; *DWR:* vapour container spray system
Sprühverteilerring *m*	spray ring; *SWR:* sparger ring
Spülbetrieb *m (Lüftung)*	purge *oder* purging operation
Spül-D_2O *n*	flushing D_2O
Spülen *n*	*Gas:* purge, purging; *Flüssigkeit:* flushing
spülen	to purge; to flush; to rinse
Spülgas *n*	purge gas
Spülgasstrom *m*	purge gas flow
Spülgassystem *n (HTR)*	purge gas system
Spülgasversorgung *f (HTR)*	purge gas supply; *Anlage:* purge gas supply system
Spülkreislauf *m (HTR DRAGON, Peach Bottom)*	purge loop (*oder Brit.* circuit)
Spülluft *f*	purge air
Spülluftfilter *n, m*	purge air filter
Spülstrom *m*	purge flow (*oder* stream); *SWR-Abwasseraufbereitung:* flush(ing)-out stream
Spülsystem *n (HTR)*	purge system
Spülwässer *npl* für Harz und Filtermassen *(SWR-Abwasseraufbereitung)*	resin and filter media sluice (*oder* sluicing) waters
Spülwasserpumpe *f (SWR-Abwasseraufber.)*	flushing water pump
Spülwasserzufluß *m (für Deionat – HTR Peach Bottom)*	rinse water supply inlet
Spurenmenge *f*	trace amount
SSV = (hydraul.) Schraubenspannvorrichtung *(DWR)*	hydraulic stud tensioner
Stab *m* SYN. Brennstab; Steuerstab	rod

„grauer" (Steuer)~	„grey" rod
„schwarzer" (Steuer)~	„black" rod
Stabbank *f (DWR)* SYN. Steuerstabbank	(control) rod bank, rod group, group of control rods
D-~ (= Doppler-Rückwirkung kompensierende ~)	D-rod bank
X-~ (= Xenonvergiftung kompensierende ~)	X-rod bank
Stabbankstellungsregelung *f (DWR)*, StaBS-Regelung	(control) rod bank position control system
Stabbankstellungswert *m (DWR)*	rod bank position value
Stabbelastung *f*, höchstzulässige *(DWR-BE)*	maximum permissible linear rating
Stabbündel *n (BE)*	rod cluster
Stabeinfahren *n*	rod insertion
Stabeinwurf *m* SYN. Steuerstabeinwurf	fast (control) rod insertion
Stabendkappe *f (Brennstab, Steuerstab)*	rod end cap
Stabführungsplatte *f (SNR 300)*	rod guide plate
Stabgeometrie *f*	rod geometry
Stabgitterabstand *m (BE)*	rod lattice pitch
Stabhalt *m*	rod stop
Stabhaltbefehl *m (Reaktorsteuerung)*	rod stop command (*oder* signal)
Stabhalteplatte *f (SNR-300-Brutelement)*	rod holding plate
Stabhaltung *f (DWR-Steuerstabantrieb)*	rod holding
stabiles Isotop *n*	stable isotope
Stabilisierungstasche *f (Gaslager)*	stabilization pocket
Stablängenbelastung *f (LWR)* SYN. Stabbelastung	linear specific power; linear heat rate; linear power rating; specific rod power
Stableistung *f*	rod power; linear power rating; linear specific power
örtliche ~	local rod power

Stableistungsdichte *f*, mittlere lineare	(mean) linear power density
Staboberflächentemperatur *f*	rod surface temperature
Stabstellungsmeldung *f* *(Stabsteuerung)*	rod position annunciation
Stabsteuereinrichtung *f*, Stabsteuerung *f*	rod control system
Stabteilung *f* SYN. Stabgitterabstand	rod (lattice) pitch
stagnierende Natriumschicht *f* *(SNR-300-Wärmedämmung)*	stagnant sodium layer
stagnierendes Gas *n (FGR)*	stagnant gas
Stahlbetonhülle *f (DWR)*	reinforced-concrete (outer) shield (*oder* shell *oder* containment)
Stahlblechauskleidung *f (FGR)* SYN. Membran	steel sheet liner
Stahlblechdichthaut *f* *(SNR 300)*	sealing steel shell
Stahlblechhülle *f*	steel shell
Außen~ *(SNR 300)*	outer steel shell
Stahldecke *f* für DE-Raum *(DWR)*	steel roof (*oder* cover) for steam generator compartment
Überströmöffnung *f*	pressure relief opening (*oder* port)
Stahldruckschale *f* SYN. Stahlsicherheitsbehälter, Stahlsicherheitshülle	steel containment (shell *oder* structure)
Stahlfachwerk *n* *(FGR-Kernführung)*	framework of vertical and horizontal beams
Stahlfolienisolierung *f (HTR)*	steel foil insulation
Stahlhülle *f* SYN. Stahlsicherheitshülle	steel (containment) shell, *DWR:* steel liner
Volldruck~	full-pressure steel containment (shell)
Stahlhüllenleckrate *f*	steel shell (*oder DWR* liner) leak rate
Stahlhüllrohr *n (Brennstab)*	steel clad(ding) tube
Stahlmembran *f* *(Spannbeton-RDB-Auskleidg.)*	steel membrane

Stahlreflektor *m* *(SNR 300)*	steel reflector
Stahlschale *f* SYN. Stahldruckschale, Stahlhülle, Stahlsicherheitshülle	steel (containment) shell; *DWR:* steel liner
Stahlschürze *f* *(FGR-Gasführungsdom)*	cylindrical skirt
stahlverkleidete Horizontalnut *f* *(für äußere Spannbetonbehälterumspannung)*	steel-lined wire winding channel
Standarddruckschale *f*	standard containment (building *oder* shell *oder* structure *oder* vessel)
Standardflußdichte *f*, thermische	conventional flux density; flux density 2200 meters per second
Standardinstrumentierung *f* *(SNR 300)*	standard instrumentation
Standardionendosis *f* SYN. Bestrahlung	exposure (to radiation)
Standardionendosisleistung *f*	exposure (dose) rate
Standfestigkeit *f*	stability
Standort *m (für KKW)*	site
stadtnaher ~	near-town *oder* urban site
verbrauchsnaher ~	site close to load centres
Standrohr *n*	standpipe
Standrohrkopf *m (FGR)*	standpipe head
Standrohrkühlnetz *n (FGR)*	standpipe cooling system
Standvermögen *n (Brennstäbe)*	stability
Standzarge *f*	support(ing) skirt
~ für Kernbehälter *(DWR)*	core barrel support skirt
~ für Kesseldeckel *(RDB)*	vessel closure head support skirt (*oder* stand)
Standzeit *f (BE)*	dwell *oder* residence time
~ für den Kern	core residence time
starke Strahlenquelle *f* SYN. Großstrahler	large source
stationärer Betriebszustand *m*	steady-state operating condition

statistisches Gewicht *n* in der Breit-Wigner-Formel	statistical factor in Breit-Wigner formula
Staubabscheidefilter *n, m*	dust removal filter
Staubfilter *n, m*	dust filter
Steckenbleiben *n* eines Abschaltstabes *(Kugelhaufen-HTR)*	jamming of a shutdown rod
stehender Geradrohr-Wärmetauscher *m* *(SNR-300-Dampferzeuger)*	vertical straight-tube (type) heat exchanger
Stehnaht *f*	longitudinal seam (*oder* weld)
Steigerung *f* der Kraftwerksleistung	plant power raising; plant raising to power
Steighöhe *f* der Abgaswolke	effluent *oder* waste *oder* off-gas plume rise
Stellhub *m (Absorberstab)*	adjustment *oder* positioning stroke
Stellstab *m* SYN. Regelstab, Steuerstab	control rod; *SNR 300:* absorber rod
Finger~*(DWR)*	RCC *oder* rod cluster control assembly (*oder* element)
Stellstabantriebsstange *f* *(DWR)*	control rod drive shaft
Stellstabbewegung *f* SYN. Steuerstabbewegung	control rod motion (*oder* movement)
Stellstabführungsrohr *n* *(in DWR-BE)*	control rod guide thimble
Stellstabgerüst *n (SNR 300)*	absorber-rod structure
Stellstabsystem *n (SNR 300)*	absorber rod system
Absorberführungsrohr *n*	absorber guide tube
Antriebsgehäuse *n*	drive housing
Dämpfkolben *m*	snubber *oder* snubbing piston
Dämpfzylinder *m*	snubber *oder* snubbing cylinder
dauermagnetbetätigte Bremse *f*	permanent-magnet-actuated brake
drehmomentabhängige Sicherheitskupplung *f*	torque-dependent safety coupling
Gestängeführungsrohr	linkage guide tube
Gestängekopf *m*	linkage head
Gestängerohr *n*	linkage tube

Getriebebremsmotor *m*	geared brake motor
Hubeinheit *f*	hoist unit
Kugelkupplung *f*	ball coupling
Kugelumlaufspindel *f*	rotating ball spindle; recirculating ball screw
Kupplungsmutter *f*	coupling nut
Kupplungsspindel *f*	coupling spindle
Kupplungs- und Führungsrohr *n*	coupling and guide tube
Mitnehmerklaue *f*	engaging dog
Schaltrohr *n*	switching tube
Schnellschlußauslösefeder *f*	scram initiation spring
Schnellschlußmagnet *m*	scram *oder* trip magnet
ringförmiger elektrischer ~	annular electric scram magnet
Sicherheitskupplung *f*	safety coupling
Spindelmutter *f*	spindle nut
Stellstabführungskasten *m*	absorber rod guide box
Stellstabführungsrohr *n*	absorber rod guide tube
wendelförmige Stromzuführung *f*	helical electric power feeder
Zentralrohr *n*	central tube
Zugstange *f*	draw *oder* tie rod
zylindrischer Greifkopf *m*	cylindrical grabhead
Stellungsanzeigespule *f* *(DWR-Steuerstabantrieb)*	position indicator coil (stack)
Stellzeit *f* *(Ventil)*	actuation *oder* positioning time
Steuerantrieb *m* *(DWR)* = Steuerstabantrieb	control drive; control rod drive mechanism, CRDM
Abziehwerkzeug *n* für Dichtringe	gasket removal tool
Antriebsstange *f*	drive shaft
Arbeitsspule *f*	working coil
Greif(er)spule *f*	movable gripper coil
Halteklinke *f*	stationary gripper latch
Haltespule *f*	stationary gripper coil
Hubklinke *f*	movable gripper latch
Hubklinkenträger *m*	movable gripper latch carrier

Hubspule *f*	lift coil
Klinkendruckrohr *n*	latch housing
Klinkeneinheit *f*	latch assembly (*oder* unit)
spinnenförmiger Fingerhalter *m*	spider (hub)
Spulengehäuse *n*	coil housing
Stangendruckrohr *n*	rod travel housing
Stellungsanzeigespule *f*	rod position detector coil
Steuerstabantriebsstange *f*	RCC drive shaft
Stoßdämpferzylinder *m*	dashpot region
Werkzeug *n* für Montage der Druckrohre	pressure housing assembly tool
Zugstange *f*	unlocking rod
Steuerdruckluftanlage *f*	control *oder* instrument air system
Steuerelement *n*	control member (*oder* element); *DWR:* RCC element (*oder* assembly)
Absorberelement *n (DWR)*	absorber element
Drosselkörper *m (DWR)*	flow restrictor
Fingerhalter *m*	spider (hub)
Folgestab *m* SYN. Haltestab	rod mounting adapter
Führungsrohr *n (im BE)*, Führungsstab *m*	control rod guide thimble; absorber rod guide sheath
Haltestab *m* SYN. Folgestab	rod mounting adapter
Steuerelementsteuerung *f (DWR)*	rod control system
Elementeinfahrbegrenzung *f*	RCC element insertion limit
Hand-Regel-Verriegelungslogik *f*	manual/control interlock logic (unit)
Stellungsanzeiger *m* für Antriebe	CRDM position indicator
Steuerelementbetätigung *f*	RCC element actuation (*oder* operation)
zentraler Taktgeber *m*	(central) power cycler
Steuergas *n (HTR)*	control gas
~ der Absorberstäbe	absorber rod control gas
Steuergaspuffer *m (HTR-Abschaltstabantr.)*	control gas buffer (tank)
Steuergassystem *n (HTR)*	control gas system

Steuerorgan *n* SYN. Steuerelement	control element (*oder* member)
Steuerstab *m* SYN. Stellstab, Regelstab	control rod
Borkarbid~ *(SWR)*	boron carbide control rod
kreuzförmiger ~ *(SWR)*, ~ mit kreuzförmigem Querschnitt	cruciform control rod
SWR-~	BWR control rod
Absorberröhrchen *n*	absorber tube
Anschlußteil *n*, oberes	connecting top section
Gitterplatte *f*	tie plate
kreuzförmiger Absorberteil *m*	cruciform absorber section
mittleres Führungsteil *n*	intermediate guide section
Vergiftungsröhrchen *n* SYN. Absorberröhrchen	poison tube; absorber tube
teillanger ~	part-length control rod
vollanger ~	full-length control rod
Steuerstababfahrprogramm *n*	control-rod withdrawal program
Steuerstababstand *m*	control-rod pitch
Steuerstabantrieb *m* SYN. Steuerantrieb	control rod drive; *DWR:* control rod drive mechanism, CRDM
SWR-~	BWR control rod drive
Dichtungsgehäuse *n*	seal housing
Führungsrohr *n*	guide tube
Kugelumlaufspindel *f*	rotating ball spindle
Steuerstabantriebsdurchführung *f*	control rod drive penetration
Steuerstabantriebsgehäuse *n* *(SWR)*	control rod drive housing
Steuerstabantriebspumpe *f* *(SWR)*	control rod drive pump
Steuerstabantriebsraum *m* *(SWR)*	control rod drive chamber
Steuerstabantriebssystem *n* *(SWR)*	control rod drive system
hydraulisches ~	hydraulic control rod drive system
Sperrkolbenantriebssystem *(SWR Mühleberg)*	locking-piston drive system

Drosselbuchse *f*	throttle bush
Druckhaltung *f*	pressurization
Gewindemutter *f*	threaded nut
Gewindespindel *f*	threaded spindle
Hohlkolben *m*	hollow pushrod
Kugelrückführung *f*	ball spline
Kugelrückschlagventil *n*	ball check valve
Kugelumlaufmutter *f*	rotating ball nut
Programmschaltwerk *n* für Steuerstabfahren	sequence switching mechanism for control rod movement
Rückstellfeder *f* für Verriegelungszylinder	lock plug return spring
Schnellabschaltventil *n*	scram valve
Schnellschlußablaßbehälter *m*	scram dump tank
Schnellschlußspeicher *m* SYN. Schnellschlußtank	scram accumulator
Schnellschlußspeicherbehälter *m*	scram accumulator
Schnellschlußtank *m*	scram accumulator
Schnellschlußventil *n*	scram (control) valve
Schnellschlußwasserventil	scram water valve
selbsthemmendes Schneckenradgetriebe *n*	self-locking worm gear
Spannfinger *m*	collet finger
Spannkolben *m*	collet piston
Sperrfinger *m*, Sperrklinke *f*	latch finger; spring finger of the latch mechanism
Sperrkolbenantrieb *m*	locking piston drive
Stickstoffpolster *n*	nitrogen cushion
stählerner Zentralpfosten *m*	steel central post
Tellerfedersäule *f*	stack of Belleville springs
Vergiftungsteil *n (Steuerstab)*	poison section
Vorsteuer-Dreiwegmagnetventil *n*	three-way solenoid type pilot valve
Wasserauslaßventil *n*	water outlet valve
Zahnklaue *f*	pawl
Zahnstange *f*	rack

Steuerstabbank *f (DWR)* SYN. Stabbank	control rod bank; control rod group; group of control rods
Steuerstabbankstellungsregelung *f (DWR)*	control-rod bank control loop
Steuerstabbewegung *f*	control-rod motion (*oder* movement)
Steuerstabdichteverteilung *f*	control-rod density distribution
Steuerstabeichung *f*	control rod calibration
Steuerstabeinfahrprüfung *f*	control-rod insertion test
Steuerstabeinwurf *m* SYN. Stabeinwurf	fast control rod insertion
Steuerstabfahrprogramm *m*	control-rod actuation program
Steuerstabfahrrechner *m (SWR)*	control-rod worth minimizer
Steuerstabführungseinsatz *m (DWR)*	control rod shroud tube
Steuerstabführungsrohr *n (SWR)*	control rod guide tube
Steuerstabgreifer *m (SWR-Teleskopmast)*	control-rod grab (*oder* grapple *oder* gripper)
Steuerstabhub *m*	control-rod stroke (*oder* travel)
Steuerstabkonfiguration *f*	control-rod configuration
Steuerstabraum *m (unter SWR-DB)*	subpile control-rod compartment (*oder* room)
Steuerstabtransportbehälter *m (SWR)*	control-rod transport container
Steuerstabverfahrgeschwindigkeit *f*	control-rod motion speed (*oder* rate)
Steuerstabwertigkeit *f (SWR)*	control-rod worth
Steuerstabwirksamkeit *f*	control-rod effectiveness; control-rod worth
Steuerstabzelle *f (SWR)*	control-rod cell
Steuersystem *n*	control system
Steuerung *f*	(open loop) control
Reflektor~	reflector control
Spektraldrift~	spectral shift control
~durch Absorption	absorption control
~durch Brennstoff	fuel control
~durch chemisches Trimmen	chemical shim control
~durch flüssige Neutronengifte	fluid poison control

~ durch Selbstregelung	self-regulation
Stickstoffbatterie *f*	nitrogen (bottle) battery
Stickstofffalle *f* *(HTR Peach Bottom)*	nitrogen trap
Stickstoffheizsystem *n* *(SNR 300)*	nitrogen heating system
Stickstoffheizung *f (SNR 300)*	nitrogen heating; nitrogen heating system
Stickstoffpolster *n* *(in SWR-Schnellschlußtank)*	nitrogen blanket (*oder* cushion)
Stickstoffrückkühler *m* *(SNR 300)*	nitrogen recycle cooler (*oder* heat exchanger)
Stickstoffrücklauftemperatur *f*	nitrogen return temperature
Stickstoffrückverflüssiger *m* *(HTR Peach Bottom)*	nitrogen recondenser
Stickstoffspülleitung *f* *(DWR-Abfallaufbereitung)*	nitrogen purge line
Stickstoffversorgung *f* *(Kugelhaufen-HTR)*	nitrogen supply; nitrogen supply system
Stickstoffverteiler *m* *(DWR-Abfallaufbereitung)*	nitrogen manifold
Stickstoffvorlauftemperatur *f* *(SNR-300-Inertisierungs-system)*	nitrogen flow temperature
Stiftschraube *f (RDB-Verschluß)*	closure stud
Stillsetzen *n*	shutdown operation
Stillstandzeit *f*	downtime; outage time (*oder* period); shutdown time (*oder* period)
Störfall *m* SYN. Unfall	incident; accident
Aktivitäts ~	activity accident
Auslegungs ~	design basis accident, DBA
Kühlmittelverlust ~	loss-of-coolant accident, LOCA
~ mit Kühlgasverlust *(FGR)*	loss-of-coolant(-gas) accident
~ mit Kühlmittelaustritt *(LWR)* SYN. Kühlmittelverlustunfall, Schaden mit Kühlmittelaustritt	loss-of-coolant accident, LOCA
Reaktivitätsstörfall	reactivity accident

Störfallanalyse *f*	accident *oder* fault analysis
Störfallannahme *f*	accident assumption; assumed accident
Störfallbetrieb *m (Reaktor)*	operation under accident (*oder* fault) conditions
Störpegel *m*	background (noise)
Störstrahlung *f*	stray radiation
Störung *f*	disturbance; perturbation
Störungstheorie *f*	perturbation theory
Störzone *f (Strahlenschaden)*	spike
thermische ~	thermal spike
Verschiebungs~	displacement spike
Stoffaustausch *m* SYN. Massenübergang, Stoffübergang	mass transfer
Stopfbuchsabsaugung *f*	gland leak-off (system)
Stopfbuchsleckabsaugung *f*	gland leak-off (system)
Stopfen *m (FGR)*	plug unit
Stopfen *m* mit Brennstoffsäule *(FGR)*	fuel plug unit with associated stringer
Stopfenwartung *f (FGR)*	plug servicing; plug servicing facility
Stoßdämpfer *m (für Steuerstab)*	shock absorber; *DWR, im BE:* dashpot region
Stoßdämpferanschlag *m*	shock absorber stop
Stoßdichte *f* SYN. Stoßzahldichte	collision density
Stoßratendichte *f*	collision rate density
Stoßtank *m (SNR-300-Sekundärsystem)*	surge tank
Stoßwahrscheinlichkeit *f*	collision probability
Strahlen *mpl*	rays
Alpha~	alpha rays
Beta~	beta rays
Elektronen~	electronic rays
Korpuskular~	corpuscular rays
Strahlenabschirmung *f*	radiation shield(ing)
Strahlenanalyse *f*	radiation analysis

Strahlenaufheizung *f*	radiation *oder* radiative heating (*oder* heat-up)
Strahlenbelastung *f*	radiation exposure
~ der Haut	skin exposure, exposure of the skin
~ der Umgebung	radiation exposure of the environment
~ infolge eines Unfalls SYN. Bestrahlung infolge eines Unfalls	accidental exposure
vertretbare ~	tolerable radiation exposure
strahlenbeständig	radiation-resistant
Strahlenbeständigkeit *f*	radiation resistance
Strahlenbündel *n*, Strahl *m*	beam
breites ~	broad beam
Strahlenchemie *f*	radiation chemistry
Strahlendetektor *m*	radiation detector
Strahlendosis *f*	radiation dose
höchstzulässige ~	maximum permissible radiation dose
Strahlendosisüberwachung *f*	radiation dose monitoring
strahlenempfindliches Volumen *n*	sensitive volume
Strahlenempfindlichkeit *f*	radiosensitivity; sensitivity to radiation
Strahlenexponierung *f*	exposure (to radiation)
Strahlenfeld *n* SYN. Strahlungsfeld	radiation field
Strahlenfestigkeit *f*	radiation resistance (*oder* stability)
Strahlengefährdung *f*	radiation hazard
Strahlenhygiene *f*	radiation hygiene
strahleninduzierte Dimensionsänderung *f*	radiation-induced dimensional change
strahleninduziertes Kriechen *n*	radiation-induced creep
Strahlenintensität *f*	radiation intensity
Strahlenmeßgerät *n*	radiation (measuring) instrument
Strahlenmeßraum *m*	radiation measuring room

Strahlenmessung *f* SYN. Strahlungswarnung, Überwachung	monitoring; radiation monitoring
Strahlenmonitor *m*	radiation monitor
Strahlenpegel *m*	radiation level
natürlicher ~ SYN. natürliche Untergrundstrahlung	natural background radiation
Strahlenphysik *f*	radiation physics
Strahlenquelle *f*	(radiation) source
starke ~ SYN. Großstrahler	large source
Strahlenschaden *m*	*biologischer:* radiation injury; *an Material:* radiation damage
Strahlenschädigung *f* des Werkstoffs	radiation damage to the material
Strahlenschleuse *f*	radiation trap (*oder* maze)
Strahlenschutz *m*	radiation *oder* radiological protection; health physics
Material ~	radiation protection of materials
Personen ~	health physics
technischer ~	technological radiation protection
Strahlenschutzfenster *n*	radiation protection window
Strahlenschutzkontrolle *f* SYN. Strahlenschutz	radiation protection
physikalische ~	physical control
Strahlenschutzlabor *n*	health physics laboratory
Strahlenschutzphysik *f* SYN. Personenstrahlenschutz	health physics
Strahlenschutzüberwachung *f*	radiation monitoring; health physics monitoring; protection survey
Strahlenschutzverordnung *f*	radiation protection regulation
Strahlensicherheitsmaßnahmen *fpl*	radiation safety measures
Strahlenüberwachung *f*	radiation monitoring
~ des Betriebspersonals	personal *oder* personnel monitoring

Strahlenüberwachungsgerät *n* Strahlenwarngerät SYN. (Strahlen)Monitor	radiation monitor
Strahlenzersetzung *f*	radiolysis; radiation decomposition; radiolytic decomposition
Strahler *m* SYN. Strahlungsquelle	radiation source; *in Zusammensetzungen:* emitter
Strahlpumpe *f (SWR)*	jet pump
interne ~	internal jet pump; in-vessel jet pump
Strahlrohrverstärker *m (elektrohydraul. Regelumformer)*	jet nozzle amplifier
Strahlung *f*	radiation
direkt ionisierende ~	direct ionizing radiation
Direkt ~	direct radiation
durchdringende ~ SYN. harte ~	hard *oder* penetrating radiation
elektromagnetische ~	electromagnetic radiation
harte ~ SYN. durchdringende ~	hard *oder* penetrating radiation
indirekt ionisierende ~	indirectly ionizing radiation
ionisierende ~	ionizing radiation
Primär ~	primary radiation
prompte Einfanggamma ~	prompt capture gamma radiation
prompte Gamma ~	prompt gamma radiation
prompte ~	prompt radiation
Sekundär ~	secondary radiation
niedrigenergetische Sekundär ~	low-energy secondary radiation
Streu ~	scattered radiation
verzögerte ~	delayed radiation
Strahlungsbelastung *f* SYN. Strahlenbelastung	radiation exposure
strahlungsbeständig	radiation-resistant, radiation-stable
strahlungsbeständige verschleißarme Werkstoffpaarung *f*	radiation-resistant low-wear material couple
Strahlungsblech *n (SNR 300)*	radiation-shielding sheet

Strahlungsdetektor *m*	radiation detector
Strahlungseinfang *m*	radiative capture
Strahlungsenergie *f*	radiation energy
Strahlungsfeld *n* SYN. Strahlenfeld	radiation field
Strahlungsfenster *n*	radiation window
Strahlungsfestigkeit *f*	radioresistance
Strahlungsflußdichte *f*	radiant flux density; intensity (of radiation)
Strahlungsfühler *m*	radiation detector
strahlungsinduzierter Diffusionseffekt *m*	radiation-induced diffusion effect
strahlungsinduzierter Kriecheffekt *m*	radiation-induced creep effect
strahlungsinduziertes Schrumpfen *n*	radiation-induced shrinkage (*oder* shrinking)
Strahlungsintensität *f*	radiation intensity
Strahlungsmeßgerät *n*	radiation measuring instrument
Strahlungsmonitor *m* SYN. Strahlenwarngerät, Strahlenüberwachungsgerät	(health *oder* radiation) monitor
Strahlungsniveau *n*, Strahlungspegel *m*	radiation level
Strahlungsquelle *f* SYN. Strahler	radiation source
Strahlungsschwächung *f*	radiation attenuation
strahlungssicher	radiation-proof
Strahlungsstabilität *f*	radiation stability
Strahlungsüberwachung *f* SYN. Strahlenüberwachung	radiation monitoring; *Anlage:* radiation monitoring system
Strahlungsüberwachungsanlage *f*	radiation monitoring system
Abwasseraktivitätsabgabe *f*	liquid waste activity discharge
Festfiltergerät *(Kaminabluft)*	fixed filter unit
Filterbandgerät *n*	roll (type) filter unit
Großflächenzählrohr *n*	large-area counter (*oder* counting) tube
I-Kammergerät *n*	ion(ization) chamber unit

Kaminabluftaktivitätsabgabe *f*	(vent) stack air activity release (*oder* discharge)
Kreislaufanlagenüberwachung *f (DWR)*	loop monitoring system
Raumluftanlagenüberwachung *f (DWR)*	room air plant monitoring system
Szintillationszähler *m*	scintillation counter
Zählrohr *n*	counter *oder* counting tube
Strahlungsüberwachungsgerät *n* SYN. Strahlenüberwachungsgerät	radiation monitor; radiation monitoring instrument
Strahlungsverlust *m*	energy lost by radiation
Strahlungswarnung *f* SYN. Strahlenmessung, (Strahlen)Überwachung	(radiation) monitoring
Strang *m (Meßgeräte, Elektronik)*	lane
Strangventil *n (gasgekühlter Schwerwasserreaktor)*	isolation valve
strategischer Punkt *m (SFK)*	strategic point
Stretchout-Betrieb *m*	stretch-out operation
Stretchout-Phase *f*	stretch-out phase
Streubeladung *f (Reaktorkern)*	scatter loading
Streufluß *m*, gestörter	disturbed scatter flux
Streuladeschema *n (SWR)*	pattern of scatter (re)loading
Streuladungsmethode *f*	scatter reloading method (*oder* technique)
Streuprozeß *m*	scattering process
Streuquerschnitt *m*	scattering cross section
elastischer ~	elastic scattering cross section
~ für gebundene Atome	bound-atom scattering cross section
inelastischer ~	inelastic scattering cross section
Streustoß *m*	scattering collision
Streustrahlung *f*	scatter; scattered radiation
Streuung *f*	scattering
elastische ~	(elastic) scattering
inelastische ~ SYN. unelastische ~	inelastic scattering

inkohärente ~	incoherent scattering
kohärente ~	coherent scattering
unelastische ~ SYN. inelastische ~	inelastic scattering
Streuverlust *m*	scattering loss
Streuwinkel *m*	scattering angle
Strömung *f*	flow
Einphasen ~	single-phase flow
inkompressible ~	incompressible flow
kompressible ~	compressible flow
laminare ~	laminar flow
turbulente ~	turbulent flow
Zweiphasen ~	two-phase flow
Strömungsbegrenzer *m (SWR)*	flow restrictor; flow limiting venturi
Strömungsfeld *n*	flow field
Strömungsführung *f*	flow configuration
Strömungsinstabilität *f*	flow instability; instability of flow
Strömungskanal *m*	flow channel
Strömungsleitmantel *m (SNR-300-Dampferz.)*	flow-directing shroud
Strömungsleitrohr *n (DWR)*	flow guide tube
Strömungsquerschnitt *m (Kühlkanal)*	flow cross-section
Strömungsschürze *f (SNR 300)*	flow apron
Strömungsspalt *m (im DWR-DB)*	flow annulus (*oder* gap)
Strömungsstabilität *f*	flow stability; stability of flow
Strömungsverlust *m*	velocity loss
Strömungsweg *m (für SWR-Zwangsumlauf)*	(forced-circulation) flow path
Strömungswiderstand *m*	flow resistance
Stromdichte *f*	current density
Teilchen ~	particle current density
Strontium *n*, Sr	strontium, Sr
Strontiumisotop *n*	strontium isotope
Strouhalzahl *f*	Strouhal number
Strukturmaterial *n*	structural material

Strukturmaterialschwellen *n* *(SNR 300)*	structural material swelling
Strukturmaterialstab *m* *(SNR 300)*	structural material rod
Stützfuß *m (SWR-RDB)*	support foot
Stützkonstruktion *f* *(für Druckbehälter)*	support structure
Stützring *m*	*SNR-300-BE:* support ring; *FGR-Spannbetonbehälter:* support torus
unterer ~ *(SNR-300-BE)*	lower *oder* bottom support ring
Stützrohr *n* *(SNR-300-Brennstab)*	support tube
Stützskelett *n (SNR-300-BE)*	support structure
Stützstab *m (SNR-300-BE)*	support rod
Stutzen *m (an DB)*	nozzle
Sublimationspunkt *m* von Graphit	graphite sublimation point
Sumpfkühlung *f*	sump cooling
Sumpfpumpe *f*	*allgemein:* sump pump; *DWR-Abfallaufbereitung:* sump tank pump
~ für radioaktive Abwässer *(HTR Peach Bottom)*	liquid waste area sump pump
Sumpfwasserprüf- und -speicherbehälter *m*	sump water monitoring and storage tank
Sumpfwassersammelbehälter *m* *(SWR)*	sump water hold-up tank
Sumpfwasserstrang *m (SWR)*	sump water train
Supraleitermagnet *m* *(MHD-Anlage)*	superconducting magnet
System *n* für Volumenregelung und Chemikalieneinspeisung *(DWR)*	chemical and volume control system
System *n* zur Brennstabschadenssuche *(FGR)*	burst pin detection system
System *n* zur Entwässerung, Entleerung und Entlüftung	(reactor plant) drain and vent system
Systemanalyse *f*	systems analysis
Systemdruck *m*	system pressure

Systemrauschen *n*	system noise
Systemvolumen *n* einschließlich Druckhaltesystem *(DWR)*	system volume including pressurizer system
Szintillationskristall *m*	scintillation crystal
Szintillationszähler *m*	scintillation counter

T

Tablette *f* SYN. Brennstofftablette	(fuel) pellet
gepreßte und gesinterte ~	pressed and sintered pellet
UO_2-Sinter ~	sintered UO_2 pellet
Tablettendurchmesser *m*	pellet diameter
Tablettensäule *f* *(im Brennstab)*	column of pellets; pellet stack
Tablettenstapel *m* *(im Brennstab)*	pellet stack
Taktgeber *m* *(SNR-300-Reaktorschutzsystem)*	power cycler
Tangentialspannung	tangential stress
Tankrohr *n* *(Schwerwasserreaktor)*	calandria tube
Tantal *n*, Ta	tantalum, Ta
Taschendosimeter *n*	pocket dose meter (*oder* dosimeter)
Füllhalterdosimeter	pocket meter (fountain pen type); pen type dosimeter
Tastarm *m* *(SNR 300)*	tracing arm
Tauchkühler *m* *(SNR-300-Reaktortank)*	immersion cooler
Tauchplatte *f* *(SNR-300-Reaktortank)*	immersion plate
Tauchpumpe *f*	submersible pump
~ für Aktivsammeltank *(SWR)*	submersible pump for active drain tank
Tauscherharz *n* SYN. Ionenaustauscherharz	ion exchange resin
technische Schutzeinrichtung *f*	engineered safeguard

Teilchen *n*	particle
beschichtetes ~ *(HTR-Brennstoff)*	coated particle
direkt ionisierende ~ *pl*	directly ionizing particles
indirekt ionisierende ~ *pl*	indirectly ionizing particles
Teilchenabsorption *f*	particle absorption
Teilchendichte *f*	particle density
Teilchenfluenz *f*	particle fluence
Teilchenflußdichte *f*	particle *oder* neutron flux density
Teilchengröße *f*	particle size
Teilchenstrom *m*	particle current
Teilchenstromdichte *f*	particle current density
Teilchenzahldichte *f* der streuenden Atome im Neutronenfeld	particle number density
teilintegrierte Bauweise *f* *(HTR mit Gasturbine)*	partly integrated concept (*oder* layout)
Teilkondensation *f*	partial condensation
Teillastfahren *n*	part-load operation
teleskopartiger Greifer *m* *(SWR-BE-Bedienungsbühne)*	grab *oder* gripper mechanism (*oder* device) at the end of a vertical telescoping mast
Teleskopmast *m* *(SWR-Bedienungsbühne)*	telescoping mast
tellerförmige Vertiefung *f* *(Brennstofftablette)* SYN. Dishing	dishing
Tellur *n*, Tellurium *n*, Te	tellurium, Te
Temperaturänderungsgeschwindigkeit *f*	rate of temperature change
Temperaturanstiegsrate *f*	thermal response
Temperaturfestigkeit *f*	temperature strength
Temperaturkoeffizient *m* der Reaktivität	temperature coefficient of reactivity; reactivity temperature coefficient
negativer Temperaturkoeffizient	negative temperature coefficient
positiver Temperaturkoeffizient	positive temperature coefficient
Temperaturleitvermögen *n*	temperature conductivity

Temperaturleitzahl *f*	temperature diffusity
Temperatursprung *m*	temperature discontinuity
Temperaturstörung *f (Reaktor)*	temperature disturbance (*oder* perturbation)
Temperaturüberschlag *m*	temperature overshoot
Temperaturversprödung *f*	temperature embrittlement
Temperaturwechselbeanspruchung *f*	temperature *oder* thermal cycling stress(es)
Temperaturzyklus *m*	temperature cycle
Tertiärsystem *n (SNR 300)*	tertiary system
thermalisieren *(Neutronen)*	to thermalize
Thermalisierung *f*	thermalization
thermisch dissoziieren	to dissociate thermally
thermisch spaltbar	fissile
thermische Abschirmung *f* SYN. thermischer Schild	thermal shield(ing)
thermische Ausdehnung *f* SYN. Wärmedehnung	thermal expansion
thermische Instabilität *f*	thermal instability
thermische Isolierung *f*	thermal insulation
thermische Leistung *f (Reaktor)*	thermal power; thermal output; heat output
thermische Leitfähigkeit *f*	thermal conductivity
thermische Neutronen *npl*	thermal neutrons
thermische Nutzung *f*	thermal utilization (factor)
thermische Reaktorleistung *f*	thermal reactor output
thermische Säule *f*	thermal column
thermische Stabilität *f*	thermal stability
thermischer Ausheilprozeß *m*	thermal healing process
thermischer Bodenschild *m (HTR)*	bottom thermal shield
thermischer Brutreaktor *m*	thermal breeder (reactor)
thermischer Fluß *m*	thermal flux
thermischer Konverter(reaktor) *m*	thermal converter(reactor)
thermischer Nutzfaktor *m*	thermal utilization factor
thermischer Reaktor *m*	thermal reactor

thermischer Schild *m* SYN. thermische Abschirmung	thermal shield
thermischer Seitenschild *(HTR)*	side thermal shield
thermisches Wechselverhalten *n* der Brennelemente	thermal cycling properties of fuel elements
thermodynamische Stabilität *f*	thermodynamic stability
Thermoschock *m*	thermal shock
Thermoschockspannung *f*	thermal shock stress
Thermosiphon *m*	thermosiphon; thermal siphon
Thorium *n*, Th	thorium, Th
Thoriumbrüter *m*	thorium breeder (reactor)
Thoriumhochtemperaturreaktor *m*	thorium high-temperature reactor
Thoriumkonverter *m* SYN. Thoriumkonversionsreaktor	thorium converter (reactor)
Thoriumoxidsol *n* *(Sol-Gel-Verfahren für HTR-BE-Fertigung)*	thorium oxide sol
Thorium/Uran-Dikarbidpartikel *f*	thorium/uranium dicarbide particle
Thorium/Uran-Mischoxidsol *n* *(Sol-Gel-Prozeß)*	thorium/uranium mixed-oxide sol
Thorium-Uran-Zyklus *m*	thorium-uranium cycle
Throw-away-Zyklus *m* *(ohne BE-Wiederaufarbeitung)*	throw-away cycle
THTR = Thoriumhochtemperaturreaktor *m*	THTR, thorium high-temperature reactor
Thyristorfrequenzumrichter *m* *(FGR-Gebläseantrieb)*	thyristor frequency converter (*oder* changer)
Tiefendosis *f* *(biol. Strahlenschutz)*	depth dose
prozentuale ~ *oder* relative ~	percentage depth dose
tiefgewölbter Boden *m (RDB)*	spherically dished (bottom) head
Tiefkühlwasser *n* *(HTR Peach Bottom)*	chilled water
Tiefkühlwasserpumpe *f* *(HTR Peach Bottom)*	chilled water pump

Tiefkühlwasserumwälzpumpe *f* *(Peach Bottom)*	chilled water circulating pump
Tiefkühlwasserzulaufbehälter *m (HTR Peach Bottom)*	chilled water return tank
Tiefkühlwasservorkühler *m* *(HTR Peach Bottom)*	chilled water precooler
Tiefkühlwasserwärmetauscher *m* *(HTR Peach Bottom)*	chilled water heat exchanger
Tiefkühlwasserzulaufbehälter *m* *(HTR Peach Bottom)*	chilled water head tank
Tieftemperaturadsorber *m* *(HTR-Gasreinigung)*	low-temperature adsorber
Tieftemperaturanlage *f (HTR)*	low-temperature system
Tieftemperaturfilter *n, m*	low-temperature filter
Tiegelkammer *f (SNR-300-Destillationsapparatur)*	crucible chamber
Tiegelträger *m (SNR-300-Proben- u. Destillationsapparatur)*	crucible carrier
Titangetter *n (SWR-300-Wasserstoffreinigung)*	titanium getter
Tochterprodukt *n*	daughter product
tödliche Dosis *f*, mittlere *(Strahlenschutz)*	median lethal dose, MLD 50
Toleranzdosis *f (Strahlenschutz)*	tolerance dose
~ für Knochen SYN. zulässige Knochendosis	bone tolerance dose
Toleranzdosisleistung *f*	tolerance dose rate
Totalaktivität *f*	total activity
totaler Temperaturkoeffizient *m*	total temperature coefficient
totaler Wirkungsquerschnitt *m*	total *oder* collision cross section
Totalverdampfer *m (für D_2O)*	total evaporator
Totwasser *n*	stagnant water
Totzeit *f*	dead time
Tracer *m* SYN. Indikator	tracer
radioaktiver ~ SYN. Indikator, radioaktiver	radioactive tracer
Träger *m*	carrier

Trägergas *n*	carrier gas
tragbares Dosisleistungsmeß-gerät *n*	portable dose rate meter (*oder* dosemeter)
Traggestell *n (für RDB-Deckel)*	vessel head lifting rig
Tragleiste *f* für Kernbehälter *(DWR-DB)*	core barrel support ledge
Tragöse *f*	lifting lug
Tragpoller *m (am RDB)*	support (and lifting) trunnion
Tragpratze *f*	support lug
Tragrohr *n (BE)*	support tube
Transfereinrichtung *f (für BE)*	fuel transfer system
Transferwagen *m* SYN. Schleuswagen *(DWR)*	transfer carriage
transkristalliner Bruch *m*	transcrystalline fracture
Transportbehälter *m*	*innerbetrieblich für BE:* (fuel element) transfer cask; *FGR:* fuel *oder* road transport flask
abgeschirmter ~	shielded (spent fuel) shipping cask (*oder* Brit. flask)
~ für abgebrannten Brennstoff	spent *oder* irradiated fuel shipping cask
~ für bestrahlte BE *(SWR)*	irradiated fuel transport cask
~ für bestrahlten Brennstoff	irradiated fuel shipping cask
~ für neue Brennelemente	closed shipping crate (for unirradiated fuel assemblies)
~ für verbrauchte Brennelemente (*oder* verbrauchten Brennstoff)	spent fuel shipping cask, irradiated fuel shipping (*oder* transport) cask (*oder Brit.* flask)
Transportbehältereinsatz *m (FGR-BE)*	(fuel) skip
Transportbüchse *f (SNR-300-BE)*	fuel (subassembly) transfer flask
Transporteinrichtung *f (SNR 300)*	handling equipment (*oder* device)
Transportgleichung *f*	transport equation
Transportöffnung *f (in Sicherheitshülle)*	construction opening

Transportöse *f (Druckbehälter)*	lifting lug
Transportpalette *f* für Abdichthülsen *(DWR)*	closure stud sealing sleeve transport pallet
Transportpalette *f* für Mutternabstellkonsolen	transport pallet for closure nut carrier racks
Transportquerschnitt *m*	transport cross section
Transporttheorie *f*	transport theory
Transportverlust *m*	transport loss
Transportweg *m* für Versandflasche *(DWR)*	shipping flask transport route
Transportweglänge *f*	transport mean free path
Transuran *n*	transuranium element
Treibdampfkondensator *m (SWR)*	motive-steam condenser
Treibdampfumformer *m (SWR)*	motive-steam generator; steam-jet steam generator
Treibdruck *m (Druckspeicher)*	motive pressure
Treiberzone *f (HTR DRAGON)*	driver zone
Treibwasser *n (für SWR-Schnellabschaltung)*	motive water; energetic fluid
Treibwasserpumpe *f (für SWR-Strahlpumpe)*	recirculation water pump
Treibwasserschleife *f (SWR)*	recirculation loop
externe ~	external recirculation loop
Treibwasserstrom *m*	motive-water flow; driving flow
Treib- zu Förderwasserverhältnis *n*	driving *oder* motive to driven water flow ratio
Trennarbeit *f*	separative work
Trenndüse *f (Urananreicherung)*	separating nozzle
Trenndüsenanreicherungsverfahren *n*	nozzle enrichment process
Trennfaktor *m*	separation factor
Trenngefäß *n (SNR-300-Wasser-Dampfkreis)*	separator vessel
Trennrohr *n (Schwerwasserreaktor)*	calandria *oder* shroud tube
Trennrohrlagerbecken *n (KKW Atucha)*	shroud tube storage pool

Trennsäule *f (SNR-300-Betriebsgaschromatograph)*	separating column
Trennwand *f (Ringraum des SNR 300)*	partition (wall)
Tressengewebe *n (SWR-Abfallaufbereitung)*	braid fabric
Trimmarmatur *f (SNR-300-Sekundärkreis, Kugelhaufen-HTR-Beschickungsanlage)*	shim(ming) valve
Trimmelement *n* SYN. Trimmorgan	shim member (*oder* element)
Trimmen *n (SNR-300-Dampferz.-Teilstrom)*	shim(ming)
Trimmen *n,* chemisches	chemical shim(ming)
Trimmorgan *n* SYN. Trimmelement	shim element (*oder* member)
Trimmung *f*	shim(ming); control
chemische ~ SYN. chem. Trimmen	chemical shim
Moderator ~ SYN. Moderatorregelung	moderator control
~ des Reaktors	reactor shim
Triplexpartikel *f (HTR-Brennstoff)*	triplex-coated particle
tritiiertes Wasser *n* SYN. Tritiumwasser	tritiated *oder* tritium water
Tritium *n*	tritium
Tritiumaktivität *f*	tritium activity
Tritiumausstoß *m* in die Atmosphäre	tritium discharge (*oder* release) to the atmosphere
Tritiumdiffusion *f,* atomare	atomic tritium diffusion
Tritiumerzeugung *f* SYN. Tritiumproduktion	tritium production
Tritiumkonzentration *f*	tritium concentration
Tritiummonitor *m*	tritium monitor
Tritiumpegel *m*	tritium level
Tritiumproduktion *f* SYN. Tritiumerzeugung	tritium production
Tritiumseparation *f*	tritium separation

Tritiumwasser *n* SYN. tritiiertes Wasser	tritiated *oder* tritium water
Triton *n*	triton
trockengesättigter Dampf *m*	dry saturated steam
trockengeschmiertes Lager *n* *(HTR)*	dry-lubricated bearing
Trockenhaube *f* SYN. Trocknungshaube *(SWR-Abfallaufbereitung)*	drying hood
Trockenkolbenkompressor *m* *(HTR)*	non-lubricated piston (*oder* reciprocating) compressor
Trockenluftgebläse *n* *(SWR-Abfallaufber.)*	drying air fan
Trockenluftvorwärmer *m* *(HTR Peach Bottom)*	drying air heater
Trockensegment *n* *(SWR-Dampftrockner)*	dryer basket
Trockensubstanz *f* *(in Abwasserkonzentrat)*	dry matter
Trockner *m (für FGR-CO_2)*	(CO_2) drier *oder* dryer unit; gas circuit dryer plant
Trocknerpaket *n* *(SWR-Dampftrockner)*	dryer basket
Trocknung *f*	drying (process)
Walzentrocknung	roller drying (process)
Trocknungsanlage *f*	drying plant
Walzentrocknungsanlage *f* *(Feststoffaufbereitung)*	roll(er) drying plant
Auftragswalze *f*	spreading roller
Trockenwalze *f*	drying roller
Trocknungshaube *f*	drying hood
Trocknungsraumschieber *m* *(MZFR)*	fuel transfer tube drying space isolating valve
Trocknungsrohr *n* *(BE-Wechselsystem)*	drying tube
Trocknungsverfahren *n*	drying process
Gefrier ~	freeze drying process
Trümmerschutzzylinder *m*	missile shielding cylinder; cylindrical missile shield

Stahlbeton ~	reinforced-concrete missile shielding cylinder; cylindrical reinforced-concrete missile shield
Turbinenumleitstation *f*	turbine by(-)pass system
Turbopumpe *f (FGR-Dampferzeugerspeisepumpe)*	turbine-driven pump
turbulente Strömung *f*	turbulent flow

U

Überfahren *n* der Samariummulde	samarium *oder* Sm valley override
Überfahren *n* des Xenonberges	xenon (peak) override
Übergabeposition *f (SNR-300-BE)*	transfer position
~ für neue Elemente	new *oder* fresh subassembly transfer position
Übergabestation *f*	transfer station
~ für neue Brennelemente	new fuel assembly transfer station
~ mit Greifwerkzeug für neue BE *(DWR)*	transfer station with new fuel assembly handling fixture
Übergangsbereich *m (Neutronenflußmessung)*	intermediate range
Übergangskanal *n (Neutronenflußmessung)*	intermediate range channel
Übergangsphase *f*	approach to equilibrium phase
Übergangsverhalten *n* des Reaktors	reactor transient behaviour (*oder* response), transient behaviour (*oder* response) of the reactor
Übergangswärme *f*	transient heat
Überhitzer *m*	superheater
Überhitzeraustrittsleitung *f (SNR 300)*	superheater outlet line (*oder* pipe)
Überhitzereinsatz *m (SWR Kahl)*	superheater *oder* superheating assembly
Überhitzerelementbündel *n (Heißdampf-SWR)*	superheat(er) assembly cluster

Überhitzerreaktor *m*	(nuclear) superheat reactor
Überhitzung *f*, kritische; DNB	departure from nucleate boiling, DNB
Überhitzungsbereich *m (BE)* SYN. Fehlordnungsbereich	thermal spike
Überhöhungsfaktor *m*	advantage *oder* peaking factor
axialer ~	axial peaking factor
lokaler ~	local peaking factor
überkritisch	supercritical
überkritisches System *n*	supercritical system
Überlastkupplung *f (SNR-300-Zweitabschaltsystem)*	overload coupling
Überlastschnellabschaltung *f*	overload scram
Überlauf *m* SYN. Überlaufrohr	*Am.* jack leg; *Brit.* overflow pipe
Überlaufbehälter *m (SNR-300-Sekundärsystem)*	overflow *oder* spill-over tank
Überlaufleitung *f (Na zum SNR-300-Reaktortank)*	overflow pipe
Überlaufrohr *n* SYN. Überlauf	*Am.* jack leg; *Brit.* overflow pipe
Überlaufwehr *n (gasgek. Schwerwasserreaktor)*	overflow weir
übermoderiert	overmoderated
Überproduktionsanlage *f*	steam dump(ing) system; turbine bypass (system)
Überproduktionsleitung *f (Dampf zum Kondensator)*	steam bypass (*oder* dump) line (*oder* pipe)
Überschußreaktivität *f*	excess reactivity; k_{excess}
anfängliche ~	built-in reactivity
hohe ~ ausregeln	to override high excess reactivities
Überschußresonanzintegral *n*	excess resonance integral
Überströmkanal *m (MZFR-Druckunterdrückungssystem)*	vent duct
Überströmleitung *f (zwischen Kühlgassammlern)*	cross-connection pipe
Überströmöffnung *f (DWR-Sicherheitshülle)*	pressure relief opening (*oder* port)
Überströmrohr *n (SWR-Druckabbausystem)*	vent pipe

Übertragung *f* der Übergangswärme	transient heat transfer
Übertragungsfunktion *f* der Reaktorkinetik	transfer function of reactor kinetics
Übertragungsfunktion *f* für die Rückkopplungen	transfer function for feedback
Übertritt *m* *(von Radioaktivität aus Primärkreis in nachgeschaltete Kreise)*	inleakage
Überwachung *f* *(SFK)* SYN. Kernmaterialüberwachung	safeguards
Überwachung *f* SYN. Strahlungswarnung, Strahlenmessung	monitoring
Gebiet ~ SYN. Raum ~	area monitoring
Personen ~	personal *oder* personnel monitoring
Raum ~ SYN. Gebiet ~	area monitoring
Strahlen ~ des Betriebspersonals	personal *oder* personnel monitoring
Überwachungsbereich *m*	monitored *oder* surveyed area
Überwachungsgerät *n* SYN. Monitor *(Strahlenschutz)*	monitor
Überwachungsgeräte *npl* für Hüll(en)schaden	*Brit.* burst can (*oder* cartridge *oder* slug) detection equipment (*oder* gear)
Überwachungsinspektor *m* *(SFK)*	safeguards inspector
Überwachungsionisationskammer *f* SYN. Monitorkammer	monitor ionization chamber
Ultrahochtemperaturreaktor *m*	ultra-high-temperature reactor
Ultrazentrifuge *f* *(für Isotopentrennung)*	(gas) ultra centrifuge; high-speed gas centrifuge
Umgebungsbelastung *f*	*gen.* environmental impact; *durch Radioaktivität:* environmental exposure
Umgebungsdruck *m*	ambient pressure
Umgebungsgefährdung *f*	environmental hazard; hazard to the environment

Umgebungsschutz *m*	environmental protection
Umgebungsüberwachung *f*	environs *oder* environmental monitoring
umherfliegende Bruchstücke *npl*	missiles
Umhüllungsrohr *n (Brennstab)* SYN. Hüllrohr	clad(ding) tube
Umkleidekontrollzone *f (SWR Mühleberg)*	controlled change room area
Umladebehälter *m (für radioakt. Material)*	*Am.* cask; *Brit.* flask
Umladen *n (von BE)*	rearrangement; shuffling
Umlauf *m,* interner *(SWR)*	internal recirculation
partieller interner ~	partial internal recirculation
Umlaufregelung *f*	(re)circulation control
Umleitdampfmenge *f*	bypass steam flow
Umleitstation *f* SYN. Überproduktionsanlage	(turbine) bypass system; steam dump system
Umleitstellventil *n*	bypass control valve
Umluftanlage *f*	air recirculation system
Umluftgebläse *n*	air recirculating fan
Umluftkühler *m*	recirculated air cooler
Umluftsystem *n*	air recirculation system
Umluftventilator *m*	air recirculation fan
Umschließungsgehäuse *n* SYN. Sicherheitsbehälter, Sicherheitshülle	containment (building *oder* structure)
umschlossener radioaktiver Stoff *m* SYN. geschlossenes radioaktives Präparat, umschlossener radioaktiver Strahler	sealed source
Umsetzen *n (BE)* SYN. Umladen	shuffling; relocation; shift(ing); transfer
Umsetzmaschine *f (für BE)*	transfer machine
Umsetzmaschinenabsperrventil *n*	transfer machine isolation valve
Umsetzmaschinentrommel *f*	axial shifting machine drum
Umsetzposition *f (SNR 300)*	shuffling position

Umsetzrohr *n (SNR-300-Elementtransport)*	fuel shuffling tube
Umsetzverfahren *n*, gemischtes („Pfeffer-und-Salz"-Prinzip)	mixed fuel shuffling method („pepper-and-salt" principle)
Umsetzvorgang *m*	shuffling *oder* shifting *oder* relocation procedure
Umsetzvorrichtung *f (Na-gek. Reaktor)*	fuel shuffling (*oder* relocating) device (*oder* equipment); *SNR 300:* in-vessel transfer device
Umwälzgebläse *n (HTR)*	(gas) circulator, circulating blower
Umwälzkreislauf *m*, externer *(SWR)* SYN. externe Treibwasserschleife	external recirculation loop
Umwälzkühler *m (SWR)*	recirculation cooler (*oder* heat exchanger)
Umwälzleistung *f*	recirculation capacity
Umwälzpumpe *f*	*SWR:* recirculating *oder* recirculation pump; *Schwerwasserreaktor-Moderatorkühlsystem:* moderator (circulating) pump
Umwälzregelung *f (SWR)*	recirculation control
Umwälzschleife *f (SWR)*	recirculation loop
externe ~ SYN. externe Treibwasserschleife, externer Umwälzkreislauf	external recirculation loop
Umwälzsystem *n* mit internen Axialpumpen *(SWR)*	internal axial-flow pump type recirculation system
Umwälzwasser *n*	recirculation water
Umwälzwassermenge *f*	recirculation water flow
Umwandlung *f*, radioaktive	radioactive decay
Umweltbelastung *f* SYN. Umgebungsbelastung	environmental impact
unbeschichtete oxidische Brennstoffpartikel *f*	uncoated oxide fuel particle
unbestrahlt	unirradiated
undichte Brennstabhülle *f*	defective *oder* leaking fuel rod clad(ding) (tube)

unelastische Streuung *f* SYN. inelastische Streuung	inelastic scattering
Unfall *m* SYN. Störfall, Schadensfall	accident
anzunehmender ~	conceivable accident
Auslegungs~	design basis accident, DBA
Belade~	charging *oder* loading accident
denkbar größter ~ SYN. größter anzunehmender ~GaU, GAU	maximum credible (*oder* conceivable) accident, MCA
größter anzunehmender ~ GaU, GAU	maximum credible accident, MCA
größtmöglicher ~	maximum credible (*oder* conceivable) accident
hypothetischer ~	hypothetical accident
Kritikalitäts~	criticality accident
Kühlmittelverlust~ SYN. Schaden *oder* Störfall mit Kühlmittelaustritt	loss-of-coolant accident, LOCA
Kühlungs~	cooling accident
~mit plötzlichem völligem Kühlmittelverlust	maximum loss-of-coolant accident
~mit völligem Kernschmelzen	accident involving complete core meltdown, core meltdown accident
Reaktivitäts~	reactivity accident
„rod-drop"-~	rod drop accident
„rod-ejection"-~	rod ejection accident
sich anbahnender ~	incipient accident
~mit Zusammenschmelzen des Reaktorkerns SYN. ~mit völligem Kernschmelzen	core meltdown accident
Unfalldruck *m*, maximaler	maximum accident pressure
Unglücksfall *m*, größter zu erwartender SYN. größter anzunehmender Unfall, GaU	maximum credible accident, MCA
Unrundheit *f (Hüllrohr)*	out-of-roundness
Unstetigkeit *f*, geometrische	geometric discontinuity
Unstetigkeitsstelle *f (Druckbehälter)*	point of discontinuity

Unterdruck *m*	negative *oder* subatmospheric pressure
auf leichtem ~ halten	to keep at a slightly negative pressure
Unterdruckhalteanlage *f* *(Kugelhaufen-HTR)*	subatmospheric pressure (holding *oder* maintenance *oder* ventilation) system
Unterdruckhaltung *f*	maintenance of negative (*oder* subatmospheric) pressure; *Anlage beim DWR:* negative *oder* subatmospheric pressure (holding *oder* maintenance *oder* ventilation) system
Unterdruckscram *n*	low-pressure scram
unterer Sammelraum *m (DWR)*	bottom plenum
Untergrund *m* SYN. Rauschen, Störpegel	background (noise)
Untergrundpegel *m* *(BE-Strahlung im HTR)*	background level
unterhaltend, sich selbst *(Kettenreaktion)*	self-sustaining
Unterkanal *m (Kühlmittelströmung in Stabbündeln)*	sub(-)channel
Unterkritikalität *f* SYN. Unterkritizität	sub(-)criticality
Unterkritikalitätsmessung *f* *(SNR 300)*	subcriticality measurement
unterkritisch	subcritical
unterkritische Anordnung *f*	subcritical assembly
unterkritischer Zustand *m*	subcritical condition
kalter ~	cold subcritical condition
warmer ~	hot subcritical condition
unterkritisch halten *(Reaktor)*	to keep (a reactor) subcritical
Unterkritizität *f* SYN. Unterkritikalität	subcriticality
Unterkühler *m (SWR)*	subcooler
unterkühltes Wasser *n*	subcooled water
Unterkühlung *f*	subcooling
untermoderiert	undermoderated

Unterscheidungsmessung *f* *(Kugelhaufen-HTR)*	differentiation measurement
Unterwasserbeleuchtung *f* *(BE-Becken, Wiederholungsprüfung)*	underwater lighting system
Unterwasserfernsehkamera *f* *(Wiederholungsprüfung)*	underwater TV (*oder* video) camera
Unterwasserflutlichtstrahler *m* *(BE-Becken)*	underwater floodlamp
Unterwasserleuchte *f* *(BE-Becken)*	underwater lamp (*oder* light)
UO_2/PuO_2-Mischbrennstoff *m*	mixed UO_2/PuO_2 fuel
UO_2/PuO_2-Mischoxid *n*	mixed UO_2/PuO_2 oxide
Uran *n*, U	uranium, U
abbauwürdiges ~	mineable *oder* workable uranium
Urandioxid *n*	uranium dioxide
Urandioxid-Kristallgitter *n*	UO_2 crystal lattice
Urandioxid-Pulver *n*	UO_2 powder
Urandioxid-Sinterkörper *m*, zylindrischer	cylindrical uranium dioxide pellet
Urandioxidtablette *f*	uranium dioxide pellet
Uraneinsatz *m* im Erstcore	first-core uranium inventory
Uranhexafluorid *n*	uranium hexafluoride
Urankarbid *n*	uranium carbide
Urankonzentrat *n*	uranium concentrate
Uranoxidsinterkörper *m*	uranium oxide pellet
Uranplutoniummischkarbid *n*	mixed uranium-plutonium carbide
Uran-Plutonium-Mischoxid *n* *(HeBR)*	mixed plutonium and uranium oxide
Uran-Plutonium-Zyklus *m*	uranium-plutonium cycle
Uran-Thoriumdioxid-Kern *m* *(HTR-BE)*	U/ThO_2 kernel
Uran-Thorium-Mischoxidkern *m* *(HTR-BE)*	mixed U/Th oxide kernel
Uran-Thorium-Zyklus *m*	uranium-thorium cycle
US(= Ultraschall)-Atlas *m*	comprehensive ultrasonic examination record
US-Prüfkopf *m* *(Wiederholungsprüfung)*	ultrasonic probe

V

Vakuumanlage *f* *(Kugelhaufen-HTR)*	vacuum system
Vakuumbehälter *m* *(SNR-300-Abgassystem)*	vacuum tank
Vakuumbrecher *m*	vacuum breaker
Vakuumpufferbehälter *m*	vacuum surge tank
Vakuumpumpe *f*	vacuum pump
~ für Wechselmaschinenspülsystem	fuel handling purge system vacuum pump
Vakuumsystem *n*	vacuum system
Vakuumtableau *n*	vacuum control panel
Venturirohr *n* *(SWR-Nachspeisesystem)*	venturi tube
Verarbeitungseigenschaften *fpl*	working properties
verarmtes Material *n* SYN. abgereichertes Material	depleted material
Verarmung *f* SYN. Abreicherung	depletion
Verbiegung *f* *(von BE)*	(fuel element) bowing
verbindende Rohrleitungen *fpl*	interconnection piping
Verbindungsrohrleitung *f*	interconnecting pipe
Verbindungsrohrleitungen *fpl* SYN. verbindende Rohrleitungen	interconnecting piping
Verbleibwahrscheinlichkeit *f*	nonleakage probability
Verbund *m (= Kontakt zwischen Brennstoff und Hülle)*	bond
Verbundkonstruktion *f* *(SNR-300-BE)*	composite structure
Verbundmaterial *n*	bond (material)
Verdampfer *m*	*SNR-300-Dampferzeugerteil:* evaporator; *Abfallaufbereitung:* evaporator
Einsteck ~	insertable evaporator
Mehrfach ~	multiple-effect evaporator
stehender Naturumlauf-Röhrenbündel~ *(Abwasseraufbereitung)*	vertical natural-circulation type shell and tube evaporator

Verdampferanlage *f*	evaporator plant
~ für Schmutzwasser	contaminated *oder* waste water evaporator plant
Verdampferaustrittsleitung *f* *(SNR 300)*	evaporator outlet pipe (*oder* line)
Verdampferaustrittstemperatur *f*	evaporator outlet temperature
Verdampferkörper *m*	evaporator element
Verdampferkolonne *f*	evaporator column
Verdampferkondensat *n*	evaporator condensate
Verdampferkondensator *m*	evaporator overhead condenser
Verdampferkondensatpumpe *f*	evaporator condensate pump
Verdampferkonzentrat *n*	evaporator bottoms (*oder* concentrate *oder* sludge)
Verdampferkonzentratbehälter *m (SWR)*	evaporator concentrate tank
Verdampferkonzentratleitung *f* *(SWR)*	evaporator concentrate (*oder* bottoms) pipe (*oder* line)
Verdampferkonzentratpumpe *f* *(HTR Peach Bottom)*	evaporator blowdown pump
Verdampferkonzentratsammel-behälter *m*	*HTR Peach Bottom:* evaporator blowdown receiver tank; *DWR:* evaporator bottoms storage tank
Verdampferrückstand *m*	evaporator bottoms (*oder* residue)
Verdampferspeisebehälter *m* *(SWR)*	evaporator feed tank
Verdampferspeisefilter *n, m* *(HTR Peach Bottom)*	evaporator feed filter
Verdampferspeise- und -neutralisationsbehälter *m*	evaporator feed and neutralizing (*oder* neutralization) tank
Verdampferspeisepumpe *f* SYN. Verdampferzuspeise-pumpe	evaporator feed pump
Verdampferspeisewasserbehälter *m (SWR)*	evaporator feedwater tank
Verdampferstrang *m*	evaporator train
Verdampferteil *m* *(Dampferzeuger)*	evaporator section
Verdampferzuspeisepumpe *f* SYN. Verdampferspeisepumpe	evaporator feed pump

Verdampfung *f*	*Sieden:* boiling; evaporation; *Eindampfen:* evaporation
Blasen ~ SYN. Blasensieden	nucleate boiling
unterkühlte ~ SYN. unterkühltes Sieden	subcooled boiling
Verdampfungsendpunkt *m* *(SNR-300-Verdampferaustritt)*	final evaporation point
Verdoppelungszeit *f*	doubling time
Verdrängerkörper *m* *(SNR-300-Tauchkühler)*	displacer
Verdünnung *f* der Aktivitäten	dilution of activities
Verdünnungsbehälter *m* *(DWR-Abfallaufber.)*	dilution tank
Verdünnungswasser *n* *(Abwasseraufber.)*	dilution water
Verdünnungswassermenge *f*	dilution water flow
veredeltes Kernmaterial *n (SFK)*	improved nuclear material
Vereinzelner *m (Kugelhaufen-HTR-Beschickungsanlage)*	singulizer
Vereinzelnerscheibe *f* *(Kugelhaufen-HTR-Beschikkungsanlage)*	singulizing disc
Vereinzelung *f (Kugelhaufen-HTR-Beschickungsanlage)*	singulizing
Vereinzelung der Brennelemente	fuel element singulizing
verfälschungssicher *(SFK)*	tamper-resistant
Verfahren *n* von Steuerstäben SYN. Verstellen, Verstellung	motion *oder* movement of control rods, control rod movement (*oder* repositioning)
Verfahrgeschwindigkeit *f* *(Steuerstab)* SYN. Verstellgeschwindigkeit	motion *oder* movement rate; (control rod) insertion *oder* withdrawal rate
Verfahrvorgang *m (Steuerstab)*	moving *oder* repositioning operation
Verfestigung *f (Abfall)*	solidification
Verformungsbruch *m*	ductile fracture (*oder* failure)
Verformungsfähigkeit *f*	deformability

verformungsgerecht	free to conform to any small misalignments
Verfügbarkeitsminderung *f*	reduction of availability
Vergasung *f* von Kohle SYN. Kohlevergasung *(mit Prozeßwärmereaktor)*	coal gasification
Vergiftung *f*	poisoning
~ durch angesammelte Spaltprodukte	stable fission product poison accumulation
Vergiftungsanlage *f (SWR)* SYN. Vergiftungssystem	*allg.* poison injection system, liquid poison system; *SWR:* standby liquid control system
Vergiftungsblech *n (SWR)* SYN. Vergiftungsstreifen	poison curtain
Vergiftungslösung *f*	liquid poison
konzentrierte ~	concentrated poison solution
Vergiftungslösungsbehälter *m*	liquid poison tank
Vergiftungslösungspumpe *f* SYN. Vergiftungspumpe	(liquid) poison injection pump
Vergiftungsstreifen *m (SWR)* SYN. Vergiftungsblech	poison curtain
Vergiftungssystem *n (SWR)* SYN. Vergiftungsanlage	liquid poison system; standby liquid control system
Vergraben *n* von Abfällen	burial of wastes; waste burial
Verhältnis *n* von Moderator zu Brennstoff	moderator to fuel ratio
Verhältniszahl *f* α bei spaltbaren Kernen	alpha ratio
Verklemmen *n* von Brennelementen	jamming of fuel elements
Verklinkung *f*	1) latching; 2) latch, latching unit
verkokter Harzbinder *m* *(HTR-BE-Fertigung)*	coked resin binder
Verlassen *n* des reinen Bläschensiedens SYN. DNB	departure from nucleate boiling, DNB
Vermehrung *f* SYN. Multiplikation	multiplication
Vermehrungsfaktor *m* SYN. Multiplikationsfaktor	multiplication factor (*oder* constant)

effektiver ~	effective multiplication factor
unendlicher ~	infinite multiplication factor
Verpreßstutzen *m* *(Sicherheitshülle)* SYN. Auspreßstutzen, Injektionsstutzen, Injizierstutzen	grouting *oder* injection socket
Verriegelung *f* *(Regelung)*	interlock
Verriegelungseinrichtung *f*	interlocking device
Verriegelungszylinder *m* *(SWR)*	lock plug
Versagenswahrscheinlichkeit *f*	failure probability; probability of failure
Versandflasche *f* *(für BE)*	shipping cask (*oder flask)*
Verschalung *f* der Isolierung *(SNR-300-Primärkreisrohrleitung)*	insulation canning (*oder* jacketing *oder* cladding)
verschiebbares Eichspaltkammersystem *n* *(SWR Mühleberg)*	traversing in-core (fission chamber) probe system
Verschleppung *f* von radioaktiven Korrosionsprodukten	radioactive corrosion product carryover (*oder* entrainment)
Verschleppung *f* von radioaktivem Material	spread of radioactive material(s)
Verschließmaschine *f* *(HTR Peach Bottom)*	canning machine
Verschlußkopf *m* *(BE-Säule)*	(end) closure (head)
Verschubbahn *f* *(SWR-Sicherheitshülle)*	transfer track
waagrechte ~	horizontal transfer track
Versorgungsstation *f* (f. Stickstoff) *(SNR 300)*	nitrogen supply system
Versorgungssystem *n* *(SNR 300, Kugelhaufen-HTR)*	supply system
Verspannebene *f* SYN. Verspannungsebene	restraint plane
Verspannring *m* *(SNR-300-Kernmantel)*	restraint ring
Verspannungsebene *f* SYN. Verspannebene	restraint plane
Versprödung *f*	embrittlement

~ durch schnelle Neutronen	fast neutron embrittlement
Hochtemperaturstrahlungs ~	high-temperature radiation embrittlement
~ unter Neutronenbestrahlung	neutron-irradiation-induced embrittlement
Verstärkung *f*, unterkritische	subcritical multiplication
Verstärkungskragen *m*	reinforcing collar
Versteifungsblech *n*	bracing plate; support brace
verstellen *(Steuerstäbe)*	to reposition
Verstellgeschwindigkeit *f* *(Steuerstäbe)* SYN. Verfahrgeschwindigkeit	motion *oder* movement *oder* repositioning rate
Verstellung *f*	motion; movement; repositioning
kontinuierliche ~	continuous repositioning
stufenweise ~	step(-wise) repositioning
Versuch *m*	test
Nulleistungs ~	zero power test
unterkritischer ~	subcritical test
Versuchskreislauf *m*	(experimental) loop
Versuchsleistungsreaktor *m*	experimental power reactor
Vertauschsicherung *f* *(SNR-300-BE)*	non-interchangeability safeguard
Verteilerboden *m* *(Schwerwasserreaktor)*	distribution plenum
Verteilerkranz *m* (mit Sprühdüsen versehener) *(SWR)*, Verteilerring *m*, Verteilersystem *n*	sparger ring
Verteilungsfaktor *m* *(Strahlenschutz)*	distribution factor
Vertikalbeschleunigung *f* *(Erdbeben)*	vertical (ground) acceleration
vertikale Bohrung *f* *(BE d. HTR Fort St. Vrain)*	vertical (element handling pickup) hole
Verunreinigung *f*	impurity
H_2- ~	H_2 impurity
ionale ~	ionic impurity
ionogene ~	ionogenous impurities

kolloidale ~	colloidal impurity
leichtflüchtige ~en *fpl*	light volatile impurities
Verunreinigungskonzentration *f*	impurity concentration
Verunreinigungspegel *m* *(HTR-Kühlgas)*	impurity level
Verweiltank *m (für radioaktive Flüssigkeit)*	decay tank; delay *oder* hold-up tank
Verweilzeit *f*	dwell *oder* retention time
Verwerfung *f*	distortion
Verwirbelung *f*	turbulence, turbulent mixing
verzögert-kritisch	delayed critical
verzögerte Neutronen *npl*	delayed neutrons
Verzögerung *f*	delay
Verzögerungsadsorber *m*	delay adsorber
Verzögerungsanlage *f*	delay bed system; hold(-)up system; gaseous-waste holdup system
Aktivkohle ~	activated-charcoal delay (bed) system; activated-charcoal holdup system
Verzögerungsblock *m*	delay bed assembly
Verzögerungsleitung *f*	delay *oder* holdup line
Verzögerungsrohrschlange *f*	delay coil
Verzögerungsstrang *m*	delay bed train; holdup train
Verzögerungsstrecke *f*	delay bed (*oder* loop); (gaseous waste) holdup system
Verzögerungszeit *f*	delay period (*oder* time)
Verzweigungsanteil *m*	branching fraction
Verzweigungsverhältnis *n*	branching ratio
Vielfachstreuung *f*	multiple scattering
Vielkanalimpulshöhenanalysator *m*	multi-channel pulse height analyzer
Viellagen-Wärmeisolationssystem *n*	multi-layer(ed) thermal insulation system
Vierfaktorenformel *f*	four-factor formula
Vierkeilführung *f* *(Kugelhaufen-HTR-Gebläsegehäuse)*	four-spline guide

viskose Strömung *f*	viscous flow
Voidfaktor *m (Verhältnis Wasser/Dampf)*	void factor
voll austenitisches Gefüge *n*	fully austenitic structure
Volldruckbehälter *m (Sicherheitshülle)* SYN. Volldruckcontainment, Volldrucksicherheitshülle	full-pressure containment
Volldrucksicherheitshülle *f*	full-pressure (design) containment
Vollentsalzungsgebäude *n (SWR)*	demineralizer building
Vollastprüfung *f*	full-load test
Vollasttag *m*	full-power day of operation
vollständiger Verlust *m* des Kühlmittels	complete loss of coolant
Vollwand –	solid-wall(ed); one-wall
Vollwandbehälter *m*	one-wall vessel
Volumenausdehnungskoeffizient *m*	volumetric expansion coefficient
Volumenausgleichsbehälter *m (DWR)*	volume control surge tank; component cooling surge tank
Volumenausgleichsleitung *f*	(pressurizer) surge line (*oder* pipe)
Volumenausgleichssystem *n*	volume control system
Volumenexpansion *f*	volumetric expansion
Volumenregelsystem *n* und Chemikalieneinspeisesystem *n (DWR)*	chemical and volume control system
Abdrückpumpe *f*	hydraulic (pressure) test pump
HD-Kühler *m*	HP cooler (*oder* heat exchanger)
Leckwasserkühler *m*	leakage water heat exchanger
Pumpenschutzsieb *n*	pump protection strainer
Rekuperativwärmetauscher *m*	recuperative heat exchanger
Sperrwasserfilter *n, m*	seal-water filter
Volumenschwankung *f*	volume variation
Volumenverhältnis *n* Wasser/Uran	water/uranium volume ratio
Vorbecken *n (BE-Becken)*	forebay
Vorbereitungsraum *m (für neue FGR-BE)*	new fuel facility preparation room

vorbetriebliche Prüfung *f*	preoperational test; *Brit.* precommissioning test
Vordrall *m* *(FGR-Gasgebläse)*	pre-swirl
Vordrallschaufel *f* *(FGR-Kühlgasgebläse)*	variably set inlet guide vane, variable setting inlet guide vane
Vordrallschaufelverstellung *f*	inlet guide vane adjustment (*oder* control)
Voreilfaktor *m* *(Bestrahlungsprobe)*	lead factor
Vorgänger *m* SYN. Vorläufer	precursor
vorgebildeter *oder* **vorgefällter Niederschlag**	preformed precipitate
Vorheizung *f* **neuer Elemente** *(SNR 300)*	preheating of new subassemblies
Vorheizzelle *f (SNR 300)*	preheating cell
Vorinnendruck *m* *(LWR-Brennstab)*	prepressurization; initial internal pressure; internal pressurization
Vorkühler *m (SNR 300)*	precooler
Vorläufer *m* SYN. Vorgänger	precursor
Vorratsbehälter *m* **für vollentsalztes Wasser**	demineralized water storage tank
Vorratslager *n* **für leere (Abfall)Fässer** SYN. Leerfaßlager	empty drum store
Vorratssystem *n*	supply system
Vorreinigungsbetrieb *m* *(SNR 300)*	pre-cleaning operation
Vorrichtung *f* **zum Absperren von Abschnitten der Hauptkühlmittelleitung bei Reparatur**	reactor coolant piping section isolating device for repairs
Vorrichtung *f* **zur Wiederholungsprüfung**	in(-)service inspection equipment
Vorspannung *f*	prestress(ing)
~ in radialer Richtung *(Spannbeton-RDB)*	prestress in the radial direction
Vorsteuerventil *n*	pilot valve
Vorverstärker *m* *(Reaktorschutzsystem)*	preamplifier

Vorzugsorientierung *f* *(HTR-BE-Schicht)*	preferential orientation
vpm = Volumenteile pro Million	vpm = volume-parts per million

W

Wachstum *n* durch Wignereffekt *(Reaktorgraphit)*	Wigner growth
Wärmeabfuhr *f* aus dem Reaktor	heat removal from the reactor
Wärmeabfuhrleistung *f*	heat removal capacity
Wärmeabfuhrmedium *n*	heat removal (*oder* transfer) fluid (*oder* medium)
Wärmeausdehnungskoeffizient *m* SYN. Wärmedehnzahl	thermal expansion coefficient
Wärmeaustauscher *m* SYN. Wärmetauscher	heat exchanger
fluchtender ~ aus Geradrohren	aligned heat exchanger of straight tubes
~ in gewendelter Bauart	helical-coil type heat exchanger
Wärmeaustauscherrohr *n*	heat exchanger tube
Wärmebelastung *f (nukl. DWR-Zwischenkühlsystem)*	heat removal rate
Wärmedämmblech *n* *(SNR 300)*	heat-insulating plate
Wärmedehnzahl *f* SYN. Wärmeausdehnungskoeffizient	thermal expansion coefficient, coefficient of thermal expansion
Wärmedurchgangszahl *f*	combined heat transfer; overall coefficient of heat transfer
Wärmeenergie *f*	heat *oder* thermal energy
Wärmeentbindung *f*	heat release
Wärmeerzeugungsreaktor *m*	heat production reactor
Wärmefalle *f*	thermal sleeve; heat trap
Wärmefluß *m*, mittlerer	mean heat flux
Wärmefreisetzung *f* in den Brennelementen	fuel assembly heat release
wärmehemmende Al_2O_3-Tablette *f (in DWR-Brennstab)*	alumina insulating pellet
Wärmeingenieur *m*	thermodynamics engineer

Wärmeisolationssystem *n*, viellagiges	multi-layer(ed) thermal insulation system
Wärmeleistung *f (Reaktor)* SYN. thermische Leistung	thermal *oder* heat output (*oder* power)
übertragene Wärmeleistung je Dampferzeuger	heat transfer rate per steam generator
Wärmeleiteigenschaft *f*	thermal conduction characteristic (*oder* property)
Wärmeleitfähigkeit *f*	thermal *oder* heat conductivity
mittlere ~ des Brennstoffs	average thermal conductivity of the fuel
Wärmeleitung *f*	heat *oder* thermal conduction
Wärmeleitzahl *f*	thermal conductance
Wärmemenge *f*	heat quantity
Wärmequell(en)dichte *f*	heat source density
Wärmespannung *f*	thermal stress
~ *fpl* infolge ungleichmäßiger Temperaturverteilung	thermal stresses due to non-uniform temperature distribution
Wärmesperre *f (DWR-Hauptkühlmittelpumpe)*	thermal barrier
Wärmestromdichte *f*	heat flux density
~ an der Brennstoffoberfläche	fuel-surface heat flux density
~ beim Durchbrennen	burnout heat flux
kritische ~	critical heat flux, DNB (= departure from nucleate boiling) (heat flux)
Wärmetauscher *m* SYN. Wärmeaustauscher	heat exchanger
~ aus schraubenförmig gewendelten Rohren *(HTR)*, Wendelwärmetauscher	helical-tube type heat exchanger
Wärmetauscherrohr *n* SYN. Wärmeaustauscherrohr	heat exchanger tube
wärmetechnische Sicherheitsfaktoren *mpl*	hot channel factors
Wärmeträgheit *f*	thermal inertia
Wärmetransport *m*	transport of heat; heat transport
Wärmetransportmittel *n (SNR 300)*	heat transport medium (*oder* fluid)

Wärmeübergang *m* SYN. Wärmeübertragung	heat transfer
~durch Konvektion, konvektiver Wärmeübergang	convective heat transfer, heat transfer by convection
Wärmeübergangsleistung *f*	heat transfer rate
Wärmeübergangszahl *f*	heat transfer coefficient
Wärmeübertragung *f* SYN. Wärmeübergang	heat transfer
Wärmeübertragungseigenschaft *f*	heat transfer characteristic (*oder* property)
Wärmeübertragungssystem *n*	heat transfer system
Wärmewechsel *m*	thermal cycling
Wärmewechselbeanspruchungen *fpl*	thermal cycling stresses
Wärmewechselfestigkeit *f*	thermal cycling strength
Wäscheausgabe *f (Dekontamination)*	laundry issuance room (*oder* counter)
Wäschereiabwässer *npl (von „heißer" Wäscherei)*	laundry drains (*oder* waste)
Wäschereiabwasserbehälter *m*	laundry and hot shower drains tank; laundry waste tank
wäßrige Phase *f (HTR-BE-Wiederaufarbeitung)*	aqueous phase
walzplattiertes Blech *n*	roll bonded composite plate
Walzplattierung *f*	roll bonded clad
Wanddickensprung *m (DB)*	change in section; step change in wall thickness
Wanddickenübergang *m (DB)*	wall thickness transition; smooth change in section
Wanddurchbruch *m*	wall penetration
Wanderlänge *f*	migration length
warmer Sammler *m (gasgek. Schwerwasserreaktor)*	hot header
Warmpressen *n (HTR-BE-Fertigung)*	hot pressing (*oder* extrusion)
warmwasserbeheizter Überhitzer *m (für CO_2-Nachspeisung in FGR)*	hot-water-heated superheater

wartungsbedürftiger Anlageteil *m* — plant component in need of maintenance

Wartungsbühne *f (SWR)* — maintenance platform

wartungsfrei — maintenance-free

Wartungssteg *m (SWR-BE-Wechselbühne)* — service walkway

Waschabfallprüfbehälter *m (Abwasseraufbereitung)* — laundry waste monitoring tank

Waschbehälter *m (SNR-300-Waschanlage)* — wash(ing) tank

Wasch- oder Destillieranlage *f (SNR 300)* — washing or distillation plant

Wasch- und Dekontaminationsanlage *f (SNR 300)* — washing and decontamination system

Wasch- und Dusch(ab)wässer *npl (SNR 300)* — laundry and hot shower effluents

Waschwasseranschluß *m* (Deionat) *(HTR)* — backwash water connection (decontamination system)

Waschwasserbehälter *m* — laundry and hot shower tank

Waschwasserfilter *n, m* — laundry and hot shower drain (*oder* effluent) filter

Waschwasserfiltrierbehälter *m (SWR)* — laundry and hot shower drains filtration tank

Waschwasserfiltrierpumpe *f (SWR)* — laundry and hot shower drains filtration pump

Waschwasserpumpe *f* — dilution tank drain pump

Waschwassersammelbehälter *m (SWR)* — laundry and hot shower drains tank

Waschwasserstrang *m (SWR-Abwasseraufbereitung)* — laundry and hot shower effluent train

Waschzelle *f (SNR 300)* — wash cell

Wasser *n* — water

in den Coreaufbauten adsorbiertes ~ *(Kugelhaufen-HTR)* — water adsorbed in the core structures

im Ringraum abwärtsströmendes unterkühltes ~ (Speise ~, Umlauf ~ und aus dem Naßdampf ausgeschiedenes ~ *(DWR-Dampferz.)* — subcooled water flowing in downcomer, consisting of feedwater, recirculated water and water removed in separator

Wasserabscheider *m*	moisture *oder* water separator
Zyklon ~	cyclone type moisture separator
Wasserabschirmung *f*	water shield(ing)
Wasserauffangbehälter *m (HTR)*	water hold-up tank
Wasserbadverdampfer *m (SNR 300)*	water-bath evaporator
Wasserchemie *f*	water chemistry
Wasser-Dampf-Gemisch *n*	water-steam mixture
Wasserdruckprobe *f*, Wasserdruckprüfung *f*	hydraulic (pressure) test; *Am.* hydrostatic test
Wassereinbruch *m* ins Core *(HTR)*	ingress *oder* inleakage of water into the core
wasserentziehendes Medium *n (Sol-Gel-Prozeß)*	water-extracting medium
wassergekühlter Reaktor *m*	water-cooled reactor
wassergeschmiertes Lager *n (SWR-Umwälzpumpe)*	water-lubricated bearing
Wasserhöhenstand *m*	water level
wasserlösliches Halogen *n*	water-soluble halogen
Wassermitriß *m (mit Dampf)*	moisture *oder* water carry(-)over (*oder* entrainment)
Wasserpfropfen *m (in Frischdampfleitung)*	water slug, slug of water
Wasserqualität *f*	water quality
Wasserreaktor *m*	water reactor
Wasserringkammer *f (SWR Mühleberg)* SYN. Kondensationskammer	toroidal suppression chamber
äußere ~	outer toroidal suppression chamber
Wasserringpumpe *f (Abfallaufbereitung)*	water ring pump
Wasserrücklauf *m (DWR-Dampferzeuger)*	downcomer
Wasserschlag *m*	water hammer
Wasserspalt *m (in SWR)*	water gap
Wasserspalt *m* zwischen Brennelementen *(DWR)*	water gap between fuel assemblies

Wasserstoff *m,* H	hydrogen, H
Wasserstoffaufnahme *f (in Werkstoff)*	hydrogen absorption
Wasserstoffbatterie *f*	hydrogen battery
wasserstoffhaltig	hydrogenous
Wasserstoffnachweis *m (SNR 300)*	hydrogen detection
Wasserstoffnachweiseinrichtung *f (SNR 300)*	hydrogen detector
Wasserstoffreinigung *f (SNR 300)*	hydrogen purification
Wasserstoffversprödung *f*	hydrogen embrittlement
Wasserstoffverteiler *m (DWR)*	hydrogen manifold
Wasserstrahlpumpe *f (SWR)*	water jet pump
interne ~ *(GE-SWR)*	internal water jet pump
Ansaugöffnung *f*	suction opening
Diffusor *m*	diffuser
Einlaufstück *n*, Einströmrohr *n,* Mischrohr *n,* Mischstrecke *f*	throat; combining tube
Niederhalter *m*	bolt
Saugstrahl *m*	suction jet
Steigrohr *n*	riser
Strahldüse *f,* Treibdüse *f*	delivery tube; nozzle
Wasserteilchen *npl,* durch Fliehkraft ausgeworfene *(DWR-Dampferzeuger)*	water thrown off by swirling motion
Wasserüberwachung *f*	water monitoring
Wasserumlauf *m (SWR)*	water recirculation
externer ~	external water recirculation
partieller interner ~	partial internal water recirculation
voll interner ~	full internal (water) recirculation
Wasservorlage *f (Druckabbausystem)*	water pool (*oder* pond)
Wasserwärmer *m* für Dekontaminieranlage *(HTR Peach Bottom)*	decontamination system water heater
Wasserwäscher *m*	water scrubber
Wechselbeanspruchung *f*	alternating stress

zyklische ~	cyclic stress, stress cycling
Wechseleinrichtung *f* für Meßsonden *(SNR 300)*	measuring probe insertion and removal tool
Wechselflasche *f* *(SNR-300-Wechselmaschine)*	refuelling flask
Wechselmaschine *f (SNR 300)*	(fuel) handling machine
externe ~	ex-vessel (fuel handling) machine
interne ~	in-vessel (fuel handling) machine
FGR-~	AGR fuelling machine
Abschirmung *f*	gamma shield(ing) (tower)
Bergungseinheit *f* mit Fernsehkamera	recovery/TV hoist and grab
Brennstoffgreifer *m*	fuelling grab(head)
Druckbehälter *m*	(tubular) pressure vessel
Fahrwerk *n*	bogie
Hauptbedienungsbühne *f*	operator's platform
Hilfsstopfen *m* mit Greifer	standpipe plug with grab mechanism
Hubgerüst *n*	jacking system
Laufkatze *f*	crab
Maschinenbrücke *f*	fuelling machine bridge
rohrförmiger Druckbehälter *m*	tubular pressure vessel
Standrohrverbindung *f*	standpipe connection
Stopfengreifer *m*	standpipe plug grab
Wechselmaschinenabgasfilter *n, m*	fuel handling purge system exhaust filter
Wechselmaschinendruckflasche *f (FGR)*	fuelling machine (tubular) pressure vessel
Wechselmaschinenfuß *m* *(SNR 300)*	fuel handling machine base
Wechselmaschinenmündungs-einheit *f (FGR)*	fuelling machine nose unit
Wechselöffnung *f* *(SNR-300-Reaktortank)*	refuel(l)ing port
Wechselrohr *n (SNR 300)*	refuelling tube
Weglänge *f*	path length
mittlere freie ~	mean free path

Weglaufen *n* **einer Abschaltstabgruppe** *(FGR)*	shutdown rod group (*oder* bank) runaway
Weglaufen *n* **von Absorberstäben** *(FGR)*	absorber rod runaway
Wellenlänge *f*	wavelength
Wendel *f* *(SNR-300-Brutelement)*	helix; helical fin
wendelförmige Rippe *f* *(SNR-300-BE)*	helical fin
Werkstatt- und Lagergebäude *n* *(SWR)*	workshop and stores building
Werkstoffauswahl *f*	material selection
Werkstoffpaarung *f* SYN. **Materialpaarung**	material couple
Wettermast *m*	meteorological tower
Wickelbehälter *m*	*Stahl:* strip-wound pressure vessel; *Spannbeton:* wire-wound vessel
Wickelmaschine *f* *(Spannbeton-DB)*	wire-winding machine
Wickelrohrkörper *m* *(SNR-300-Tauchkörper)*	helical(ly coiled) tube element
Widerstandsbeiwert *m*	resistance coefficient
Wiederanfahren *n* **des Reaktors**	reactor restart
Wiederaufarbeitung *f* **(des abgebrannten Brennstoffes)**	reprocessing of(the) depleted (*oder* burnt-up *oder* spent) fuel; spent-fuel reprocessing
wäßrige ~	aqueous reprocessing
Wiederaufarbeitungsanlage *f*	(fuel) reprocessing plant
Wiederbeladung *f*	reload(ing)
Wiedereinsetzen *n* *(eines BE)*	re-insertion
Wiederholungsprüfung *f* *(Reaktor)*	in(-)service inspection
Außenprüfung	outer surface *oder* OD *oder* external inspection
Innenprüfung *(RDB-Unterteil)*	inner surface *oder* ID *oder* internal inspection
Kugelbodenprüfung	hemispherical head inspection
Stutzenprüfung	nozzle inspection

Wiederholungsprüfungseinrichtung *f*	in(-)service inspection equipment
Bildaufzeichnungsgerät *n*	video tape recorder
Breitstrahler *m*	wide-angle light (*oder* lamp *oder* projector)
Drehgestell *n* mit leiterförmigem Ausleger	swivel support with ladder (boom)
Fernsehkamera *f* SYN. TV-Kamera	TV *oder* video camera
Flutlichtstrahler *m*	floodlamp, floodlight
Inspektionsmanipulator *m*	inspection manipulator
Magnetbandbildaufzeichnungsanlage *f*	video tape recording system
Manipulatorbrücke *f*	manipulator bridge
Manipulatorkatze *f*	manipulator trolley
Mast *m*	(manipulator) mast
Prüfwagen *m*	test(ing) *oder* inspection car
TV-Kamera *f* SYN. Fernsehkamera	TV *oder* television *oder* CCTV *oder* closed-circuit television *oder* video camera
Ultraschall-Vielkopf-Prüfeinheit *f*, „Tatzelwurm" *m*	multiple ultrasonic transducer combination
Zentralmastmanipulator *m*	central mast manipulator
Wiederversprödung *f*	re-embrittlement
Wignereffekt *m*	Wigner effect
Wignerenergie *f*	Wigner energy
Wignerentspannung *f* SYN. Freimachung der (im Reaktorgraphit gespeicherten) Wignerenergie	Wigner release
Windgeschwindigkeit *f*	wind velocity
Winkelflußdichte *f* SYN. raumwinkelbezogene Flußdichte	angular flux density
Winkelquerschnitt *m*	angular cross section
Wirbelablösung *f*	eddy shedding
Wirbelbett *n* *(HTR-BE-Fertigung)*	fluidized bed

Wirbelschichtofen *m* *(HTR-BE-Wiederaufarbeitung)*	fluidized-bed furnace
Wirbelschichtverfahren *n*	fluidized-bed process
Wirbelstromprüfkopf *m*	eddy current probe
Wirkdruckleitung *f*	differential-pressure line
Wirkungsgrad *m*	efficiency
Betriebs ~	operating efficiency
exergetischer ~	exergetic efficiency
Netto ~ des Kraftwerkes	net power station efficiency
Wirkungsquerschnitt *m*	cross section
differentieller ~	differential cross section
~ für Absorption	absorption cross section
~ für elastische Streuung	elastic scattering cross section
~ für inkohärente Streuung	incoherent scattering cross section
~ für Kernspaltung	fission cross section
~ für nichtelastische Stöße	non-elastic cross section
~ für nichtelastische Wechselwirkung	non-elastic (interaction) cross section
~ für thermische Neutronen	thermal neutron cross section
~ für unelastische Streuung SYN. Wirkungsquerschnitt für inelastische Streuung	inelastic scattering cross section
~ für unelastische Streuung mit Strahlungsemission	radiative inelastic scattering cross section
~ für unelastische Streuung thermischer Neutronen	thermal inelastic scattering cross section
~ für Zwischenkernbildung	compound cross section
makroskopischer ~	macroscopic cross section
mikroskopischer ~	microscopic cross section
raumwinkelbezogener ~ SYN. Winkelquerschnitt	angular cross section
spektraler ~	spectral cross section
thermischer ~	thermal cross section
effektiver thermischer ~	effective thermalcross section
totaler ~	total cross section
totaler makroskopischer ~	total macroscopic cross section
Wirkwert *m (Steuerstab)* SYN. Reaktivitätswert	rod worth

Wischtest *m*	wipe *oder* wiping test
Wohnzentrum *n*	centre of population, population centre

X

Xenon *n,* Xe	xenon, Xe
Xenonaufbau *m*	xenon build-up
Xenon- *oder* X-Bank *f* *(DWR-Steuerstabregelung)*	X bank, xenon bank
Xenoneffekt *m* SYN. Xenonvergiftung	xenon effect (*oder* poisoning)
den ~ überfahren	to override the xenon effect
Xenongleichgewicht *n*	equilibrium xenon poisoning
Xenongleichgewichtskonzentration *f*	xenon equilibrium concentration
Xenongleichgewichtsvergiftung *f*	xenon equilibrium poisoning
Xenonkonzentration *f*	xenon concentration
Xenonoszillationen *fpl*	xenon oscillations
Xenonreaktivitätsreserve *f*	xenon override
Xenonschwingungen *fpl,* radiale	radial xenon oscillations
Xenonstabilität *f*	xenon instability
Xe(non)-S(a)m(arium)-Vergiftung *f*	Xe and Sm poisoning
Xenonspitze *f*	xenon peak
Xenontransiente *f*	xenon transient
Xenonvergiftung *f* SYN. Xenoneffekt	xenon poisoning (*oder* effect)
instationäre ~	transient xenon poisoning

Z

Zählbereich *m*, Zählerbereich	counter range
Zähler-Uhreinheit *f* *(Neutronenflußmessung)*	counter-clock unit
Zählrohr *n* SYN. Zähler	counter; counting tube

Zählspule *f (Kugelhaufen-HTR-Beschickungsanlage)*	counting coil
Zählwerk *n*, mechanisches	mechanical register
Zeit *f* zwischen Brennstoffwechseln	time between refuel(l)ings
Zeitdehngrenze *f*	time-yield limit
Zeitfaktor *m (Strahlenschutz)*	time factor
Zeitkonstante *f*	time constant
effektive ~	effective time constant
Zeitkonstantenbereich *m* SYN. Periodenbereich	time constant range; period range
Zeitstandversuch *m*	creep-rupture test; stress-to-rupture test
Zelle *f*, heiße	hot *oder* shielded cell
Zellkorrekturfaktor *m*	cell correction factor
Zementdosierschnecke *f (Abfallbetonieranlage)*	cement proportioning screw (*oder* worm) (conveyor)
Zementit *m*	cementite
zentrale BE-Temperatur *f* SYN. Mittentemperatur, Zentraltemperatur	fuel central (*oder* centre) temperature
zentraler Handhabungsschaltraum *m (SNR 300)*	central handling control room (*oder* station)
Zentraltemperatur *f (Brennstab)* SYN. Mittentemperatur	(fuel) central *oder* centre temperature
Zentrierrohr *n (SNR-300-Stellstabantrieb)*	centring tube
Zentrierstück *m (HTR-BE Fort St. Vrain)*	dowel pin and socket
Zentrifugal-Dampf/Wasser-Separator *m (SWR)*	centrifugal steam separator
zentrifugiertes Gußstück *n*	centrifugal casting
Zerfall *m*	decay; (nuclear) disintegration
exponentieller ~	exponential decay
Spontan~	spontaneous decay
verzweigter ~	branching decay
Zerfallsenergie *f*	disintegration energy
Zerfallskette *f* SYN. radioaktive Kette	decay *oder* radioactive chain

Zerfallskonstante *f*	decay constant
(natürliche) effektive ~	(natural) effective decay constant
partielle ~	partial decay constant
Zerfallskurve *f*	decay curve
Zerfallsprodukt *n* SYN. Folgeprodukt	decay product
Zerfallsrate *f*	disintegration rate
Zerfallsreihe *f*	decay *oder* disintegration series; radioactive family (*oder* series)
Zerlegegerät *n (BE-Säule)*	(fuel column) breakdown *oder* dismantling equipment
Zerlegen *n* einer Brennstoffsäule *(FGR)*	breakdown *oder* dismantling of a fuel stringer
Zerleg(e)maschine *f (BE-Säule)*	breakdown *oder* dismantling machine
Zerlegeeinrichtung *f*, verfahrbare	traversing breakdown (*oder* dismantling) unit
Zerlegevorgang *m (BE-Säule)*	(fuel column) breakdown (*oder* dismantling) procedure
Zerlegungsstation *f (SNR 300)*	breakdown *oder* dismantling station
Zerrbalken *m (Gebäudefundament)*	stress-compensation beam
Zerrplatte *f (Gebäudefundament)*	stress-compensation slab
Zersetzung *f (Moderator)*	dissociation
Zerstörung *f (der Graphitmatrix)* durch Spaltprodukte *(HTR)*	fission recoil damage
Ziehen *n* eines Brennelementes *(aus dem Reaktorkern)*	withdrawal *oder* removal of a fuel assembly (*oder* element)
Zircaloy *n (Zirkon-Speziallegierung)*	Zircaloy
Zircaloyumhüllung *f (LWR-Brennstab)*	Zircaloy clad(ding)
mit ~	Zircaloy-clad
Zirkon *n*, Zirkonium *n*, Zr	zirconium, Zr
Zirkonhydrid *n*	zirconium hydride
Zirkonschmelzen *n*	zirconium melting
Zirkon-Wasser-Reaktion *f*	zirconium-water reaction

Zone *f* geringer Bevölkerungsdichte	zone of low population density; sparsely populated area
Zonenentladungsverfahren *n*	zone unloading (*oder* discharge) procedure
Zonenladungsverfahren *n*	zone loading method (*oder* procedure)
Zonenring *m (RDB)*	transition ring (forging), torus
Zuführer *m (Schwerwasserreaktor)*	inlet jumper; connecting pipe; feeder pipe; pigtail
Zugaberaum *m (Kugelhaufen-HTR-Beschickungsanlage)*	charging room
Zugaberohr *n (für Kugel-BE)* SYN. Beschickungsrohr	charge *oder* feed tube
Zugabeschleuse *f (für Kugel-BE)*	feeder lock
Zugabestation *f (für Kugel-BE)*	feeder *oder* feeding station
Zugbolzen *m (BE-Wechselmaschine)*	tensioning bolt
Zugspannung *f (Spannbeton-DB)*	tensile stress
zulässige Hautdosis *f (Strahlenschutz)*	skin tolerance dose
zulässige Knochendosis *f (Strahlenschutz)*	bone tolerance dose
Zulaufregelanlage *f* für Zusatzwasser	make-up water supply control system
Zuleitung *f* für vollentsalztes Wasser	demineralized water supply line
Zuluftanlage *f (Lüftungsanlage)*	supply air system
~ für Reaktorgebäude	reactor building supply air system
Zurückhaltung *f* SYN. Rückhaltung	retention
~ der Spaltprodukte	fission-product retention
Zusammensacken *n* des Kugelhaufens	pebble-bed sagging
Zusammenschmelzen *n* des Kerns (*oder* Reaktorkerns)	(reactor) core meltdown

Zusatzspiegelhaltepumpe *f* *(SNR 300)*	additional level holding (*oder* maintenance) pump
Zusatzwasseranlage *f (DWR)*	primary make-up system
Zusatzwasserbehälter *m (SWR)*	make-up water tank
Zusatzwasserregelung *f (DWR)*	make-up water control; *Anlage:* make-up water controller (*oder* control loop)
Zusatzwasservorwärmer *m*	make-up water preheater
Zuspeiseleitung *f (DWR)*	feed *oder* supply line (*oder* pipe)
Zu- und Abregeleinrichtung *f* des Sperrgasstroms *(Kugelhaufen-HTR)*	seal-gas flow feed and shut-off control system
Zuverlässigkeitsanalyse *f*	reliability analysis
Zuwachs *m*	build-up
Zuwachsfaktor *m* SYN. Aufbaufaktor	build-up factor
Zwang(s)durchlaufkessel *m* mit einfacher Zwischenüberhitzung *(HTR-Dampferzeuger)*	single-reheat type once-through boiler
Zwangskühlung *f*	forced(-circulation) cooling
Zwangsumlauf *m*	forced circulation
externer ~ *(SWR)*	external forced circulation
teilintegrierter ~ *(SWR)*	partly integrated forced circulation
Zwangsumlaufaustrittsstutzen *m (SWR)*	recirculation outlet nozzle
Zwangsumlaufkühlung *f*	forced-circulation cooling
Zwangsumlaufleitung *f (SWR)*	recirculation line
Zwangsumlaufpumpe *f (SWR)*	recirculation pump
interne ~ *(AEG-SWR)*	internal recirculation pump, in-vessel recirculation pump
Zwangsumlaufschieber *m (SWR)*	recirculation valve
Zwangsumwälzmenge *f (SWR)*	recirculation flow
Zwangsumwälzung *f* durch den Kern	forced circulation through the core
Zwangumlauf *m* SYN. Zwangsumlauf	forced circulation; *SWR:* recirculation
Zwangumlaufschleife *f (SWR)*	recirculation loop
zweifach installiert	duplicated

zweifache Verriegelung *f* **des (Standrohr) Stopfens** *(FGR)*	double (standpipe) plug interlock
Zweikreisanlage *f* (mit sekundärseitigem Dampfturbinenprozeß)	dual-cycle plant (with secondary-side steam cycle)
Zweikreislauf *m* SYN. Dualkreislauf *(SWR)*	dual cycle
Zweikreisschaltung *f (SWR)*	dual-cycle arrangement
Zweikreissiedewasserreaktor *m*	dual-cycle boiling-water reactor
Zweikreissystem *n*	*SWR:* dual-cycle system; *HTR:* dual-loop system
Zweiphasengemisch *n (LWR-Kühlmittel)*	two-phase mixture
Zweiphasenkühlung *f (DWR)*	two-phase cooling
Zweiphasenstrecke *f (LWR)*	two-phase section
Zweiphasenströmung *f*	two-phase flow
Zweitabschalteinheit *f (SNR 300)*	secondary shutdown unit
Zweitabschaltsystem *n (SNR 300)*	secondary shutdown system
Zweizonenreaktor *m*	two-region reactor
Zweizweckreaktor *m*	dual-purpose reactor
Zwischenabsaugung *f*	*Armatur:* intermediate leak(-)off; *Durchführung durch Sicherheitshülle:* leakoff (system), extraction (system)
Zwischenbehälter *m (FGR-Abwasseraufber.)*	buffer *oder* intermediate (storage) tank
Zwischenbereich *m (Neutronenflußmessung)* SYN. Übergangsbereich	intermediate range
Zwischengitter *n* SYN. Zwischengitterplatte	intermediate grid
Zwischengitterblock *m (FGR)*	interstitial (square section graphite) brick
Zwischengitterkanal *m (FGR)*	interstitial channel
Zwischengitterplatte *f* SYN. Zwischengitter	intermediate grid
Zwischengitterplatz *m (Kristall)*	interstitial site

Zwischenkühler *m*, **nuklearer** *(DWR)*	component cooling heat exchanger
Zwischenkühlkreis *m (SWR)*	closed cooling water system
Zwischenkühlkreisbehälter *m (DWR)*	component cooling surge tank
Zwischenkühlkreisdeionat *n (DWR)*	component cooling loop demineralized water
Zwischenkühlkreisfilter *n, m (SWR)*	closed cooling water system filter
Zwischenkühlkreislauf *m*	*SWR:* closed cooling water system; *nuklearer bei DWR:* component cooling loop (*oder* system)
Zwischenkühlkreispumpe *f (SWR)*	closed cooling water (system) pump
Zwischenkühlkreisumwälzpumpe *f (DWR)*	component cooling pump
Zwischenkühlkreiswärmetauscher *m (SWR)*	closed cooling water system heat exchanger
Zwischenkühlkreiswasser *n (DWR)*	component cooling water
Zwischenkühlpumpe *f*	*allg.:* intermediate cooling water pump; *SWR:* closed cooling water (system) pump
Zwischenkühlwasserhochbehälter *m (SWR)*	closed cooling (water) system elevated (*oder* overhead) tank
Zwischenkühlwasserpumpe *f (SWR)*	closed cooling water (system) pump
Zwischenlager *n*	*DWR-Faßlager:* drum storage area; *FGR-Abfallaufbereitung:* buffer *oder* intermediate *oder* temporary store; *FFTF:* transit store
Zwischenlagergestell *n (SWR)*	intermediate storage rack
Zwischenlagerkran *m (SWR)*	intermediate store crane
Zwischenlagerzeit *f*	intermediate storage period
Zwischenpodest *n (BE-Lagerbecken)*	intermediate pod
Zwischenwärmetauscher *m (schneller Brüter)*	intermediate heat exchanger, IHX
fester Rohrboden *m*	fixed tube plate

Lochblech *n*	perforated plate
Mantelraum *m*	shell space
oberer Flansch *m*	top flange
primärer Austrittsstutzen *m*	primary outlet nozzle
primärer Eintrittsstutzen *m*	primary inlet nozzle
Rohrbündelmantel *m*	tube-bundle shroud
Rohrplatte *f*	tube plate
Schockblech *n*	shock baffle
schwimmende Rohrplatte *f*	floating head
Schwimmkopfsammler *m*	floating head plenum
sekundärer Austrittsstutzen *m*	secondary inlet nozzle
sekundärer Eintrittsstutzen *m*	secondary outlet nozzle
Strömungsmantel *m*	flow-directing shroud
unterer Flansch *m*	bottom flange
Zentralrohr *n*	central tubular spine; central axial spine tube
Zyklon *m*	*im SWR-RDB:* cyclone; *SNR-300-Druckentlastungssystem:* cyclone
Falltyp ~ *(SWR)*	downcomer type cyclone
Steigtyp ~ *(SWR)*	riser type cyclone
Dampfzopf	steam plume
Drallerzeuger *m*	whirler; spiral guide
Drosseleinsatz *m*	throttle
oberes Dampfentnahmerohr *n*	upper steam extraction pipe
Zyklonausblaseleitung *f* *(SNR 300)*	cyclone discharge line
Zyklonwassersammelbehälter *m* *(DWR)*	moisture separator drain tank
Zylindermantel *m (RDB)*	cylindrical shell (portion)
Zylinderwandprüfung *f* *(RDB-Wiederholungsprüfung)*	cylindrical wall inspection
α, n-Reaktion *f (SNR-300-Brennstoff)*	α, n reaction
β-Szintillator *m (Primärkreis-aktivitätsüberwachung)*	β *oder* beta scintillator

γ-Meßgerät *n (Primärkreisaktivitätsüberwachung)*	γ *oder* gamma (measuring) instrument
γ-Spektrometrie *f*	γ *oder* gamma spectrometry
γ-Spektroskopie *f*	γ *oder* gamma spectroscopy
1/v-Detektor *m*	1/v detector
2-von-3-Auswahlschaltung *f (Reaktorschutzsystem)*	2-out-of-3 selection circuit
2-von-3-Verknüpfungsglied *n*	2-out-of-3 link
200-l-Einheitsbehälter *m (für Abfall)*	200-l(itre) standard container

Fachwörter der Kraftwerkstechnik

Teil 1: Konventionelle Dampfkraftwerke
von Friedrich Stattmann, Erlangen
(1971) IV, 252 Seiten; kartoniert-cellophaniert; DM 12,80 (**deutsch/englisch**)

Dieses Wörterbuch umfaßt nach dem neuesten Stand die deutsche und die englische Fachterminologie des gesamten Dampfkraftwerksbaues. Der Grundwortschatz wurde mit den Schwerpunkten Kessel und Turbine systematisch auf den für den Praktiker erforderlichen Mindestumfang von etwa 5000 Wortstellen erweitert, auch die Benennungen von Bauteilen der Dampfturbine von DIN 4305 konnten mit eingearbeitet werden. Der erreichte Stand der Kraftwerksautomatisierung wurde durch die Aufnahme der Grundbegriffe der Funktionsgruppenautomatik, der Prozeßrechner sowie der Meßgerätetechnik gebührend berücksichtigt. Das Wörterbuch ermöglicht die Übersetzung bzw. Lektüre deutschsprachiger Fachzeitschriften sowie von deutschen Kraftwerksangeboten.

Interessenten: Ingenieure, insbesondere projektierende und Montageingenieure der Fachrichtung Energietechnik sowie des Maschinen- und Apparatebaus bei den zahlreichen Unternehmen, die am Bau von Kraftwerken beteiligt sind; Dozenten und Studenten der Energietechnik, Starkstromtechnik und des Maschinenbaus, insbesondere ausländische Studierende, die den Zugang zur deutschen Fachterminologie über das Englische gewinnen; Dolmetscher, technische Übersetzer, insbesondere Fachübersetzer des Maschinenbaus und der Elektronik; wissenschaftlich-technische Bibliotheken, Dokumentationsstellen.

Bestellungen über den Buchhandel.

Bitte verlangen Sie das Gesamtverzeichnis für THIEMIG-TASCHENBÜCHER von unserer Vertriebsabteilung.

VERLAG KARL THIEMIG AG · 8 MÜNCHEN 90

Postfach 90 07 40

Notizen

Notizen

Notizen

Notizen

Notizen